全国高等院校应用型创新规划教材·计算机系列

# 计算机电路基础
# (第3版)

魏则燊　主　编

毛文辉　魏　伟　副主编

清华大学出版社

北　京

## 内 容 简 介

本书是根据高等院校计算机专业教学要求编写的教科书。本书涉及电路基础、模拟电子技术和数字电子技术三方面内容。本书系统地介绍了电路的基本概念和基本定律基本分析方法、正弦交流电路、暂态分析、半导体器件、放大电路、运算放大器、稳压电路、门电路、组合逻辑电路、触发器、时序逻辑电路和电子电路仿真。书中在对传统的基础理论和电路进行详细分析的同时，对集成电路的应用做了大量的介绍，是一本由浅入深、循序渐进、内容丰富、层次清晰、重点突出、实用性强、易于学习的教材。

本书既可作为高等学校、高职高专、成人教育计算机专业和其他非电类相关专业的电路课程教材，也可供工程技术人员学习与参考。

**图书在版编目(CIP)数据**

计算机电路基础/魏则燊主编. --3 版. --北京：清华大学出版社，2016 (2025.2重印)
(全国高等院校应用型创新规划教材·计算机系列)
ISBN 978-7-302-41558-9

Ⅰ. ①计… Ⅱ. ①魏… Ⅲ. ①电子计算机—电子电路—高等职业教育—教材 Ⅳ. ①TP331

中国版本图书馆 CIP 数据核字(2015)第 216763 号

责任编辑：陈冬梅　桑任松
封面设计：杨玉兰
责任校对：周剑云
责任印制：刘海龙
出版发行：清华大学出版社
　　　　　网　　　址：https://www.tup.com.cn, https://www.wqxuetang.com
　　　　　地　　　址：北京清华大学学研大厦 A 座　　　邮　　编：100084
　　　　　社 总 机：010-83470000　　　　　邮　　购：010-62786544
　　　　　投稿与读者服务：010-62776969, c-service@tup.tsinghua.edu.cn
　　　　　质量反馈：010-62772015, zhiliang@tup.tsinghua.edu.cn
　　　　　课件下载：https://www.tup.com.cn, 010-62791865
印 装 者：三河市君旺印务有限公司
经　　　销：全国新华书店
开　　本：185mm×260mm　　　印　张：22　　　字　数：535 千字
版　　次：2004 年 11 月第 1 版　　2016 年 1 月第 3 版　　印　次：2025 年 2 月第12次印刷
定　　价：58.00 元

产品编号：062603-03

# 前　　言

　　本书是根据高等院校计算机专业教学特点和非电类相关专业对"计算机电路基础"课程教学的基本要求，结合电路理论、现代模拟电子技术和数字技术的发展编写的。本次修定再版保持原版的体系和特点，对部分内容进行补充修改的同时，增加了电子电路设计自动化软件 Multisim 10.0 的使用方法。

　　"计算机电路基础"是一门既有基本理论，又有较强实践性的专业基础课。学习本课程的目的是使学生掌握电路的基本理论和分析方法，为后续的专业课打下必要的基础，学生还要在实践中体会、巩固和提高所学知识。

　　本书注重基础理论和基本方法，在阐明基本物理概念、电路工作原理和分析方法的同时，力求做到加强基本概念、突出重点、突出应用、循序渐进。书中采用"提示"和"注意"的方法，加深对概念的理解。每章都有小结并附有习题，巩固所学知识，也便于自学。

　　本书共分为 11 个教学项目，其中项目 1～4 是电路基础部分，主要内容包括电路的基本概念和基本定律、电路的分析方法、正弦交流电路和电路的暂态分析；项目 5～8 是电子模拟电路部分，主要内容包括半导体器件、基本放大电路、集成运算放大器和直流稳压电路；项目 9、10 是数字电路部分，主要内容包括门电路和组合逻辑电路、触发器和时序逻辑电路；项目 11 介绍电子电路仿真。该课程总学时为 100 学时。书中标记"*"的部分内容，可视专业的教学需求、学时的多少和学生的实际水平供教师选讲或学生参考之用。

　　本书由魏则燊主编，负责全书的组织、统编与审阅；参与编写的还有魏伟、毛文辉。

　　由于编者水平有限，书中难免存在不妥和错误之处，敬请使用本书的教师和读者给予批评指正。

编　者

# 目录

# 项目 1

## 电路的基本概念和基本定律

**教学提示：**

电路是学习电子技术的基础，是电子类专业的入门知识。本项目主要介绍电路的一些基本概念和基本定律等电路理论的基础知识。

**教学目标：**

● 了解电路模型和集总假设的意义。
● 理解电压、电流的参考方向和关联参考方向。
● 理解电压源、电流源的特性及功率计算。
● 理解支路、节点、回路的定义和电路的 3 种工作状态。
● 理解基尔霍夫电流和电压定律，要求熟练掌握并能自如地应用于电路计算。
● 能分析和计算电路中各点电位。

# 1.1　电　　路

电流流通的路径称为电路。电路实现电能的传输和转换，或实现信号的传递和处理。电路的形式是多种多样的。

## 1.1.1　电路的作用

在日常生活中，各种各样的电气设备随处可见，从简单的手电筒、台灯到比较复杂的电视机、计算机等，它们都是由各种各样不同功能的具体电路组成的。不管这些电路如何简单或复杂，都可以分成电源、中间环节和负载 3 个部分，如图 1.1 所示。

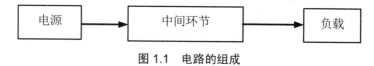

**图 1.1　电路的组成**

电源是向电路提供电能的设备，如发电机、电池等，为整个电路工作提供能源。电源的作用是将其他形式的能量转化成电能。

负载是指各种用电设备和元器件的总称，它的作用是将电能转换成其他形式的能量，如台灯可将电能转换成光能，电饭锅可将电能转换成热能，音响设备中的扬声器可将电能转换成声能。负载是电路中的主要耗电器件。

从电源到负载之间是中间环节部分，它通过导线将电源和负载连接起来，形成一个完整的电路。中间环节部分可能是一个简单的开关，也可能是由许多电子元器件组成的可以完成复杂功能的电子系统。

电路是由电子器件或部件按一定方式连接形成电流的通路，电路的作用是实现电能的传输和转换，或者说是实现信号的传递和处理。

## 1.1.2   电路模型

实际电路都是由许多起不同作用的电子元件相互连接而成的。在手电筒的实物连接图中，所有的元件都是具体的实物，如图 1.2 所示。当用元件的符号代替实物时就得到它相应的电气图，如图 1.3 所示。从图中可以看出，电气图要比实物连接图简单和直观。实际的电子元件往往都不是单一参数的理想元件，如手电筒中的电池除电动势 $E$ 外，还存在内电阻 $R_S$；开关在闭合时也存在一定的接触电阻 $R_K$；连接元器件的导线存在线间电阻 $R_X$ 等。为了突出元件的主要特性，忽略其次要因素，把它近似地看成单一参数的理想电路元件。在如图 1.4 所示的电路中，忽略引线间电阻；电池用电动势 $E$ 表示，忽略 $R_S$；开关用 K 表示，忽略 $R_K$；小电珠用电阻 $R_L$ 表示。这样用理想电元件所组成的电路，称为实际电路的电路模型。电路模型是对实际电路的抽象和概括。

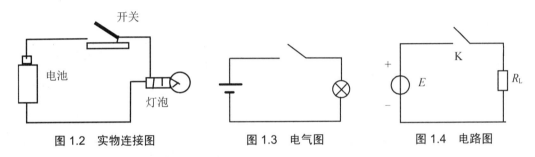

图 1.2   实物连接图          图 1.3   电气图          图 1.4   电路图

## 1.1.3   集总假设

任何一个实际元件都不是一个理想的元件。实际元件的电气性能方程是很复杂的，为了简化对器件性能的描述和简化电路分析和计算，在一定的条件下，常忽略其次要物理过程，只考虑实际元件的主要特性，使其理想化。理想化的元件模型称为电路元件。如电阻器实际含有电阻、分布电容和分布电感 3 种参数，当只考虑电阻值消耗电能的主要特性时，就不考虑分布电容和分布电感的电磁能存储影响，因而构成它的模型仅是单个理想电阻元件，这种假设称为集总假设。这种元件称为集总参数元件，简称集总元件。

在建立元器件的模型时，采用上述集总假设的条件是：电场作用(充放电)只发生在电容元件上，磁场作用(磁能的储存和释放)只发生在电感元件上，而且都没有电磁能量的损失。只有在满足此条件时，才能采用集总假设的概念。

由集总元件构成的电路称为集总电路，简称为电路。

# 1.2   电流、电压和功率

电流、电压和功率是电路中 3 个重要的物理量，是电路分析和计算中的重要参数。

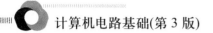
### 1.2.1 电流

电荷的定向运动产生电流。电流的单位为安培，简称为安，用字母 A 表示。常用的单位还有毫安(mA)和微安(μA)。单位之间的关系为

$$1A=1000mA$$
$$1mA=1000\mu A$$

正电荷运动方向为电流的方向。电流通常是时间的函数。如果电流的大小和方向不随时间变化，则称此电流为直流电流(或恒定电流)，用大写字母 $I$ 表示，如图 1.5 所示。大小随时间变化而方向不随时间变化的电流称为变动电流 $i$，如图 1.5 所示。如果电流的大小和方向都随时间而变化，这样的电流称为交流电流，用小写字母 $i$ 表示，如图 1.6 所示。以后用 $i(t)$ 或 $i$ 表示随时间变化的电流。

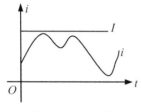

图 1.5  直流电流

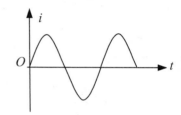

图 1.6  交流电流

在复杂电路中，要正确判定一个元件上的电流方向并非易事。因此，在分析和计算电路前总是先假定流过元件上电流的方向，这个假设的电流方向称为电流参考方向。据此假定电流方向，经过分析计算，如果所求得电流为正值，说明流过元件的电流的实际方向与假定的电流参考方向一致，如图 1.7(a)所示；如果所求得电流为负值，则实际电流方向与电流参考方向相反，如图 1.7(b)所示。因此，电流的正负值必须在参考方向选定后才能确定。

💡 **注意**：  参考方向是一种分析方法，只有在参考方向选定之后，电流和电压才有正、
负之分。

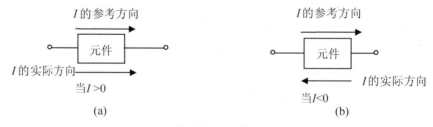

图 1.7  电流方向

### 1.2.2 电压和电位

#### 1. 电压

单位正电荷在电场力的作用下，从电场中的 $a$ 点移到 $b$ 点所做的功，称为电场中 $a$、$b$ 两点间的电压。电压通常是时间的函数。直流电压用 $U$ 表示，交流电压用 $u(t)$ 表示。电压

单位为伏特，简称伏，用大写字母 V 表示。电压较小时用 mV(毫伏)和μV(微伏)作为单位。这里

$$1V=1000mV$$
$$1mV=1000\mu V$$

和电流一样，电压也具有方向。电压方向规定为由高电位("+"极性端)指向低电位("−"极性端)，即电位降低的方向作为电压的实际方向。电压方向也可以用下标方式表示，如 $a$、$b$ 两点之间的电压方向由 $a$(+)指向 $b$(−)，可表示为 $U_{ab}$。与假定电流的参考方向的道理一样，计算电路前先假定元件上电压的方向，即电压参考方向。当实际求得电压值 $U>0$ 时，说明元件上电压参考方向与实际电压方向一致，如图 1.8(a)所示。如果所求得电压值 $U<0$ 时，则电压参考方向与实际电压方向相反，如图 1.8 (b)所示。

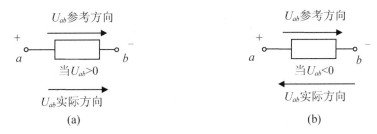

图 1.8　电压方向

### 2. 电位

在对电路进行电压分析的时候，往往要选定电路中的某一点作为电压的参考点，称为零电位点。电路中的任一点到零电位点的电压称为该点的电位。在如图 1.9 所示的电位图中，选择 $d$ 为零电位点，则 $a$、$b$、$c$ 点的电位分别为 $U_a$、$U_b$、$U_c$。对于零电位，习惯上用接地符号⊥表示。电路中电压的参考点是任意选定的，一经选定，其他点的电位也随之而定。

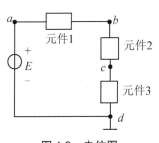

图 1.9　电位图

## 1.2.3　关联参考方向

在分析电路的时候，有时需要对某一元件同时设定电流参考方向和电压参考方向，如图 1.10 所示。在图 1.10(a)中，电流和电压的参考方向一致，称为关联参考方向。在图 1.10(b)中，电流和电压的参考方向不一致，称为非关联参考方向。

图 1.10　参考方向

**【例 1.1】** 求如图 1.11 所示电路中 $R$ 的电阻值。

**解** 电阻上的电压是流过电阻上的电流 $I$ 所产生的，电流和电压的参考方向是一致的，即关联参考方向。这时，$U=IR$。如果电流和电压的参考方向相反(非关联参考方向)，则 $U=-IR$。

由图 1.11(a)，得

$$R = \frac{U}{I} = \frac{8}{2} = 4\,(\Omega)$$

由图 1.11(b)，得

$$R = -\frac{U}{I} = -\frac{8}{-2} = 4\,(\Omega)$$

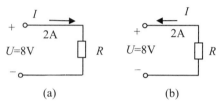

图 1.11  例 1.1 的电路

## 1.2.4  功率

正电荷从电路元件电压的正极，经元件移到电压的负极，正电荷从高电位移向低电位，是电场力对电荷做功的结果，电场的能量消耗在元件上。元件消耗电场的能量为吸收能量或消耗功率。可以看出，这时元件上的电流方向和电压的方向是一致的。

正电荷从电路元件电压的负极，经元件移到电压的正极，正电荷从低电位移向高电位，必须由外力对电荷作用以克服电场力，这时元件应具有这种外力(如化学力、电磁力)，因此元件会发出能量，或者说是元件向电路提供能量，即元件向电路提供功率。可以看出，这时元件上的电流方向和电压的方向是相反的。

元件上的功率可用式(1-1)计算，即

$$P=UI \tag{1-1}$$

如果元件上电流和电压的参考方向一致，即符合关联参考方向，如图 1.10 所示，用公式(1-1)计算元件上的功率。如果功率 $P>0$，说明元件从电路中吸收功率，即元件本身消耗功率，这种元件被称为电路的负载。如果功率 $P<0$，说明元件向电路提供功率，这样的元件本身能产出功率，被称为电源。

如果元件上电流和电压的参考方向不一致，即符合非关联参考方向，如图 1.11(b)所示，用公式(1-1)计算元件上的功率。如果功率 $P>0$，说明元件向电路提供功率，元件本身能产出功率，此元件为电源；如果功率 $P<0$，说明元件从电路中吸收功率，即元件本身消耗功率，这种元件称为电路的负载。

**提示：** 在关联参考方向下，$P>0$ 是负载吸收功率；$P<0$ 是电源提供功率。

在非关联参考方向下，$P>0$ 是电源提供功率；$P<0$ 是负载吸收功率。

【例 1.2】充电器 A 对手机电池 E 充电，如图 1.12 所示。如果手机电池的电压已降到 2.5V，现用 20mA 电流对其充电，问手机电池和充电器的功率各为多少？各是何种功率？

**解**    因为手机电池上的电压和电流为关联参考方向，用式(1-1)计算得

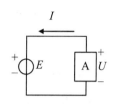

$$P = UI = 2.5V \times 0.02A = 0.05W$$

手机电池的动率 $P>0$，吸收功率，所以手机电池是负载。

因为充电器上的电压和电流为非关联参考方向，具有

$$P = UI = 2.5V \times 0.02A = 0.05W$$

图 1.12    例 1.2 的电路

充电器的功率 $P>0$，向手机电池提供功率，所以充电器是电源。

# 1.3    二端元件和受控源

二端元件包括电阻、电感、电容以及电压源、电流源等。本节先讨论电阻、电压源、电流源，电感和电容将在项目 3 的交流电路中介绍。

## 1.3.1    电阻元件

物体对电流的阻碍作用称为该物体的电阻，电阻是电路中最基本的二端元件，用符号 $R$ 表示，如图 1.13 所示。电阻的基本单位为欧姆($\Omega$)，电阻较大时可用千欧($k\Omega$)和兆欧($M\Omega$)为单位，单位之间有以下换算关系，即

$$1k\Omega = 1000\Omega$$

$$1M\Omega = 1000k\Omega$$

电阻的倒数 $1/R$，称为电导，常用 $G$ 表示，即

$$G = \frac{1}{R} \tag{1-2}$$

电导的单位是西门子，用符号"S"表示。

在关联参考方向下，如图 1.13 所示，电阻上电流和电压的关系为

$$R = \frac{U}{I} \tag{1-3}$$

这就是欧姆定律。如果电阻上电流和电压的参考方向不符合关联参考方向，则关系式为

$$R = -\frac{U}{I} \tag{1-4}$$

式(1-3)可写成 $U=RI$，它说明：通过电阻的电流与加在电阻上的电压成正比，其比例系数就是电路中该电阻的阻值 $R$。如果 $R$ 值不随外加的电压或电流变化，此电阻 $R$ 称为线性电阻，如图 1.14 中直线 $a$ 所示；否则为非线性电阻，如图 1.14 中曲线 $b$ 所示。

图 1.13 电阻           图 1.14 电阻特性

### 1.3.2 电压源

独立电压源是一个二端元件,简称为电压源,如干电池、各种稳压电源、信号源和发电机等。任何电压源都含有电动势 $E$ 和内阻 $R_S$,它的模型如图 1.15 中虚线左边部分所示。图中 $U$ 为电压源的端电压,$R_L$ 为外接的负载电阻。由图中可得

$$U = IR_L = E - IR_S \tag{1-5}$$

电源 $E$ 输出功率为 $P_E = I^2R_L + I^2R_S$,这里 $I^2R_L$ 为负载功率,$I^2R_S$ 为电源内阻消耗功率。

当内阻 $R_S = 0$ 时,电源无内阻,电源内部无电压降,电源的端电压 $U$ 等于电动势 $E$,电源输出一个恒定的电压 $E$。这时的电压源称为恒压源,又称理想电压源。像干电池、蓄电池等理想电压源,常用如图 1.16 所示的符号表示。当 $R_S > 0$ 时,电源的端电压随着输出电流 $I$ 的增加(此时在内阻上的压降增加)而下降。恒压源和电压源的输出特性如图 1.17 所示。

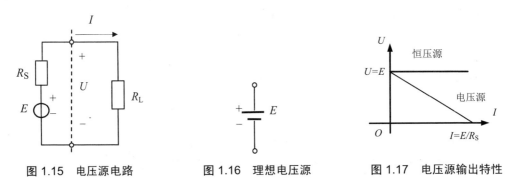

图 1.15 电压源电路      图 1.16 理想电压源      图 1.17 电压源输出特性

💡 **注意:** 理想电压源输出电流 $I$ 的大小完全由外电路的负载 $R_L$ 所确定。

### 1.3.3 电流源

独立电流源简称电流源,其模型如图 1.18(a)中虚线左边所示。$I_S$ 是电流源的电流,$R_S$ 是电流源的内阻。如果 $R_S = \infty$ 或 $R_S \gg R_L$,流过负载电流 $I$ 恒等于电流源的电流 $I_S$,是一个定值。电流源两端的电压由负载电阻 $R_L$ 和电流源的电流 $I_S$ 确定。这样的电流源称为恒流源或理想电流源,如图 1.18(b)所示。理想电流源的输出特性如图 1.19 所示,是一条与电压轴平行的、电流值为 $I_S$ 的直线。当电路中不能满足条件 $R_S \gg R_L$ 时,负载电阻 $R_L$ 流过的电流不等于电流源的电流 $I_S$,而是等于被其内阻 $R_S$ 分流后的剩余部分。$R_S$ 越小,分流越

大，流过负载的电流 $I$ 越小。电流源的输出特性如图 1.19 中的斜线所示。

💡 **注意：** 理想电流源端电压的大小完全由外电路的负载所确定。

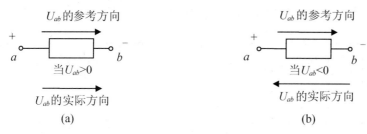

$U_{ab}$ 的参考方向

当 $U_{ab}>0$

$U_{ab}$ 的实际方向

(a)

$U_{ab}$ 的参考方向

当 $U_{ab}<0$

$U_{ab}$ 的实际方向

(b)

图 1.18　电流源电路

【**例 1.3**】计算如图 1.20 所示的电路中独立电流源所提供的功率。

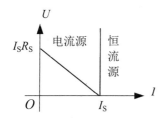

图 1.19　电流源输出特性

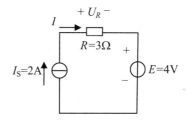

图 1.20　例 1.3 的电路

**解**　电阻中流过的电流由独立电流源决定，其值 $I=I_S$。所以电阻的压降为

$$U_R = IR = 2\times3 = 6(\text{V})$$

电流源两端的电压为

$$U_{I_S} = U_R + E = 6\text{V}+4\text{V} = 10\text{V}$$

电流源两端的电压和电流是非关联方向，功率为

$$P_{I_S} = U_{I_S} I_S = 10\text{V}\times2\text{A}=20\text{W} > 0$$

$P_{I_S} > 0$，所以电流源提供功率。

电压源的功率为

$$P_E = EI = 4\times2 = 8(\text{W})$$

由于流过电压源的电流和电压降方向一致，即关联参考方向，而且 $P_E > 0$，所以电压源吸收功率。

## 1.3.4　受控源

前面介绍的电压源和电流源都是独立的电源，而在电路分析中还会遇到另一类电源，它的电流或电压是受到电路中其他支路的电流或电压的控制，因此称此类电源为受控源。它不是真正的电源，它是四端元件。因为受控源有电压源和电流源之分，控制量有电压和电流之分，所以受控源共有 4 种类型，分别如图 1.21(a)、(b)、(c)和(d)所示。

电压控制电压源(VCVS)： $U_2 = \mu U_1$，其中 $\mu$ 是电压控制比，无量纲。

电压控制电流源(VCCS)： $I_2 = gU_1$，其中 $g$ 是转移电导，导纳量纲。

电流控制电压源(CCVS)：$U_2 = \gamma I_1$，其中$\gamma$是转移电阻，电阻量纲。

电流控制电流源(CCCS)：$I_2 = \beta I_1$，其中$\beta$是电流控制比，无量纲。

控制系数$\mu$、$g$、$\gamma$和$\beta$反映出控制量对受控量的控制能力。应该注意的是，当控制系数$\mu$、$g$、$\gamma$和$\beta$是一个常数时，受控源称为线性受控源，否则为非线性受控源。

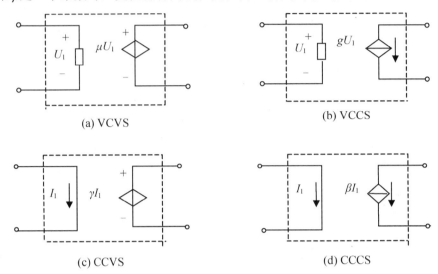

(a) VCVS　　　　　　　　　　　(b) VCCS

(c) CCVS　　　　　　　　　　　(d) CCCS

图 1.21　受控源

# 1.4　电路的 3 种状态

电路的 3 种状态是指电源与负载之间的 3 种不同连接。3 种不同的状态为开路状态、短路状态和有载状态。

## 1.4.1　开路状态

电源与负载间不连接，电源处于无负载状态，称为空载状态，又称为开路状态，如图 1.22 所示。在开路状态时外电路对电源呈现无穷大的电阻，电路中的电流为零。此时电源两端电压 $U_o$ 等于电源的电动势 $E$，$U_o$ 为开路电压，电源无功率消耗。电路处于开路状态时特性表现为

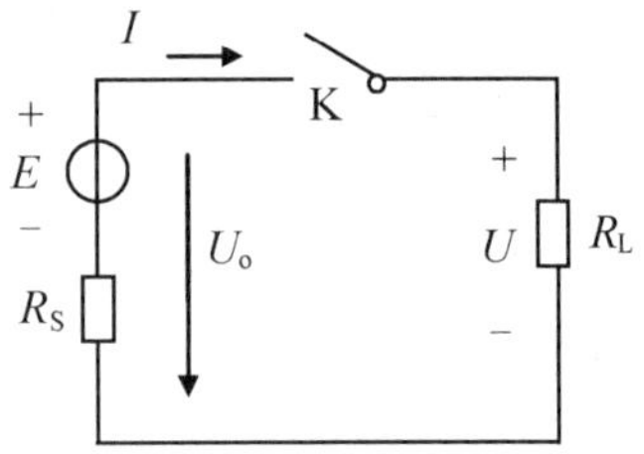

图 1.22　开路状态

$$\left. \begin{array}{r} U_o = E \\ I = 0 \\ P_E = 0 \end{array} \right\} \tag{1-6}$$

## 1.4.2　短路状态

由于某种原因，电源两端连接在一起，称为短路状态，简称短路，如图 1.23 所示。短路时，电源两端被短接，外电路的电阻为零，电源流出的电流 $I_S$ 直接回到电源的负端，回

路中只有一个很小的电源内阻。短路时回路中产生很大的电流 $I_S$，称为短路电流。短路时电源所产生的能量全被电源内阻消耗，内阻功率为 $P_S=I_S^2R_S$。如果无短路保护措施，过大的电流在电源内部产生很大的热量，可能会烧毁电源，甚至酿成火灾。短路除了会发生在电源端处外，也可能发生在线路中的某一部分，称为局部短路，也会造成电源供出超常的电流。

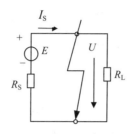

图 1.23　电源短路

电源在短路时的特征表示为

$$\left.\begin{array}{l} U=0 \\ I_S=\dfrac{E}{R_S} \\ P_S=I_S^2R_S=\dfrac{E^2}{R_S} \end{array}\right\} \tag{1-7}$$

注意：　短路通常是一种严重的事故。主要原因是接线不当、接触不慎、线路不好等。为了防止短路事故的发生，除了认真操作外，更重要的是在电路中接入短路保护措施，如短路保护的熔断器、自动断路器等，一旦发生短路，能及时切断电源与负载的连接，以免发生事故。

### 1.4.3　有载状态

电源与负载接通形成电回路，称为有载状态，如图 1.24 所示。有载状态下，电源向电路的负载提供电流 $I$ 为

$$I=\frac{E}{R_S+R_L} \tag{1-8}$$

负载上的电压为

$$U_L=IR_L \tag{1-9}$$

或

$$U_L=E-IR_S \tag{1-10}$$

从式(1-10)中可见，负载上所得电压 $U_L$ 是小于电源电动势 $E$ 的，电源电动势 $E$ 有一部分降在电源的内阻上，其值为 $IR_S$。电源的内阻一般很小，当 $R_S\ll R_L$ 时，$U_L\approx E$。如果电源的内阻大，负载上所得的电压就减小，说明电源本身提供给负载电压的能力小，即带负载的能力差。把式(1-10)绘成图，如图 1.25 所示，是 $U$-$I$ 关系的曲线，称为电源外特性曲线，其斜率与电源内阻大小有关。电源内阻越大，斜率越大。在有载状态下，电源电动势

输出的功率为

$$P_E = IE \qquad (1\text{-}11)$$

电源内阻消耗的功率为

$$P_S = I^2 R_S \qquad (1\text{-}12)$$

负载吸收的功率为

$$P_L = I^2 R_L \qquad (1\text{-}13)$$

功率平衡关系为

$$P_E = P_S + P_L \qquad (1\text{-}14)$$

功率的单位是瓦特，简称瓦，用字母 W 表示。在大功率应用的场合用 kW(千瓦)，小功率用 mW(毫瓦)，其换算关系为

$$1\text{kW} = 1000\text{W}$$

$$1\text{W} = 1000\text{mW}$$

各种电气设备的电压、电流和功率都有一个额定值。它告诉用户电器在正常工作时的允许值。使用中超过它的额定值时称为过载。过载轻则降低设备的寿命，重则损坏设备。在实际使用中，不能达到设备额定的运行指标，这时称为欠载。设备在欠载状态下运行，不能正常发挥效能。如一个标为 220V、40W 的电灯，在 220V 电压下发出 40W 功率的亮光，但在 180V 时就没有那么亮了。

一台设备能否充分发挥作用，还与其所接的负载大小有关。例如，有一台直流稳压器，额定输出电压为 6V，输出电流为 5A，功率为 30W。在外接负载(如收录机)电阻为 6Ω下，直流稳压器实际输出 1A 的电流，输出功率只有 6W，并没有达到直流稳压器的额定输出功率。在这种情况下，电源输出的电流和功率取决于负载的大小，电源根据负载的需要而输出，通常不一定处于额定状态。

**【例 1.4】** 如图 1.26 所示的充电电路，已知 $U = 36\text{V}$，$I = 5\text{A}$，$R_{S1} = R_{S2} = 0.4\Omega$。

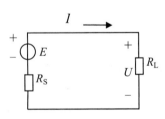
图 1.24  有载状态

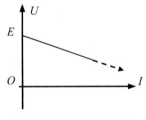
图 1.25  电源的外特性

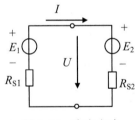
图 1.26  充电电路

(1) 求电源的电动势 $E_1$ 和 $E_2$。

(2) 电源 $E_1$ 和 $E_2$ 哪个是充电器？哪个是被充电的？

(3) 说明功率的平衡。

**解** (1)
$$E_2 = U - IR_{S2} = 36 - 5 \times 0.4 = 34(\text{V})$$
$$E_1 = U + IR_{S1} = 36 + 5 \times 0.4 = 38(\text{V})$$

(2) 电源 $E_1$ 的功率

$$P_{E_1} = IE_1 = 5 \times 38 = 190(\text{W})$$

电源 $E_1$ 和 $I$ 为非关联方向，$P_{E_1} > 0$，提供功率。

电源 $E_2$ 的功率

$$P_{E_2} = IE_2 = 5 \times 34 = 170(\text{W})$$

电源 $E_2$ 和 $I$ 为关联方向，$P_{E_2} > 0$，吸收功率。

电源 $E_2$ 是被充电。

(3)
$$E_1 = E_2 + IR_{S2} + IR_{S1}$$
$$IE_1 = IE_2 + I^2 R_{S2} + I^2 R_{S1}$$
$$5 \times 38 = 5 \times 34 + 5^2 \times 0.4 + 5^2 \times 0.4$$
$$190\text{W} = 170\text{W} + 10\text{W} + 10\text{W}$$

电源 $E_1$ 产生的功率 $P_{E_1}$ (190W)除对电源 $E_2$ 充电(170W)外，消耗在两个电源的内阻的功率各为 10W，达到功率平衡。

# 1.5　基尔霍夫定律

电路是由若干电路元件组成的。电路元件都要遵守两个基本规律：一是电路中各元件的电压、电流应该服从各自的伏安特性规律(称为元件约束)，如电路中的电阻都应该遵循欧姆定律；二是电路中各元件应该服从各元件互联后产生的电路电流、电压的规律(称为拓扑约束)，如基尔霍夫定律等。

基尔霍夫定律分为基尔霍夫电流定律和基尔霍夫电压定律。

## 1.5.1　支路、节点和回路

在介绍基尔霍夫定律前，先了解定律中要用到的 3 个名词。

**支路**：电路中流过同一个电流的分支称为支路，支路上流过的电流称为支路电流。在如图 1.27 所示的电路中，电流 $I_1$ 流过 $E_1$ 和 $R_1$，$E_1$ 和 $R_1$ 为一条支路；电流 $I_3$ 流过 $E_2$ 和 $R_3$，$E_2$ 和 $R_3$ 为一条支路；电流 $I_2$ 流过 $R_2$，为一条支路。

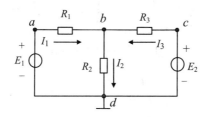

**图 1.27　基尔霍夫定律例图**

**节点**：支路的连接点称为节点(也称为结点)。在电路中 3 条或 3 条以上支路相连接的地方形成一个节点。如图 1.27 所示，$b$ 和 $d$ 两个是节点($d$ 又被设为零参考点)。$a$ 和 $c$ 都是各自支路中元件的连接点，不称为电路中的节点。

**回路**：由一条或多条支路所组成的任何一个闭合电路称为回路。在如图 1.27 所示的电路中，$E_1$、$R_1$ 和 $R_2$ 构成一个回路；$E_2$、$R_3$ 和 $R_2$ 构成一个回路；$E_1$、$R_1$、$E_2$ 和 $R_3$ 又构成一个回路，共有 3 个回路。一个大回路允许包含一个或几个小回路。

### 1.5.2 基尔霍夫电流定律

基尔霍夫电流定律又称基尔霍夫第一定律,简称 KCL。该定律描述电路中连接在同一个节点上的各条支路电流之间的关系。由于电流的连续性和电路中任一节点上电荷不能堆积的特性,与节点相连接的各条支路在任一瞬间流进节点的电流和流出节点的电流是相等的。基尔霍夫电流定律对此做如下表述:在电路中的任一节点,在任一时刻,流进节点的电流之和等于从该节点流出的电流之和。也就是说,任一时刻,一个节点上(流入或流出)电流的代数和为零。其数学表达式为

$$\sum_{k=1}^{K} I_k = 0 \tag{1-15}$$

式中,$K$ 为该节点上连接的支路总数。

基尔霍夫电流定律表示了电路中支路电流间的约束关系。

**提示:** 利用基尔霍夫电流定律列节点电流方程时,要在与节点相连接的支路上先标明支路电流的方向。习惯上,设流入节点的电流为正,流出节点的电流为负。

应用式(1-15),列出图 1.27 所示电路中的节点 $b$ 电流方程为

$$I_1 + I_3 - I_2 = 0$$

【例 1.5】电路如图 1.28 所示,列出节点 $a$、$b$ 和 $c$ 的电流方程。

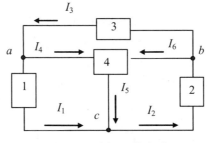

图 1.28  例 1.5 的电路

**解**  对节点 $a$ 有 $\qquad -I_1 + I_3 - I_4 = 0$

对节点 $b$ 有 $\qquad I_2 - I_3 - I_6 = 0$

对节点 $c$ 有 $\qquad I_1 - I_2 + I_5 = 0$

在本例题中,元件 4 为三端元件(如晶体三极管),在分析时把封闭面视为一个节点。

根据基尔霍夫电流定律:流进、流出该封闭面电流的代数和为零,有

$$I_4 - I_5 + I_6 = 0$$

如果已知 $I_1 = 2\text{A}$,$I_3 = -3\text{A}$,对于节点 $a$ 可求得

$$I_4 = -I_1 + I_3 = -2\text{A} + (-3\text{A}) = -5\text{A}$$

### 1.5.3　基尔霍夫电压定律

基尔霍夫电压定律简称为 KVL，它描述回路中各条支路上电压之间的相互关系。该定律的内容表述为：在任一瞬间，沿任一回路设定方向(顺时针或逆时针方向)，回路中所有支路电压降的代数和为零。其数学表达式为

$$\sum_{k=1}^{K} U_k = 0 \tag{1-16}$$

式中，$K$ 为该回路中的支路数。

基尔霍夫电压定律表示了电路中支路电压间的约束关系。

**提示：**　在应用 KVL 定律时，首先要在选定的回路中设定一个沿该回路绕行的方向(或顺时针或逆时针)，以此方向作为回路中各支路电流的参考方向，即支路电压的参考方向。再沿回路绕行一周，支路上的电压与参考方向一致则取正值；否则为负。

【例 1.6】在如图 1.29 所示的电路中虚线绕行的为一回路，列出该回路的基尔霍夫电压方程。

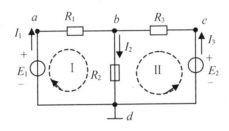

图 1.29　例 1.6 的电路

**解**　设定回路 Ⅰ 和 Ⅱ 中的参考方向。支路原设定的方向若与之一致，则为正；否则为负。

根据基尔霍夫电压定律，可建立以下两个回路的电压方程。

回路Ⅰ：$-E_1 + I_1 R_1 + I_2 R_2 = 0$

回路Ⅱ：$-E_2 + I_3 R_3 + I_2 R_2 = 0$

【例 1.7】在如图 1.30 所示的电路中，已知：$R_1=1\Omega$，$R_2=2\Omega$，$R_4=4\Omega$，$R_5=5\Omega$，$R_6=6\Omega$，$E_3=2V$，$I_2=1A$，$I_4=1.5A$，$I_5=2A$。求 $E_1$、$E_2$、$R_3$。

**解**　根据基尔霍夫电流定律求解。

由节点 $b$ 得：$I_6 = I_2 + I_4 = 1A + 1.5A = 2.5A$

由节点 $c$ 得：$I_3 = I_2 + I_5 = 1A + 2A = 3A$

由节点 $a$ 得：$I_1 = I_3 + I_4 = 3A + 1.5A = 4.5A$

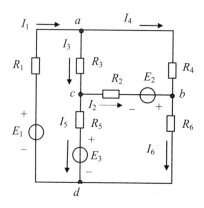

图1.30  例1.7的电路

根据基尔霍夫电压定律,在 $abda$ 回路中,有

$$E_1 = I_1R_1 + I_4R_4 + I_6R_6$$
$$= 4.5 + 1.5 \times 4 + 2.5 \times 6$$
$$= 25.5(\text{V})$$

在 $cdbc$ 回路中,有

$$I_5R_5 + E_3 - I_6R_6 + E_2 - I_2R_2 = 0$$
$$E_2 = I_6R_6 + I_2R_2 - I_5R_5 - E_3$$
$$= 2.5 \times 6 + 1 \times 2 - 2 \times 5 - 2 = 5(\text{V})$$

在 $abca$ 回路中,有

$$I_4R_4 + E_2 - I_2R_2 - I_3R_3 = 0$$
$$R_3 = \frac{I_4R_4 + E_2 - I_2R_2}{I_3}$$
$$= \frac{1.5 \times 4 + 5 - 1 \times 2}{3} = 3(\Omega)$$

# 小　　结

(1) 电路是由电源、中间环节和负载组成的。由理想电路元件构成的电路称为实际电路的电路模型,理想的电路元件分别由相应的参数和规定的符号来表示。在建立元器件的模型时,采用集总假设的条件是:电阻上只消耗热能,电场作用只发生在电容元件上,磁场作用只发生在电感元件上,而且都没有电磁能量的损失。

(2) 正电荷运动的方向是电流的实际方向。电压实际方向规定为:从高电位端指向低电位端,电源的电动势方向规定为从电源内部负极性端指向正极性端,是电位升高的方向。在分析电路时要规定电流、电压的参考方向。当电流、电压实际方向与参考方向一致时为正,反之为负。支路上的电流参考方向和电压降一致,则称为关联参考方向。

(3) 电阻、电压源和电流源都是独立的二端元件。

(4) 元件的功率 $P = UI$。

在关联参考方向下,元件的功率:

当功率 $P>0$ 时，元件吸收(消耗)功率。

当功率 $P<0$ 时，说明元件发出(提供)功率。

在非关联参考方向下，元件的功率：

当功率 $P<0$ 时，元件吸收(消耗)功率。

当功率 $P>0$ 时，说明元件发出(提供)功率。

(5) 电路有开路、短路和有载 3 种状态。电路应极力避免短路情况发生。电路在有载工作状态时，电路中电源产生的功率等于负载吸收的功率和电源内电阻消耗功率之和，功率平衡。电气设备标明的电流、电压和功率的额定参数，是电气设备正常运行的工作条件，应该避免过载运行。

(6) 基尔霍夫定律。

基尔霍夫电流定律(KCL)指出电路中流进(或流出)任一节点的电流应符合 $\sum_{k=1}^{K} I_k = 0$。

基尔霍夫电压定律(KVL)说明电路中任一回路中各支路电压的关系应符合 $\sum_{k=1}^{K} U_k = 0$。

# 习　　题

## 1. 填空题

(1) 电路的作用是实现_____。

(2) 关联参考方向下，元件上的功率 $P<0$，这元件是_____功率。

(3) 在非关联参考方向下，元件上的功率 $P>0$，这元件是_____功率。

(4) 理想电流源的端电压是由_____决定的。

(5) 电源短路时电路中会产生_____的电流。

(6) 电路中由_____支路的连接才会形成一个节点。

## 2. 判断题(正确：√；错误：×)

(1) 恒流电流的大小可以随时间变化。　　　　　　　　　　　　　　(　　)

(2) 电压源的端电流是由电压源本身决定的。　　　　　　　　　　　(　　)

(3) 参考方向是随意假设的。　　　　　　　　　　　　　　　　　　(　　)

(4) 电路短路时，电压源的电动势为零。　　　　　　　　　　　　　(　　)

(5) 电压源的功率 $P=UI$ 一定大于零。　　　　　　　　　　　　　(　　)

(6) $U_{ba}$ 表示 $a$ 端的电位小于 $b$ 端。　　　　　　　　　　　　　(　　)

## 3. 问答题

(1) 什么叫集总假设？

(2) 参考方向、关联方向、实际方向有何区别？

(3) 电位与参考电位有何区别？

(4) 电源所带负载的大小是指负载电阻的大小，还是指负载上流过电流的大小？如果电路开路，电源所带的负载是多少？

(5) 电路如图 1.31 所示,求出元件上端电压的值,已知:电阻 $R=10\Omega$,$I=0.5A$。

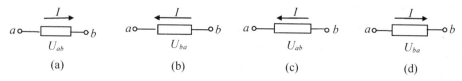

图 1.31    问答题(5)图

(6) 电路如图 1.32 所示,计算各元件的功率,并说明元件是电源还是负载。

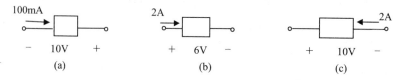

图 1.32    问答题(6)图

(7) 在如图 1.33 所示的电路中,要在 12V 的电源上使 6V/50mA 的小电珠正常发光,应该选用哪一个电路?

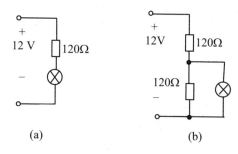

图 1.33    问答题(7)图

## 4. 计算题

(1) 求图 1.34 所示电路中的 $U_a$。

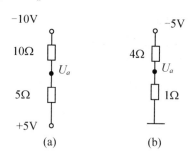

图 1.34    计算题(1)图

(2) 在如图 1.35 所示的电路中,5 个元件分别表示电源和电阻。已知 $I_1=-4A$,$I_2=6A$;$U_1=140V$,$U_2=-90V$,$U_4=-80V$,$U_5=30V$。

① 试标出各元件上电压和电流的实际方向。

② 请判定哪些元件是电源,哪些是负载?

③　电源和负载的功率是否平衡?

(3)　电路如图 1.36 所示，求电路中的 $U_{ab}$。

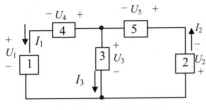

图 1.35　计算题(2)图

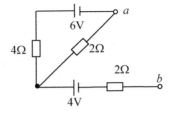

图 1.36　计算题(3)图

(4)　某一局部电路如图 1.37 所示。求 $U$、$I$ 和 $R$。

(5)　求图 1.38 所示电路中的 $I_3$、$I_4$ 和 $I_6$。

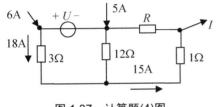

图 1.37　计算题(4)图

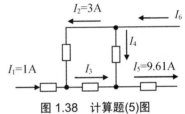

图 1.38　计算题(5)图

(6)　电路如图 1.39 所示，求各电源的功率，并指出是消耗功率还是提供功率。

(7)　在图 1.40 所示的电路中，求 4Ω 电阻上的电流和电压值。

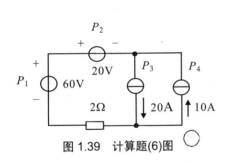

图 1.39　计算题(6)图

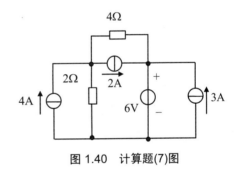

图 1.40　计算题(7)图

# 项目 2

## 电路的分析方法

**教学提示:**

在电路理论中,给定电路结构和参数求支路的电压和电流,称为电路分析;给出电路的性能指标,设计电路的结构及参数,称为电路设计。电路分析是电路设计的基础。

**教学目标:**

- 能熟练地对电路中的电阻进行串联与并联计算。
- 能熟练地应用支路电流法、回路电流法、叠加定理和戴维南定理等基本方法,对具体电路进行分析和计算。
- 掌握电路的负载从电源获得最大功率的条件。

# 2.1 电阻的串联与并联

在电路中电阻是用得最多的元件,它在电路中的连接方式也是多种多样的,其中最简单的是串联和并联。

## 2.1.1 电阻的串联

在电路中两个或更多个电阻依次按首尾顺序进行的连接称为串联。流过串联电阻的电流是相同的,如图 2.1(a)所示。电阻串联的结果可等效成一个电阻。如图 2.1(b)所示的电路中的电阻 $R$ 是如图 2.1(a)所示的电路中电阻 $R_1$ 和 $R_2$ 的等效结果。

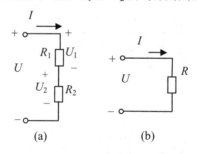

(a)                    (b)

**图 2.1 电阻的串联**

在同一个电压作用下,串联等效电阻的阻值等于各个串联电阻的阻值之和。如有 $n$ 个电阻串联,串联等效电阻的阻值为

$$R = R_1 + R_2 + \cdots + R_n \tag{2-1}$$

由图 2.1(a)可得

$$U_1 = IR_1$$
$$U_2 = IR_2$$

用 $I = U/(R_1+R_2)$ 代入,有

$$\left. \begin{array}{l} U_1 = \dfrac{R_1}{R_1 + R_2} U \\[3mm] U_2 = \dfrac{R_2}{R_1 + R_2} U \end{array} \right\} \tag{2-2}$$

从式(2-2)中可知，串联电阻具有分压的作用。串联电阻上电压的分配与其串联电阻的阻值成正比。串联电阻的阻值越大，其分压值就越大。

电阻串联的特点是：串联电阻上流过的电流相同；总电压等于各串联电阻上电压降之和；串联电阻的等效电阻等于各串联电阻之和。

电阻串联在实际中有很多用处。例如，为了限制负载通过过大的电流，可与负载串联一个电阻(称为限流电阻)，加大串联回路的阻值，达到减小流过负载的电流的目的。同理，在调试电路电流时，往往在电路中串联一个可调电阻。利用串联电阻分压的作用，有时也直接在负载回路中串联一个电阻，以降低负载上的电压降。

## 2.1.2　电阻的并联

两个或多个电阻并接，称为电阻并联。每个并联电阻上的电压是相同的。如图 2.2(a)所示的电路中是两个电阻的并联。并联后的总电阻可用一个等效的电阻 $R$ 表示，如图 2.2(b)所示。

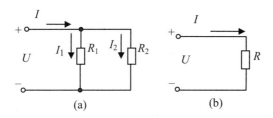

图 2.2　电阻的并联

等效的电阻 $R$ 的倒数等于各个并联电阻的倒数之和。对于有 $n$ 个电阻并联的等效电阻 $R$ 可表示为

$$\frac{1}{R} = \frac{1}{R_1} + \frac{1}{R_2} + \cdots + \frac{1}{R_n} \tag{2-3}$$

在只有两个电阻并联时，式(2-3)简化成

$$R = \frac{R_1 R_2}{R_1 + R_2} \tag{2-4}$$

因为

$$U = RI = \frac{R_1 R_2}{R_1 + R_2} I$$

而

$$I = I_1 + I_2 \tag{2-5}$$

所以，两个并联电阻上流过的电流分别为

$$\left. \begin{array}{l} I_1 = \dfrac{U}{R_1} = \dfrac{R_2}{R_1 + R_2} I \\[2mm] I_2 = \dfrac{U}{R_2} = \dfrac{R_1}{R_1 + R_2} I \end{array} \right\} \tag{2-6}$$

由式(2-6)可知，并联电阻具有分流作用，分流电流大小与并联电阻的阻值成反比，并联电阻的阻值越小，分流电流越大。

电阻并联的特点是：并联电阻两端的电压相同，总电流等于各并联电阻上流过的电流之和，并联电阻的等效电阻的倒数等于各并联电阻倒数之和。

在民用供电电路中，各种电气设备都是并联在 220V 的电源上，其中某个电气设备的断电不会影响其他电气设备的运行。在并联电路中，并联的电气设备越多(负载增加)，则总电阻越小，电路中的总电流和总功率也越大，即电网的负荷越重。

【例 2.1】求如图 2.3 所示的电路中流过各电阻的电流。已知 $R_1=4\Omega$，$R_2=6\Omega$，$R_3=3.6\Omega$，$R_4=4\Omega$，$R_5=0.6\Omega$，$R_6=1\Omega$，$E=4V$。

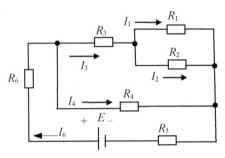

图 2.3   例 2.1 的电路

**解**   (1)   先求 $R_1$、$R_2$ 并联的等效电阻值，有

$$R_{12} = \frac{R_1R_2}{R_1+R_2} = \frac{4\times6}{4+6} = 2.4(\Omega)$$

求 $R_{12}$ 与 $R_3$ 串联后再与 $R_4$ 并联的电阻值，即

$$R_{34} = \frac{(R_{12}+R_3)R_4}{(R_{12}+R_3)+R_4} = \frac{(2.4+3.6)\times4}{(2.4+3.6)+4} = 2.4(\Omega)$$

求全电路的等效电阻值，即

$$R = R_5+R_6+R_{34} = 0.6+1+2.4 = 4(\Omega)$$

(2)   求电路总电流，有        $I = I_6 = \dfrac{E}{R} = \dfrac{4}{4} = 1(A)$

(3)   下面求各电阻上的电流：

$$I_3 = \frac{R_4}{R_{12}+R_3+R_4}I = \frac{4}{2.4+3.6+4}\times1 = 0.4(A)$$

$$I_4 = \frac{R_{12}+R_3}{R_{12}+R_3+R_4}I = \frac{2.4+3.6}{2.4+3.6+4}\times1 = 0.6(A) \qquad (或用 I_4 = I-I_3)$$

由 $I_3$ 求 $R_1$ 和 $R_2$ 上流过的电流，即

$$I_1 = \frac{R_2}{R_1+R_2}I_3 = \frac{6}{4+6}\times0.4 = 0.24(A)$$

$$I_2 = \frac{R_1}{R_1+R_2}I_3 = \frac{4}{4+6}\times0.4 = 0.16(A) \qquad (或用 I_2 = I_3-I_1)$$

## 2.2  电路分析方法

对于复杂电路，往往不能直接通过对电阻串、并联的等效简化，来求解电路中支路的电流和电压。计算复杂电路有多种分析方法，支路电流法和回路电流法是两种最基本的方法。

### 2.2.1  支路电流法

支路电流法是以支路电流作为求解的对象，应用基尔霍夫电流定律(KCL)和基尔霍夫电压定律(KVL)分别列出电路的节点电流方程和选定回路的电压方程，联立解出各支路电流。

在数学上要求解出 $n$ 个变量，必须有 $n$ 个独立方程。因而对于支路电流法，如果要求出 $b$ 条支路的电流，必须先列出以支路电流为变量的 $b$ 个独立方程，然后进行联立求解。

以如图 2.4 所示的电路为例，电路中共有 3 条支路，两个节点，两个回路。

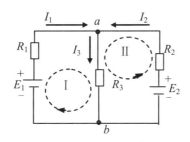

**图 2.4  支路电流法**

据 KCL，对于两个节点可以建立以下两个电流方程。

对于 $a$ 节点：$I_1 + I_2 - I_3 = 0$

对于 $b$ 节点：$-I_1 - I_2 + I_3 = 0$

💡 **注意：**  这是两个非独立的相关方程。

因此，对于有两个节点的电路，只能建立(2-1=)1 个独立的节点电流方程，即

$$I_1 + I_2 - I_3 = 0 \tag{2-7}$$

一般而言，在有 $n$ 个节点的电路中，可以建立 $n-1$ 个独立的节点电流方程。

在本例中，还需建立两个方程。根据 KVL，从图中可建立回路 I 和 II 的电压方程，即

$$R_1 I_1 + R_3 I_3 - E_1 = 0 \tag{2-8}$$

$$R_3 I_3 + R_2 I_2 - E_2 = 0 \tag{2-9}$$

因此，在电路中可利用 KVL 确立另外的 $b-n-1$ 个回路电压方程，联立式(2-7)、式(2-8)和式(2-9)，可求得 $I_1$、$I_2$ 和 $I_3$。

综上所述，利用支路电流法列写电路方程的步骤如下。

(1)  设定各支路电流的参考方向。

(2)  应用 KCL 对节点列出 $n-1$ 个独立的电流方程。

(3) 选取 $b-(n-1)$ 个回路，并指定循环方向，应用 KVL，建立回路中各支路的电压方程；将步骤(2)和步骤(3)中的 $n-1$ 个和 $b-(n-1)$ 个方程联立求解，可求得 $n$ 个支路电流。

### 2.2.2 回路电流法

回路电流法是以一组独立回路的电流作为变量列写各回路的电流方程，通过求解回路电流再求解其他未知量的方法。利用回路电流法求解电路未知量的过程如下。

(1) 选定一组独立的回路，并指定回路中电流的参考方向。

以如图 2.5 所示的电路为例，选定独立回路 Ⅰ 和 Ⅱ，并用箭头设定回路中电流 $I_1$ 和 $I_{II}$ 的正方向。

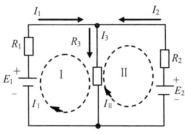

图 2.5　回路电流法

(2) 列出各回路电压平衡方程。

以设定回路电流方向作为各自回路的电压降方向，沿着回路列出所有支路的电压方程，其代数和为零。由图 2.5 所示的电路可列出两个电压平衡方程。

回路 Ⅰ：$-E_1 + I_1 R_1 + (I_1 - I_{II})R_3 = 0$

回路 Ⅱ：$I_{II}R_2 + E_2 + (I_{II} - I_1)R_3 = 0$

由于电阻 $R_3$ 是两个回路共有的电阻，简称共阻。共阻上电压降的大小是两个回路电流共同作用的结果。当两回路电流流过共阻的方向相同时，电流相加，电压降相加；否则相减。

(3) 根据步骤(2)所列的方程组联立求解，所得的电流是回路电流。由支路电流和回路电流的关系，可求出所有的支路电流和其他待求的量。

【例 2.2】如图 2.5 所示的电路，已知 $R_1 = R_2 = R_3 = 8\Omega$，$E_1 = 12V$，$E_2 = 8V$。求各支路电流。

**解**　根据上面分析所得的两个回路方程

回路 Ⅰ：$-E_1 + I_1 R_1 + (I_1 - I_{II})R_3 = 0$

回路 Ⅱ：$E_2 + I_{II}R_2 + (I_{II} - I_1)R_3 = 0$

用本题的已知量代入得

$$4I_1 - 2I_{II} = 3$$
$$I_1 - 2I_{II} = 1$$

解得两个回路电流：$I_1 = \dfrac{2}{3}$ A，$I_{II} = -\dfrac{1}{6}$ A

则支路电流：$I_1 = I_1 = \dfrac{2}{3}$ A，$I_2 = -I_{II} = \dfrac{1}{6}$ A，$I_3 = I_1 - I_{II} = \dfrac{2}{3} - \left(-\dfrac{1}{6}\right) = \dfrac{5}{6}$ (A)

# 2.3　叠 加 定 理

叠加定理是在分析线性电路中常用的一个定理。

**叠加定理**　在线性电路中有多个独立电源共同作用时，任一支路上的电流或电压都可以等于这个电路中各个独立电源单独作用时，在该支路中所产生的电流或电压的叠加(代数和)。

图 2.6(a)中规定了支路电流的参考方向。图中有两个独立电压源共同作用于电路上，要求解各支路的电流，具体过程如下。

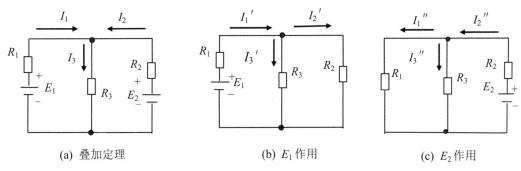

(a) 叠加定理　　　　　(b) $E_1$ 作用　　　　　(c) $E_2$ 作用

**图 2.6　用叠加定理分析电路**

(1)　画出某一电压源(如 $E_1$)单独作用下的电路。现将 $E_2$ 短路，如图 2.6(b)所示，需规定各支路中电流方向。然后对图 2.6(b)所示电路进行求解，求出电路中各个支路的电流或电压。求得

$$I_1' = \frac{E_1}{R_1 + R_3 /\!/ R_2}$$

$$I_2' = \frac{R_3}{R_3 + R_2} I_1'$$

$$I_3' = I_1' - I_2'$$

注：这里的 $/\!/$ 表示电阻并联。

(2)　画出另一电压源(如 $E_2$)单独作用下的电路。现将 $E_1$ 短路，如图 2.6(c)所示，也需规定各支路电流方向。求解在这个电源作用下各个支路的电流或电压，得

$$I_2'' = \frac{E_2}{R_2 + R_3 /\!/ R_1}$$

$$I_1'' = \frac{R_3}{R_1 + R_3} I_2''$$

$$I_3'' = I_2'' - I_1''$$

(3)　以图 2.6(a)中支路电流的参考方向为准，求两个独立电源共同作用下各支路上的电流(叠加)值，得

$$I_1 = I_1' - I_1''$$

$$I_2 = I_2'' - I_2'$$

$$I_3 = I_3' + I_3''$$

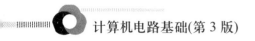

**提示:** 对支路电流值进行叠加时,应以原电路的支路电流的参考方向为准。

叠加定理很少直接作为计算的方法而用于电路分析。然而在有先前计算出的结果可以利用的时候,应用叠加定理可使计算大大简化。如某一电路已计算完毕,但要求计算出在电路中添加一个新独立电源以后各支路中的电流,在这种情况下最好用叠加定理,把新添加的独立电源单独作用于原电路下各支路中,产生的电流叠加到原有的结果上就可以了。

当电路中有多个独立电源,有的是电压源,有的是电流源,在计算单独一个电源作用时,其他电源的作用必须排除在外。在排除电压源时是将其短路处理,在排除电流源时则需将其开路处理。

**注意:** 叠加定理在应用时必须保证电路中的结构和参数前后一致。

# 2.4 戴维南定理

戴维南定理是简化复杂电路的重要定理。

复杂的电路,也称为网络。有时对网络进行计算,只需求其中某一条支路的电流。此时可以将这条支路单独划出来,而把其余的部分看作一个有源二端网络 N,如图 2.7(a)所示。

**戴维南定理** 任何一个线性有源二端网络,都可以用一个电动势 $E_o$ 和一个内电阻 $R_o$ 串联来等效。其电动势 $E_o$ 等于有源二端网络开路的电压,其内阻 $R_o$ 等于有源二端网络无源时(电压源短路,电流源开路)两端之间的等效电阻,如图 2.7(b)所示。

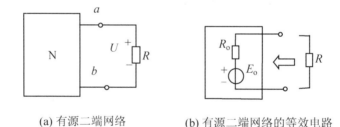

(a) 有源二端网络　　　　(b) 有源二端网络的等效电路

**图 2.7　有源二端网络及其等效电路**

下面用具体例子来说明戴维南定理对电路进行等效和计算的步骤。

**【例 2.3】** 如图 2.8(a)所示电路,求负载 $R_L$ 上的电流。

**解** 用戴维南定理对电路等效后再进行计算。

先把要求解电流的负载 $R_L$ 从电路中分开,然后进行如下计算。

(1) 把电压源短路,电流源开路,求开路时的等效电组 $R_o$,如图 2.8(b)所示,可得

$$R_o = 6 + (3 /\!/ 6) = 8(\Omega)$$

(2) 求等效电压源 $E_o$,如图 2.8(c)所示。求 $a$、$b$ 两端的电压有许多方法,本题采用简便方法求解。

由于 $a$、$b$ 两端开路,$a$、$b$ 两端的电压等于 $c$、$b$ 两端的电压,并设为 $U$。流进节点 $c$ 的电流关系有

$$\frac{1}{3}(12-U)-\frac{1}{6}U+1=0$$

并求得 $\qquad U=10\ \text{V}$

即 $\qquad E_{\text{o}}=U=10\ \text{V}$

(3) 把电阻 $R_{\text{o}}$ 和电压源 $E_{\text{o}}$ 串联等效成有源二端网络，如图 2.8(d)所示，然后求负载 $R_{\text{L}}$ 上的电流，即 $\qquad I_{\text{L}}=10/(8+2)=1(\text{A})$

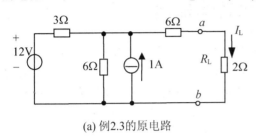

(a) 例2.3的原电路

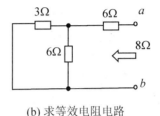

(b) 求等效电阻电路

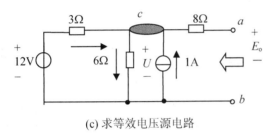

(c) 求等效电压源电路

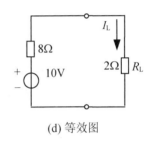

(d) 等效图

图 2.8　例 2.3 的电路

**提示：**　在复杂的电路中，求解等效电阻和电压源时，要应用前面所学过的各种电路分析方法进行认真分析求解。

应用戴维南定理，可以把电流源等效成电压源。如图 2.9(a)所示的电路中有一个内阻为 $R_{\text{S}}$ 的电流源 $I_{\text{S}}$，把它等效成如图 2.9(b)所示的含有内阻 $R_{\text{o}}$ 的电压源 $E_{\text{o}}$，等效过程如下。

(1) 把图 2.9(a)中的电流源看成一个有源二端网络，从端口来等效其内阻和电压。

(2) 将图 2.9(a)中的电流源开路，求得 $R_{\text{o}}=R_{\text{S}}$。

(3) 从图 2.9(a)中的 $a$、$b$ 两端看进去的等效电压 $U_{ab}$，即等效电压源的电压 $E_{\text{o}}$ 为

$$E_{\text{o}}=U_{ab}=I_{\text{S}}R_{\text{S}}$$

(4) 把 $E_{\text{o}}$ 和 $R_{\text{o}}$ 串联可得等效电压源，如图 2.9(b)所示。

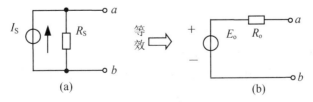

图 2.9　电流源的等效

把电流源等效成电压源(或电压源等效成电流源)，其等效关系都是对外部电路而言的，对电源内部而言是不等效的。因为在外电路开路时，电流源内部有电流而损耗功率。对电压源而言，在外部电路开路时电源内部是没有电流的，不损耗功率。

💡 **注意：** 理想电流源和理想电压源之间是不能相互转换的。

## 2.5　最大功率输出

任何一个电路都要进行从电源到负载的功率传输。在电力系统中，人们希望通过输电线路经济地传输大功率。在电子系统中有时也要求输出大功率，以提高电子系统的灵敏度。因此，负载从电源中获得多少功率也就成为电路分析和设计时需要考虑的重要方面。

在如图 2.10 所示的电路中，负载从电源中获得的功率 $P_L$ 很容易求得。

因为

$$I = \frac{E}{R_S + R_L}$$

则

$$P_L = R_L I^2 = \frac{E^2 R_L}{(R_S + R_L)^2} \tag{2-10}$$

给定 $E$ 和 $R_S$ 值时，负载与功率之间的函数关系式(2-10)可用如图 2.11 所示的曲线表示。从图中可看出，当负载 $R_L$ 为零时，负载功率 $P_L$ 为零。随着 $R_L$ 的增加，$P_L$ 也增加，$R_L$ 增加到某一个值时，存在一个极大值 $P_{max}$。之后，负载 $R_L$ 增加，$P_L$ 反而减少。为了求 $P_L$ 为极大值 $P_{max}$ 时的负载 $R_L$ 值，可用试验方法对负载进行调节。

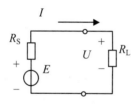

图 2.10　功率电路

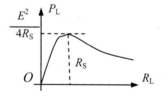

图 2.11　$P_L$-$R_L$ 曲线

应用数学方法也可求得 $P_L$ 值为 $P_{max}$ 时的 $R_L$。在式(2-10)中，对负载 $R_L$ 求导数并令其为零，即

$$\frac{\mathrm{d}P_L}{\mathrm{d}R_L} = \frac{(R_S + R_L)^2 - 2R_L(R_S + R_L)}{(R_S + R_L)^4} E^2 = 0$$

解方程得

$$R_L = R_S$$

这就是负载从电源中获得最大功率的条件。

把 $R_L = R_S$ 代入式(2-10)，可求得负载上所获得最大功率值，用 $P_{MAX}$ 表示为

$$P_{max} = \frac{E^2}{4R_S} \tag{2-11}$$

注意：　当负载从电源中获得最大功率时，负载电阻和电源内阻相等，它们的电流相等，因此电源输出的功率有一半损耗在自身的内阻上。

# 小　　结

(1)　$n$ 个电阻串联的总电阻等于各串联电阻值之和，即

$$R = R_1 + R_2 + \cdots + R_n$$

串联电阻上流过的电流相等，串联电阻起到分压作用，总电压

$$U = U_1 + U_2 + \cdots + U_n$$

(2)　$n$ 个电阻并联，总电阻减小。总阻值的倒数等于各并联电阻倒数之和，即

$$\frac{1}{R} = \frac{1}{R_1} + \frac{1}{R_2} + \cdots + \frac{1}{R_n}$$

并联电阻上的电压是相等的，并联电阻有分流作用，总电流

$$I = I_1 + I_2 + \cdots + I_n$$

(3)　支路电流法是直接运用 KCL 定律建立 $n-1$ 个节点电流方程，利用 KVL 定律建立 $b-(n-1)$ 个支路电压方程，方程进行联立解支路电流的电路分析方法。

(4)　回路电流法是以一组独立的回路电流作为变量列写回路电流方程，通过对回路电流的求解，进而求得电路中各支路的电流和电压。

(5)　叠加定理是指在线性电路中，支路的电流(或电压)是等于各个电源单独作用在该支路所产生的电流的代数和。在求解中，当电压源不作用时可视为短路，电流源不作用时可视为开路。

(6)　含有内阻的电压源和电流源可进行相互等效转换。

(7)　在功率传输线路中，当负载电阻和电源内阻相等时，负载可获得最大的功率。

# 习　　题

## 1. 填空题

(1)　电阻串联起_____作用；电阻并联起_____作用。

(2)　在支路电流法中，应用 KCL 定律可列出_____个独立的节点电流方程；应用 KVL 可列出_____个独立的支路电压方程。

(3)　串联电阻越大，电阻上电流越_____。

(4)　电路进行叠加计算时，要分别对理想电压源_____处理和对理想电流源_____处理。

(5)　戴维南定理可以把有源线性网络等效为_____和_____。

## 2. 问答题

(1)　3 个电阻分别为 3Ω、4Ω、6Ω，串联及并联时的阻值分别是多少？

(2)　家中的电器开启越多，电源上的负载电阻是越大吗？为什么？

(3) 220V/40W 和 110V/40W 的灯泡哪一个电阻大?

(4) 内阻为 2Ω、电压为 9V 的电源,负载上能获得最大的功率是多少?

(5) 应用叠加定理分析电路有哪些步骤?

(6) 理想电压源和电流源能进行等效吗?为什么?

(7) 计算如图 2.12 所示的电路中 $a$、$b$ 两点间的等效电阻。

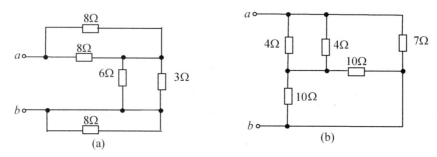

(a)          (b)

图 2.12　问答题(7)图

(8) 回路电流法中的回路电流和支路电流法中的支路电流有何区别和联系?

### 3. 计算题

(1) 在如图 2.13 所示的电路中,电位器 $R_P$ 的电阻值为 1kΩ。求输出电压 $U$ 的变化范围。

(2) 求图 2.14 所示电路中的 $U_{ab}$ 值(用支路电流法和回路电流法)。

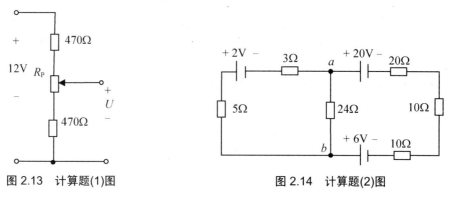

图 2.13　计算题(1)图          图 2.14　计算题(2)图

(3) 在如图 2.15 所示的电路中,求各电阻的电流 $I_1$ 和 $I_2$。

(4) 在如图 2.16 所示的电路中,求负载电压 $U_L$ 的值。

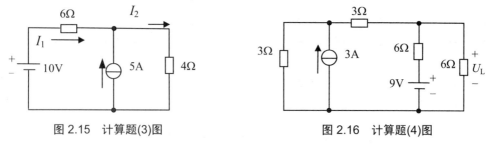

图 2.15　计算题(3)图          图 2.16　计算题(4)图

(5) 在如图 2.17(a)和图 2.17(b)所示的电路中,$R_L$ 为何值时可获得最大功率?最大功率是多少?

(6) 计算图 2.18 所示电路中的电流 $I_L$。

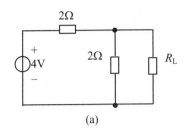

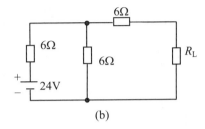

图 2.17　计算题(5)图

(7) 求图 2.19 所示电路中的电流 $I_L$。

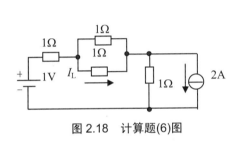

图 2.18　计算题(6)图

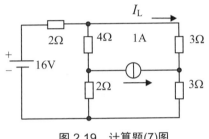

图 2.19　计算题(7)图

(8) 在如图 2.20 所示的电路中,求 1Ω 电阻上的电流。

(9) 在如图 2.21 所示的电路中,当开关断开和闭合时 $A$ 点的电位是多少?

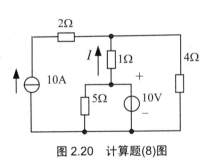

图 2.20　计算题(8)图

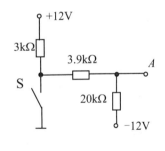

图 2.21　计算题(9)图

(10) 在如图 2.22 所示的电路中,已知 $R$ 中的电流 $I=1\text{A}$,试求其电阻值。

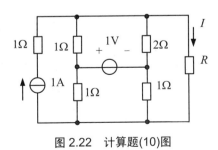

图 2.22　计算题(10)图

# 项目 3

## 正弦交流电路

**教学提示：**

正弦交流电路在工程技术、科学研究和日常生活中很常见，它是学习电子线路的理论基础，是本课程的重要内容之一。本项目主要学习正弦交流电的基本概念和线性电路在正弦信号激励下稳态的一些性能。

**教学目标：**

● 理解正弦交流电的三要素：幅值、频率和初相位。
● 掌握正弦交流电的相量表示法及电阻、电容和电感的相量模型。
● 能用相量法计算简单的正弦交流电路。
● 掌握有功功率和功率因数的计算，了解瞬时功率、无功功率和视在功率的概念。
● 了解串联谐振和并联谐振的条件、谐振频率及特点。
● 了解正弦非周期量的傅里叶级数展开式、有效值及功率的概念。

# 3.1　正弦交流电压和电流

前面分析了直流电路及其计算方法，其中直流电流和电压的大小与方向不随时间而变化。在实际电路中，许多的电流和电压都是随时间而变化的。如果它们的变化符合正弦规律，就称为正弦电流和正弦电压，统称为正弦量。

正弦量是按照正弦规律周期性变化的量，如图 3.1(a)所示。正弦规律周期性变化不仅指正弦量的大小周期性变化，正弦量的方向也是周期性变化的。正弦量是随时间而变化的量，正弦量的瞬时值用小写字母表示。

由于正弦量的方向是周期性变化的，规定其正半周的方向为参考方向，用实线箭头表示，如图 3.1(b)和图 3.1(c)所示。图中虚线箭头表示实际电流方向，圆圈表示电压的实际极性。负半周时，实际的方向与规定的参考方向相反，称为负方向，如图 3.1(c)所示。

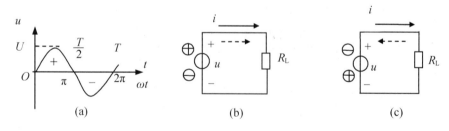

图 3.1　正弦量与参考方向

正弦量一般表示形式为

$$u = U_\mathrm{m}\sin(\omega t + \phi) \tag{3-1}$$

式中有 3 个重要的特征参数，即频率(角频率$\omega$)、幅值($U_\mathrm{m}$)和初相位($\phi$)，称为正弦量的三要素，分述于后。

### 3.1.1　频率与周期

正弦量随时间周而复始地变化，每秒钟内完成变化的次数称为频率 $f$，其单位是赫兹(Hz)，简称为赫。正弦量每完成一次变化所需的时间称为周期 $T$，如图 3.1(a)所示。频率 $f$ 是周期 $T$ 的倒数，即

$$f = \frac{1}{T} \tag{3-2}$$

正弦量变化快慢还可以用角频率 $\omega$ 来表示，因为一个周期内经历 $360°$（即 $2\pi$），所以角频率为

$$\omega = \frac{2\pi}{T} = 2\pi f \tag{3-3}$$

角频率的单位是弧度每秒(rad/s)。

我国和世界许多国家都采用 50Hz 作为电力标准频率。那么周期为

$$T = 1/f = 1/50 = 0.02(\text{s})$$
$$\omega = 2\pi f = 2 \times 3.14 \times 50 = 314(\text{rad/s})$$

在其他不同的技术领域使用各种不同的频率，如无线电中波频率是 300kHz～3MHz、移动通信频率是 300MHz～3GHz、高速电动机的频率是 150～2000Hz。

### 3.1.2　幅值与有效值

在式(3-1)中，$U_m$ 是正弦量的电压幅值，又称为最大值，用带下标 m 的大写字母 $U$ 表示。$I_m$ 则表示电流的最大值。幅值是一瞬间的最大值，如图 3.1(a)中正弦波形的峰值。

正弦电压、电流的大小常用它的有效值来计算。有效值是由电流的热效应来规定的。不管是周期电流还是直流电流，只要它们在相同的时间内通过同一个电阻所产生的热效应相等，它们的安培值就可视为相等。也就是说，该周期电流的有效值在数值上等于这个直流值。它们的热效应关系可用数学关系表示为

$$\int_0^T R\, i^2 \mathrm{d}t = R\, I^2 t$$

从式中可解得周期电流的有效值为

$$I = \sqrt{\frac{1}{T}\int_0^T i^2 \mathrm{d}t} \tag{3-4}$$

当 $i = I_m \sin\omega t$ 时，代入式(3-4)得

$$I = \sqrt{\frac{1}{T}\int_0^T I_m^2 \sin^2(\omega t)\mathrm{d}t} \tag{3-5}$$

因为 $\int_0^T \sin^2(\omega t)\mathrm{d}t = \int_0^T \frac{1-\cos 2\omega t}{2}\mathrm{d}t = \frac{1}{2}\int_0^T \mathrm{d}t - \frac{1}{2}\int_0^T \cos 2\omega t\,\mathrm{d}t = \frac{T}{2} - 0 = \frac{T}{2}$

所以有

$$I = \sqrt{\frac{1}{T} I_\mathrm{m}^2 \frac{T}{2}} = \frac{I_\mathrm{m}}{\sqrt{2}} \ (\text{或} \ I \approx 0.707 \, I_\mathrm{m}) \tag{3-6}$$

对于正弦电压同样有

$$U = \frac{U_\mathrm{m}}{\sqrt{2}} \ (\text{或} \ U \approx 0.707 \, U_\mathrm{m}) \tag{3-7}$$

按照规定，有效值和直流的表示一样，都用大写字母表示，如 $I$、$U$、$E$ 等。

例如，日常所说的民用电 $U$=220V，指的就是有效值，而其幅值(交流峰值)应为

$$U_\mathrm{m} = \sqrt{2} U = 311\mathrm{V}$$

如果用万用表测其电压，其数值都是有效值。

### 3.1.3 初相位

正弦量的第三个重要参数是初相位。正弦量是随时间而变化的，从一开始就决定了其初始的瞬间值不一样，而且也决定了正弦量以后的变化趋势。如图 3.2 所示，$\phi_1$、$\phi_2$ 表示两个正弦量在 $t$=0 时不同的初始相位角，简称初相角。从式(3-1)中也可以看到，在 $t$=0 时，$\phi$ 值不同，$u$(或 $i$)值也就不同。

💡 注意：频率、幅值和初相位分别表示了正弦量变化的快慢、正弦量的大小和正弦量的初始状态。如果已知这 3 个参数，这个正弦量的特征就可以完全确定。

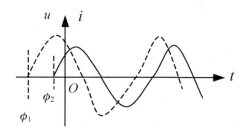

图 3.2　初相角

## 3.2　正弦量的相量表示法

正弦量的瞬间值是用正弦三角函数表示，对正弦交流电路进行分析与计算时，三角函数运算很不方便。从数学中知道，正弦量可以用相量来表示，而相量表示法的基础是复数，因此可以用复数来表示正弦量。

### 3.2.1 复数的两种表示法

#### 1. 代数表示法

由数学的复值函数中已知，在复平面上的点 $A$，它的直角坐标如图 3.3 所示。

$$A = a + jb \tag{3-8}$$

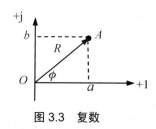

图 3.3 复数

图中横轴为实轴，单位为+1，$a$ 为 $A$ 的实部。纵轴为虚轴，单位为 $j=\sqrt{-1}$，$b$ 是 $A$ 的虚部。$R$ 是 $A$ 的模，$\phi$ 是 $R$ 与实轴的夹角。这些量的关系为

$$\left.\begin{aligned} a &= R\cos\phi \\ b &= R\sin\phi \\ R &= \sqrt{a^2 + b^2} \\ \phi &= \arctan\frac{b}{a} \end{aligned}\right\} \tag{3-9}$$

**2. 极坐标法**

从图 3.3 中可知

$$A = a + jb = R\cos\phi + jR\sin\phi = R(\cos\phi + j\sin\phi)$$

根据欧拉公式，上式可写成指数形式或极坐标形式

$$A = Re^{j\phi} \tag{3-10}$$

常简写成

$$A = R\angle\phi \tag{3-11}$$

### 3.2.2 相量

由以上分析可以看出，一个正弦量可以用复数表示。复数的模即为正弦量的幅值，复数的幅角即为正弦量的相位角。表示正弦量的复数称为相量。因此正弦电压为

$$u = U_m\sin(\omega t + \phi)$$

用相量表示为

$$\dot{U} = U(\cos\phi + j\sin\phi) = Ue^{j\phi} = U\angle\phi \tag{3-12}$$

💡 **注意：** 在表示相量时(如正弦电压)，应在大写字母($U$)的顶部加一个"**.**"。

在实际计算中，相量(复数)的加减运算用代数法比较简单，而极坐标法更适合于相量(复数)的乘除运算。

**【例 3.1】** 已知 $i_1 = 141\sin(\omega t)A$，$i_2 = 70.5\sin(\omega t - 60°)A$。求：总电流 $i = i_1 + i_2$，并画出相量图。

**解** 求两电流和，先把 $i = i_1 + i_2$ 化为相量(或幅值或有效值)表示形式，即

$$\dot{I} = \dot{I}_1 + \dot{I}_2$$

对有效值进行计算，已知 $I_1 = 0.707 I_{m1} = 100$；$I_2 = 0.707 I_{m2} = 50$，则

$$\dot{I} = 100\angle 0^\circ + 50\angle 60^\circ = 100(\cos0^\circ + j\sin0^\circ) + 50(\cos60^\circ - j\sin60^\circ)$$

$$= 100 + 50\times\left(\frac{1}{2} - j\frac{\sqrt{3}}{2}\right) = 150 - j25\sqrt{3}$$

$$= 150 + j(-43.3)(A)$$

利用式(3-9)，将所求的正弦量代数形式转化为极坐标表示，即

$$R = \sqrt{a^2 + b^2} = \sqrt{150^2 + (-43.3)^2} = 156.13$$

$$\phi = \arctan\frac{b}{a} = \arctan\frac{-43.3}{150} = -16^\circ\,6'$$

得正弦量的极坐标表示为

$$\dot{I} = 156.13\angle -16^\circ\,6'\ (A)$$

总电流的相量图如图3.4所示。

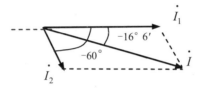

图3.4  例3.1的相量图

# 3.3  单一参数的交流电路

在交流电路中，电阻元件、电感元件和电容元件是基本的电路参数元件。

和分析直流电路一样，分析交流电路也要计算支路上的电压、电流、功率及其关系。对交流电路的分析，首先要掌握在正弦量作用下，单一参数元件电路中电压和电流之间的关系。对于复杂的交流电路，无非是这些单一参数元件的组合而已。

## 3.3.1  电阻交流电路

如图3.5(a)所示，正弦电流 $i$ 流过线性电阻 $R$，在电阻上产生正弦电压 $u$，两者之间的关系由欧姆定律确定，即 $u = iR$。

为分析方便，设电流相量为零初相位，这时有

$$i = I_m\sin\omega t$$

则电阻上的电压为

$$u = RI_m\sin\omega t = U_m\sin\omega t$$

电阻上的电压和流过电阻上的电流是同频率、同相位，如图3.5(b)所示。在这种情况下，电压和电流的极大值之间或有效值之间的关系都遵循欧姆定律，即

$$\frac{U_m}{I_m} = \frac{RI_m}{I_m} = R$$

如果用相量来表示电压和电流，则可写成

$$\dot{U} = U \angle 0° \text{ 和 } \dot{I} = I \angle 0°$$

欧姆定律的相量形式为

$$\frac{\dot{U}}{\dot{I}} = R$$

电阻上电压和电流的相量关系如图 3.5(c)所示。

知道了电阻上的电流和电压关系后，就能计算电路中的功率。电路在某一瞬间吸收或放出的功率称为瞬时功率，用小写字母 $p$ 表示。交流电路中瞬时功率的值一般都是时间的函数，因此应该用电压和电流瞬时值进行计算，即

$$p = ui$$

在只有电阻的交流电路中，同一瞬间电压和电流的方向相同，相乘总是正值，代表着吸收功率，这和直流电路中的情况一样。瞬时功率为

$$p = u\,i = U_m\sin\omega t \cdot I_m\sin\omega t = U_m I_m\sin^2\omega t$$

$$p = \frac{1}{2}U_m I_m(1 - \cos 2\omega t)$$

即

$$p = UI(1 - \cos 2\omega t)$$

电阻交流电路中瞬时功率含有两个部分：第一部分是常量 $UI$，与如图 3.5(d)所示的直线对应；第二部分是以两倍频率变动的周期量，与如图 3.5(d)所示的曲线对应。

瞬时功率一般用处不大。通常所说的功率是指在一个周期内电路所消耗电能的平均值，即瞬时功率的平均值，称为平均功率，以大写字母 $P$ 来表示。在上述的电阻交流电路中，平均功率为

$$P = \frac{1}{T}\int_0^T p\mathrm{d}t = \frac{1}{T}\int_0^T ui\mathrm{d}t = \frac{1}{T}\int_0^T UI(1 - \cos 2\omega t)\mathrm{d}t$$

$$= UI = RI^2 = \frac{U^2}{R} \tag{3-13}$$

在电路处于稳定运行状态下，平均功率不是时间的函数。如图 3.5(d)所示的曲线下的阴影部分就反映了一个周期内电路所消耗的平均功率。

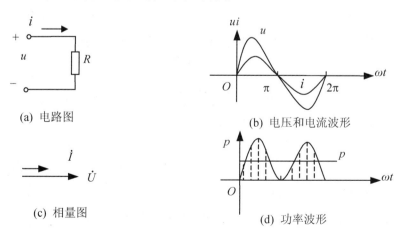

(a) 电路图　　　　　　　　(b) 电压和电流波形

(c) 相量图　　　　　　　　(d) 功率波形

图 3.5　电阻交流电路

### 3.3.2 电感交流电路

#### 1. 电感

在物理学中已经知道，线圈中通过电流 $i_L$ 时，线圈中将产生磁通 $\psi$。它通过 $N$ 匝线圈时，则总磁通为 $N\psi$。总磁通 $N\psi$ 与线圈中所通过的电流 $i_L$ 的比值为

$$\frac{N\psi}{i_L} = L$$

$L$ 称为线圈的自感系数，简称为电感。单位为亨利(H)，简称亨。实际中还用到 mH 和 μH 两个单位，它们之间的换算关系为

$$1mH = 10^{-3}\,H$$
$$1\mu H = 10^{-6}H$$

在流过相同电流的情况下，线圈圈数越多，所产生的总磁通 $N\psi$ 越多，说明线圈的自感系数越大，即电感越大。

当电感流过的电流发生变化或磁通发生变化时，都会在电感上产生感应电动势 $e_L$。$e_L$ 与电流的变化率 $di_L/dt$ 成正比，即

$$e_L = -N\frac{d\psi}{dt} = -L\frac{di_L}{dt}$$

式中的负号表示电动势的方向总是阻碍电流的变化。上述过程如图 3.6 所示，可转化成如图 3.7 所示的电感电路。

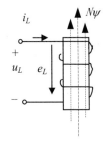

图 3.6   感应电动势

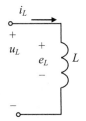

图 3.7   电感元件

根据 KVL 定律，对于图 3.7 所示电路中的电压关系，可以写出

$$u_L + e_L = 0$$

$$u_L = -e_L = -\left(-L\frac{di_L}{dt}\right) = L\frac{di_L}{dt}$$

得电感元件上的电压和电流的关系式为

$$u_L = L\frac{di_L}{dt} \tag{3-14}$$

#### 2. 电感交流电路

在图 3.8 中，设电流为参考正弦量，初相位为零。这时有

$$i_L = I_{Lm}\sin\omega t\ (\text{或}\ \dot{I}_L = I_L \angle 0°)$$

则电感两端的电压为

$$u_L = L\frac{\mathrm{d}i_L}{\mathrm{d}t} = L\frac{\mathrm{d}I_{Lm}\sin\omega t}{\mathrm{d}t} = \omega L I_{Lm}\cos\omega t$$

$$= \omega L I_{Lm}\sin(\omega t+90°) = U_{Lm}\sin(\omega t+90°) \tag{3-15}$$

从式(3-15)中可知，电感电路中的电压和电流是同一频率的正弦量，但不同相。电压 $U$ 超前于电流 $i_L$ 的相位 $90°$。换句话说，在电感电路中，流过电感元件上的电流在相位上比电压滞后 $90°$，如图 3.8 所示。在式(3-15)中，有

$$U_{Lm} = \omega L I_{Lm}$$

设

$$X_L = \omega L \tag{3-16}$$

$X_L$ 称为感抗，单位是欧姆($\Omega$)。感抗是与电感量 $L$、频率 $f$ 成正比。在直流状态下，$X_L=0$，电感视为短路。在高频率下，电感对高频电流起到阻碍作用。频率越高，电感呈现出的感抗越大。

💡 **注意：** 在直流状态下，电感视为短路，$f=0$，$X_L=0$。

电感两端的电压与电流的关系可用相量来表示，由式(3-15)得

$$\dot{U}_L = U_L \angle 90°\ \text{而}\ \dot{I}_L = I_L \angle 0°$$

所以有

$$\frac{\dot{U}_L}{\dot{I}_L} = \frac{U_L}{I_L} \angle 90° = \mathrm{j}X_L$$

或写成

$$\dot{U}_L = \mathrm{j}X_L\dot{I}_L \tag{3-17}$$

式(3-17)也说明了电压的有效值等于电流的有效值与感抗的乘积，而在相位上电压超前 $90°$。

电感电路的瞬时功率为

$$p = i_L u_L = I_{Lm}\sin\omega t \cdot U_{Lm}\sin(\omega t+90°) = \frac{1}{2}U_{Lm}I_{Lm}\sin 2\omega t$$

写成有效值形式为

$$p = U_L I_L\sin 2\omega t$$

瞬时功率是一个正弦函数，其频率是电流频率的两倍。瞬时功率 $p$ 的曲线如图 3.9 所示。在第一个 1/4 周期($0\sim\pi/2$)里，电感的电流从零开始上升，电感建立磁场。电动势的方向与电流方向相反(阻碍电感中电流的上升)，故称为反电动势。电感吸收电源的能量，并转化为磁场能。这期间电感上的外加电压和电流方向相同。电感元件的瞬时功率 $p$ 为正值，为吸收功率。

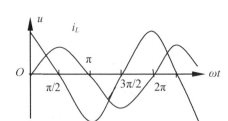

图 3.8　电压和电流的波形

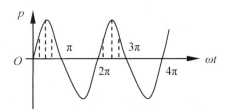

图 3.9　瞬时功率曲线

在第二个 1/4 周期里(π/2～π)，电流从极大值下降，磁场逐渐消失。原先存储在磁场中的能量要释放出来，把能量归还给电源。这时电动势方向和电流方向相同(阻碍电感中电流的下降)。这期间电感上外加电压与电流的方向相反，电感元件的瞬时功率 p 为负值。第三个和第四个 1/4 周期与第一个和第二个 1/4 周期的情况相似，只是电流和所建立的磁场方向相反。

在电感元件电路中的平均功率 P 是一个周期内瞬时功率 p 的平均值，即

$$P = \frac{1}{T}\int_0^T p\mathrm{d}t = \frac{1}{T}\int_0^T U_\mathrm{m}I_\mathrm{m}\sin 2\omega t\mathrm{d}t = 0$$

平均功率 P 为零，说明了在电感元件的电路中只有能量间(电能与磁能)的转换而没有能量消耗。这种能量之间转换的规模用无功功率 Q 来衡量，数值上等于电感电路的瞬时功率 p 的幅值，有

$$Q = U_L I_L = X_L I_L^2$$

无功功率的单位是乏(var)。

【例 3.2】有一电感 $L$=10mH，正弦信号电压 5V。求频率分别为 1kHz 和 500kHz 作用下的电流。

**解**　在 $f$=1kHz 下，$X_L = 2\pi f L = 2\times3.14\times10^3\times10^{-2} = 62.8(\Omega)$

$$I_L = \frac{U_L}{X_L} = \frac{5\mathrm{V}}{62.8\Omega} = 79.62\mathrm{mA}$$

在 $f$=500kHz 下，$X_L = 2\pi f L = 2\times3.14\times500\times10^3\times10^{-2} = 31.4(\mathrm{k}\Omega)$

$$I_L = \frac{U_L}{X_L} = \frac{5}{31.4\times10^3} = 0.16\,(\mathrm{mA})$$

由此可知，频率越高，电感的感抗越大，对电流的阻碍就越大，流过电感上的电流就越小。

### 3.3.3　电容交流电路

#### 1. 电容

被绝缘材料隔离开的两个导体的整体称为电容。其中两个导体也称为两个极板。电容加上电压后，一个极板储存正电荷(称为正极板)，另一个极板储存负电荷(称为负极板)，两极板间建立起电场。为了衡量电容储集电荷能力的大小，用极板上所带电荷量 $q$(单位为库)与两极板间的电压 $u$(单位为伏)的比值 $C$ 来表示，即

$$C = \frac{q}{u}$$

这里 $C$ 称为电容量，简称电容。在同样的电压下，电容储集的电荷越多，说明电容储集电荷的能力越强，即电容量越大。电容量的大小与极板的大小和绝缘材料的性质有关。电容的单位为法拉，简称法(F)。法拉单位太大，常用的有微法(μF)和皮法(pF)。它们之间的换算关系为

$$1F = 10^6 \mu F$$
$$1\mu F = 10^6 pF$$

在大多数情况下，电容是一个与电压及电荷无关的量，这样的电容称为线性电容。

当电容两端的电压增加时，极板上聚集的电荷也增加，电容内部的电场能量相应增加。电荷向极板运动形成电流，此时称为充电电流。当电容两端的电压下降时，电容内原先储存的电荷(电场能量)就向外释放形成电流，此时称为放电电流。电容充、放电电流方向是相反的，如图 3.10 所示。

电容上的电压(电荷)发生变化，在电路中，电流为

$$i_C = \frac{dq}{dt} = C\frac{du_C}{dt}$$

瞬时电流 $i_C$ 的大小与 $du_C/dt$ 电容电压的变化率成正比，与电容的容量大小亦成正比。容量越大，储存的电荷越多，则电流越大。

💡 **注意：**   在直流状态下($du_C/dt = 0$)，电容视为开路，电容上的电流为零。

### 2. 电容交流电路

在图 3.10 所示电路中，选择电压为参考量，则

$$u_C = U_{Cm}\sin\omega t$$

用相量表示为

$$\dot{U}_C = U_C \angle 0°$$

则电容上流过的电流为

$$i_C = C\frac{du_C}{dt} = C\frac{dU_{Cm}\sin\omega t}{dt} = \omega C U_{Cm}\cos\omega t = I_{Cm}\sin(\omega t+90°) \tag{3-18}$$

用相量表示为

$$\dot{I}_C = I_C \angle 90° \tag{3-19}$$

由此可见，电容交流电路中，电容上电流和电压同频率不同相位，$i_C$ 超前电压 90°。其波形如图 3.11 所示。

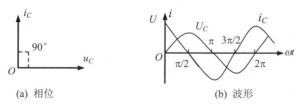

(a) 相位          (b) 波形

图 3.11   电压与电流相位波形

从式(3-18)中得出，$I_{Cm}=\omega C U_{Cm}$。

设

$$X_C = \frac{1}{\omega C} \tag{3-20}$$

$X_C$ 称为容抗。电容交流电路中，电容上的电流和电压相量关系表示为

$$\frac{\dot{U}_C}{\dot{I}_C} = \frac{U_C \angle 0°}{I_C \angle 90°} = X_C \angle -90°$$

或

$$\dot{U}_C = -jX_C \dot{I}_C \tag{3-21}$$

电容交流电路中，电容元件的瞬时功率 $p$ 为

$$p = ui = U_{Cm}\sin\omega t\, I_{Cm}\sin(\omega t+90°) = U_{Cm}I_{Cm}\sin\omega t\cos\omega t$$

$$= \frac{U_{Cm}I_{Cm}}{2}\sin 2\omega t = U_C I_C \sin 2\omega t$$

电容上瞬时功率的频率是电流(电压)的两倍，幅值为 $U_C I_C$。波形如图 3.12 所示。

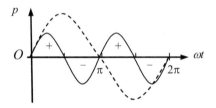

**图 3.12　功率波形**

在第一个和第三个 1/4 周期里，外加电压增高，对电容元件充电，电容从外加的电源中获得电能，瞬时功率 $p$ 为正。而在第二个和第四个 1/4 周期里，外加电压下降，电容放电，把存储的电能归还给电源，电容供出功率，瞬时功率 $p$ 为负。

和电感交流电路一样，电容交流电路的平均功率亦为零，即

$$P = \frac{1}{T}\int_0^T p\,\mathrm{d}t = \frac{1}{T}\int_0^T U_C I_C \sin 2\omega t\,\mathrm{d}t = 0 \tag{3-22}$$

【**例 3.3**】把一个 220μF 的电容接到 50Hz、15V 的正弦电源上。问流过电容上的电流是多少？如果正弦的频率提高到 400Hz，问流过电容上的电流又是多少？

**解**　当 $f=50$Hz 时，有

$$X_C = \frac{1}{2\pi fC} = \frac{1}{2\times3.14\times50\times220\times10^{-6}} = 14.4\,(\Omega)$$

$$I_C = \frac{U_C}{X_C} = \frac{15}{14.4} = 1.04\,(A)$$

当 $f=400$Hz 时，有

$$X_C = \frac{1}{2\pi fC} = \frac{1}{2\times3.14\times400\times220\times10^{-6}} = 1.8\,(\Omega)$$

$$I_C = \frac{U_C}{X_C} = \frac{15}{1.8} = 8.33\,(A)$$

**提示：** 在电压一定时，工作频率越高，通过电容上的电流就越大。

## 3.4  电阻、电容与电感串联的交流电路

如图 3.13 所示的电路是一个电阻、电容与电感串联的交流电路。设电路流过的电流为

$$i = I_m\sin\omega t$$

用相量表示为

$$\dot{I} = I\angle 0°$$

图 3.13 中画出了电流与各个元件上的电压参考方向。

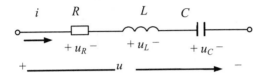

**图 3.13  RLC 串联交流电路**

根据 KVL 定律可得

$$u = u_R + u_L + u_C$$

写成相量形式为

$$\dot{U} = \dot{U}_R + \dot{U}_L + \dot{U}_C = R\dot{I} + jX_L\dot{I} + (-jX_C)\dot{I} = R\dot{I} + j(X_L - X_C)\dot{I}$$

得

$$\dot{U} = R\dot{I} + jX\dot{I} = (R + jX)\dot{I} = Z\dot{I}$$

其中，$X = X_L - X_C$ 称为电抗，$Z = R + jX$ 称为复阻抗。

所以

$$\frac{\dot{U}}{\dot{I}} = Z = R + jX$$

若把 $Z = R + jX$ 写成极坐标的形式，即

$$Z = |Z|\angle\phi \tag{3-23}$$

$$|Z| = \sqrt{R^2 + X^2} = \sqrt{R^2 + (X_L - X_C)^2} \tag{3-24}$$

其中

$$\phi = \arctan\frac{X_L - X_C}{R} \tag{3-25}$$

$|Z|$称为阻抗模，简称阻抗，也常用小写的 $z$ 表示。阻抗 $z$ 是串联交流电路两端的等效阻抗值，单位为欧姆，简称欧。$\phi$称为阻抗角，是串联交流电路中电压与电流之间的相位差。

复阻抗 $Z$ 由两部分组成，实部为"阻"，虚部为"抗"，反映出电路中的电压与电流之间的大小和$\phi$相位的关系。由阻抗 $z$、电阻 $R$ 和电抗 $X$ 组成的阻抗三角形如图 3.14(a)所示。在电阻、电容与电感串联的交流电路中，如果 $X_L>X_C$，从式(3-25)中得出相位角$\phi$为正，称此电路为感性电路；如果 $X_C>X_L$，这时相位角$\phi$为负，称此电路为容性电路。在 $X_L$

$=X_C$ 时，$\phi=0$，则为阻性电路。因此电路中负载的参数决定了相位角的正负和大小。

设电路在 $i=I_m\sin\omega t$ 参考量作用下，即 $\dot{I}=I\angle 0°$，电路的电压写为

$$\dot{U}=Z\dot{I}=|Z|\angle\phi \cdot I\angle 0°=U\angle\phi$$

电阻、电容与电感串联的交流电路电流和各电压的相位关系如图 3.14(b)所示。

电阻、电容与电感串联的交流电路中瞬时功率是瞬间电流和电压的乘积，即

$$p=ui=U_m\sin(\omega t+\phi)\cdot I_m\sin\omega t=UI\cos\phi-UI\cos(2\omega t+\phi)$$

电路的平均功率 $P$ 为

$$P=\frac{1}{T}\int_0^T p\,\mathrm{d}t=\frac{1}{T}\int_0^T\left[UI\cos\phi-UI\cos(2\omega t+\phi)\right]\mathrm{d}t=UI\cos\phi$$

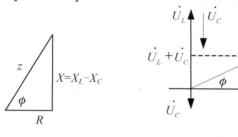

(a) 阻抗三角形　　　　　(b) 电压相量图

图 3.14　阻抗三角形及电压相量图

由于电路中存在电阻，要消耗能量，相应的平均功率 $P$ 不为零。平均功率单位为瓦(W)。

从图 3.14 中的电压相量图中，可得出电压有效值，如图 3.15 所示。该图亦称电压三角形，将电压三角形的各边都乘以电流 $I$，就可以得到功率三角形，如图 3.16 所示。其中图的底边 $P_R=U_RI$，是电阻的消耗功率，称为有功功率 $P$，即

$$P=P_R=U_RI=UI\cos\phi=S\cos\phi \tag{3-26}$$

这里 $S=UI$，称为视在功率。图 3.16 中 $\phi$ 角的对边为

$$Q=UI\sin\phi=S\sin\phi \tag{3-27}$$

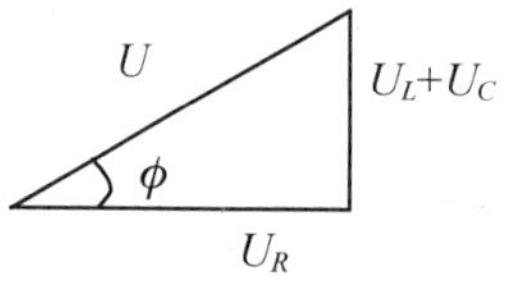

图 3.15　电压三角形 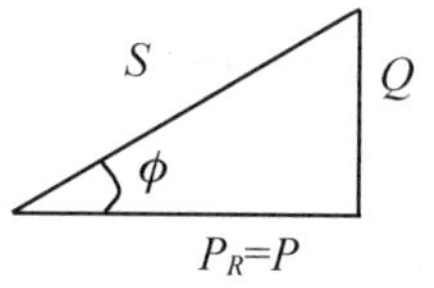　　　　　　　　　　　图 3.16　功率三角形

$Q$ 称为无功功率，单位是乏(var)。当电路中无电感和电容时，电压的相位角 $\phi=0$，无功功率才为零；否则相位角 $\phi$ 始终不为零，则存在有功功率和无功功率，随着相位角 $\phi$ 的不同，有功功率和无功功率也就不同。$\phi$ 称为功率因数角，$\cos\phi$ 称为功率因数。

式(3-27)中的视在功率 $S$，它等于电路中电压和电流有效值的乘积，即

$$S=UI=\sqrt{P^2+Q^2}$$

$S$ 是电源提供的功率，不等于消耗功率。交流电气设备中，如电力变压器，它所标出的额定容量，就是指视在功率。视在功率的单位为伏·安(V·A)或者千伏·安(kV·A)。

【例 3.4】已知 $R=4\Omega$，$L=4H$，$C=0.125F$，串联在电源电压为 $u=14.1\sin 2t$ V 的交流电路中。求：

(1) 电路电流。

(2) 各元件上的电压并画出电流与电压相量图。

(3) 电路的有功功率、无功功率和视在功率。

**解**　(1)　电路的复阻抗为

$$Z = R + j\omega L + \frac{1}{j\omega C} = 4+j2\times4-j\frac{1}{2\times0.125} = 4+4j = 5.66\angle 45^\circ \ (\Omega)$$

电源电压 $u=14.12\sin 2t$ 的相量形式为

$$\dot{U} = 10\angle 0^\circ \ (V)$$

则电路电流为

$$\dot{I} = \frac{\dot{U}}{Z} = \frac{10\angle 0^\circ}{5.66\angle 45^\circ} = 1.77\angle -45^\circ \ (A)$$

则相位差 $\phi=45^\circ$。各元件上的电压相量关系如图 3.17 所示。

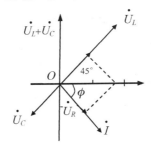

图 3.17　例 3.4 相量图

(2)　$\dot{U}_R = \dot{I} R = 4\times1.77\angle -45^\circ = 7.08\angle -45^\circ \ (V)$

$\dot{U}_L = \dot{I} jX_L = 1.77\angle -45^\circ \times 8j = 1.77\angle -45^\circ \times 8\angle 90^\circ = 14.16\angle 45^\circ \ (V)$

$\dot{U}_C = \dot{I} jX_C = 1.77\angle -45^\circ \times (-4j) = 1.77\angle -45^\circ \times 4\angle -90^\circ = 7.08\angle -135^\circ \ (V)$

(3)　有功功率 $P = UI\cos\phi = 10\times1.77\cos45^\circ = 17.7\times0.707 = 12.5(W)$

无功功率 $Q = UI\sin\phi = 10\times1.77\sin45^\circ = 17.7\times0.707 = 12.5(var)$

视在功率 $S = UI = 10\times1.77 = 17.7(V\cdot A)$

# 3.5　阻抗的串联与并联

在交流电路中，阻抗的连接是各种各样的，但最常见的是阻抗的串联与并联。

交流电路中对阻抗串联与并联进行计算和等效时，可以仿照直流电路中电阻的串联与并联的方法进行处理。但在处理时应注意到交流电路中阻抗一般都是复数，因此在应用有关的定理和定律时，应该使用其相量形式。下面是经常用到的欧姆定律、基尔霍夫定律的相量形式。

欧姆定律的相量形式：$Z = \dfrac{\dot{U}}{\dot{I}}$

基尔霍夫定律的相量形式：$\sum \dot{I} = 0$ 和 $\sum \dot{U} = 0$

复阻抗的一般形式：$Z = R + \mathrm{j}(X_L - X_C) = |Z| \angle \phi$

### 3.5.1 阻抗的串联

在如图 3.18 所示的串联交流电路中，按照关联参考方向标出了电流和电压方向。电路中有 $n$ 个阻抗串联，根据基尔霍夫电压定律有

$$\dot{U} = \dot{U}_1 + \dot{U}_2 + \cdots + \dot{U}_n = \dot{I}(Z_1 + Z_2 + \cdots + Z_n) = \dot{I} Z$$

其中

$$Z = Z_1 + Z_2 + \cdots + Z_n$$
$$Z_1 = R_1 + \mathrm{j}X_1;\ \ Z_2 = R_2 + \mathrm{j}X_2;\ \cdots;\ Z_n = R_n + \mathrm{j}X_n$$

可写成

$$Z = R + \mathrm{j}X$$

式中，$R$ 为串联各个阻抗中电阻之和，即

$$R = R_1 + R_2 + \cdots + R_n$$

$X$ 为串联各个阻抗中电抗之和，即

$$X = X_1 + X_2 + \cdots + X_n$$

其极坐标形式为

$$Z = |Z| \angle \phi$$

这里，等效阻抗模

$$|Z| = \sqrt{R^2 + X^2}$$

等效阻抗角

$$\phi = \arctan \frac{X}{R}$$

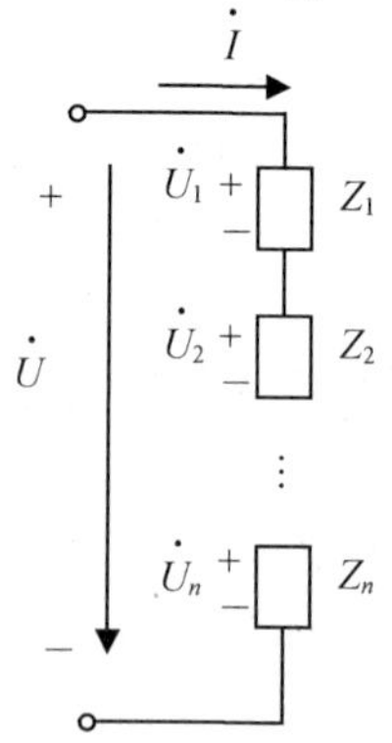

图 3.18　阻抗串联

💡 注意：　电路中等效阻抗模 $Z$ 不等于各阻抗模之和，即 $Z \neq Z_1 + Z_2 + \cdots + Z_n$。

### 3.5.2    阻抗的并联

图 3.19(a)所示为两个阻抗并联的电路。所选择的参考方向如图所示，根据基尔霍夫电流定律可写出其相量表示式为

$$\dot{I} = \dot{I}_1 + \dot{I}_2 = \dot{U}\left(\frac{1}{Z_1} + \frac{1}{Z_2}\right)$$

把两个并联阻抗等效成一个阻抗 $Z$，如图 3.19(b)所示，则

$$\dot{I} = \frac{\dot{U}}{Z}$$

其中

$$\frac{1}{Z} = \frac{1}{Z_1} + \frac{1}{Z_2}$$

或

$$Z = \frac{Z_1 Z_2}{Z_1 + Z_2}$$

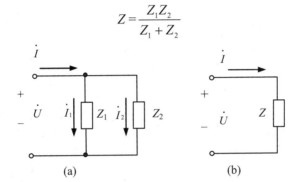

(a)                    (b)

图 3.19    阻抗并联

💡 注意：    在阻抗并联的电路中，每个并联阻抗上电流有效值之和不等于等效总电流有效值，即

$$I \neq I_1 + I_2, \quad \frac{1}{|Z|} \neq \frac{1}{|Z_1|} + \frac{1}{|Z_2|}$$

【例 3.5】在如图 3.20 所示的电路中，电源电压 $u = 220\sqrt{2}\,\sin\omega t$ V，求各支路的电流。

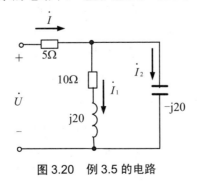

图 3.20    例 3.5 的电路

**解** 先求电路中的等效阻抗 $Z$

$$Z = 5 + \frac{(10+j20)(-j20)}{10+j20-j20} = 45 - j20 = 49.24 \angle -24° \ (\Omega)$$

把电源电压 $u$ 写成相量形式，即

$$\dot{U} = 220 \angle 0° \ (V)$$

电路电流 $\dot{I} = \dfrac{\dot{U}}{Z} = \dfrac{220 \angle 0°}{49.24 \angle -24°} = 4.47 \angle 24° \ (A)$

$$\dot{I_1} = \dot{I} \ \frac{-j20}{10+j20-j20} = 8.94 \angle -66° \ (A)$$

$$\dot{I_2} = \dot{I} \ \frac{10+j20}{10+j20-j20} = 10.01 \angle -87.43° \ (A)$$

# *3.6 功 率 因 数

由 3.5 节中分析知道，有功功率的关系式为

$$P = UI\cos\phi$$

它比直流电路的功率多一个 $\cos\phi$。$\cos\phi$ 称为电路的功率因数。由于电路中存在感性或容性(或两者兼之)负载，产生了电流和电压之间的相位差 $\phi$。对于只有电阻负载的电路，电压和电流同相，功率因数 $\cos\phi$ 才为 1。在其他情况下，功率因数 $\cos\phi$ 的值都介于 0～1 之间。从式(3-26)看到，电路的功率因数大小是由电路的参数和电源频率所决定的。电源频率一旦确定，电路的功率因数大小便由电路的参数所决定。

交流电路中电压和电流有效值的乘积，称为视在功率 $S = UI$，它与平均功率 $P$ 的关系式为

$$P = S\cos\phi$$

负载从电源仅得到 $\cos\phi$ 的有功功率，其他部分功率是负载和电源之间进行能量互换的功率，称为无功功率 $Q$。要提高有功功率，就必须减少负载和电源之间的能量互换，提高电路的功率因数 $\cos\phi$，即减小电路中电压和电流之间的相位差。

在实际交流电路中其负载多数为感性。感性负载的功率因数 $\cos\phi$ 之所以小于 1，是因为感性负载本身需要从电源取得能量，以建立和维持电场，当电源电压下降时又把能量归还给电源，这种能量的互换需要一定的无功功率。要减小与电源的能量互换，又使感性负载能获得所需的无功功率，一般是在感性负载上并联电容，使电感中的磁场能量与电容中的电场能量进行交换，减少电源与负载间能量的互换，如图 3.21 所示。在感性负载未并联电容 $C$ 时，感性负载上的电流 $\dot{I_L}$ 应该滞后于电源电压 $\dot{U}$ 一个相位 $\phi_L$，如图 3.22 所示。电路中总电流和感性负载上的电流是相同的。并联电容后，原电源电压 $\dot{U}$ 不变，感性负载上的电流 $\dot{I_L}$ 也不变，而电容支路上的电流 $\dot{I_C}$ 则超前电源电压 $\dot{U}$ 的相位 90°，因此电路上总电流 $\dot{I} = \dot{I_L} + \dot{I_C}$。设电路上总电流 $\dot{I}$ 的相位为 $\phi_2$。可以肯定，并联电容后的电路总电流 $\dot{I}$ 的相位 $\phi_2$，又比并联电容前的电路总电流 $\dot{I}$ ($\dot{I_L}$)的相位 $\phi_1$ 更接近于电源电压的相位。$\phi_2 < \phi_1$，

提高了电路的功率因数。但是并联电容以后，有功功率不因此而改变，因为电容是不消耗电能的。图 3.22 中虚线表示并联电容前后的相位关系。

在感性负载上并联多大的电容才能有效地提高电路的功率因数，需要根据具体的电感性负载和要提高电路的功率因数的大小而定。以图 3.21 所示电路为例，可得

并联电容 $C$ 前：$P = UI_L\cos\phi_1$，$I_L = \dfrac{P}{U\cos\phi_1}$

并联电容 $C$ 后：$P = UI\cos\phi_2$，$I = \dfrac{P}{U\cos\phi_2}$

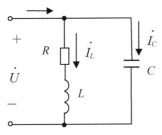

图 3.21　提高功率因数的方法

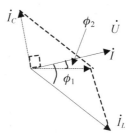

图 3.22　相位图

从图 3.22 中得

$$I_C = I_L\sin\phi_1 - I\sin\phi_2 = \frac{P}{U}(\tan\phi_1 - \tan\phi_2)$$

把 $I_C = \dfrac{U}{X_C} = U\omega C$ 代入上式，得

$$C = \frac{P}{\omega U^2}(\tan\phi_1 - \tan\phi_2) \tag{3-28}$$

应用式(3-28)求得电容容量，并联到电感负载上，可以使原电路的功率因数从 $\cos\phi_1$ 提高到 $\cos\phi_2$。

【例 3.6】有一供电站输出额定电压为 220V，其额定视在功率为 500kW。向额定功率为 20kW 的感性负载供电，其功率因数为 0.8，问：

(1) 能带几台这样的感性负载？

(2) 若要把功率因数提高到 0.95，又能带多少台？这时每一台感性负载上应并联多大的电容？

**解**　(1)　先求供电站输出的电流 $I$，即

$$I = \frac{S}{U} = \frac{500}{220} = 2.27(\text{kA})$$

求每一台感性负载所需的电流 $I_1$。

因为 $P = UI_1\cos\phi_1$

$$I_1 = \frac{P}{U\cos\phi_1} = \frac{20000}{220\times0.8} = 114(\text{A})$$

所以可带动

$$\frac{I}{I_1} = \frac{2270}{114} = 19(\text{台})$$

(2) 当功率因数提高到 0.95 时：

$$I_1 = \frac{20000}{220 \times 0.95} = 95.7(\text{A})$$

可带动

$$\frac{I}{I_1} = \frac{2270}{95.7} = 23(\text{台})$$

应用式(3-28)，求得每一台感性负载上应并联电容为

$$C = \frac{P}{\omega U^2}(\tan\phi_1 - \tan\phi_2)$$

先求出 $\phi_1$ 和 $\phi_2$：

$$\cos\phi_1 = 0.8$$
$$\phi_1 = 37° \ 10'$$
$$\cos\phi_2 = 0.95$$
$$\phi_2 = 18° \ 12'$$

需并联电容 $C = \dfrac{20 \times 10^3}{2 \times 3.14 \times 50 \times 220^2}(\tan 37° \ 10' - \tan 18° \ 12') = 560(\mu\text{F})$

# *3.7  电路的谐振

在电子线路中经常会应用到谐振。谐振是指在含有电感和电容的电路中，调整有关参数或电源频率，使得电流和电压的相位相同，使电路呈现阻性的负载，此时电路就发生了谐振。谐振可以分为串联谐振和并联谐振。对于串联谐振电路，在谐振时电路中的电流达到最大值；对于并联谐振电路，在谐振时电路中的电压达到最大值。

## 3.7.1  串联谐振

首先讨论串联谐振的条件。如图 3.23 所示的电路为电阻、电容和电感串联的电路。电路的阻抗为

$$Z = R + j\omega L + \frac{1}{j\omega C}$$

由于 $\phi = \arctan\dfrac{X_L - X_C}{R}$，当 $X_L = X_C\left(\omega L = \dfrac{1}{\omega C}\right)$ 时，$\phi = 0$，串联电路中电流和电源电压同相位，如图 3.24 所示。串联谐振时，$Z = R$，电路呈现为阻性负载。

因此，适当调节电路中电感和电容的参数，使之满足

$$\omega L = \frac{1}{\omega C}$$

可得出频率 $f_0$ 为

$$f_0 = \frac{1}{2\pi\sqrt{LC}} \tag{3-29}$$

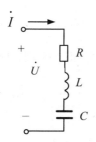

图 3.23  串联谐振

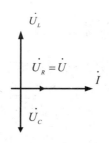

图 3.24  串联谐振相位图

$f_0$ 称为串联谐振频率。当外电源的频率 $f$ 等于串联电路谐振的频率 $f_0$ 时，电路就可以发生谐振。

电路在谐振时，有以下特征。

(1) 电路的阻抗最小，阻抗 $Z=R$，阻性负载。

(2) 电路中的电流最大，电流 $I=U/R$。

(3) 由于电感和电容的两端电压为

$$U_L = X_L I = X_L \frac{U}{R}, \quad U_C = X_C \frac{U}{R}$$

当 $X_L = X_C \gg R$ 时，有 $U_L = U_C \gg U$。串联谐振电路中电感和电容的两端会产生较高电压，常高于电源电压的几十倍，所以又称串联谐振为电压谐振。谐振时电路中能量交换只发生在电感和电容之间，而且能量交换不消耗电源的能量。

(4) 谐振时电感或电容的两端电压与电源电压之比，称为串联谐振电路的品质因数，用 $Q$ 表示，即

$$Q = \frac{U_L}{U} = \frac{U_C}{U} = \frac{1}{\omega_0 C R} = \frac{\omega_0 L}{R}$$

提示：  在通信系统中，常利用串联谐振产生较高电压的特点来选取有用的信号(电压)。

【例 3.7】某一串联谐振电路如图 3.23 所示，已知 $R=10\Omega$，$L=0.4\text{mH}$，要使电路谐振大于 880kHz 的频率，应选择多大的电容？若此时信号源的电压为 2mV，谐振时电容两端的电压有多大？

**解**  根据串联谐振频率 $f_0 = \dfrac{1}{2\pi\sqrt{LC}}$

可得 $$880 \times 10^3 = \frac{1}{2 \times 3.14\sqrt{0.4 \times 10^{-3} C}}$$

可算得 $$C = 87\text{pF}$$

串联谐振时有

$$I = \frac{U}{R} = \frac{2 \times 10^{-3}}{10} = 0.2(\text{mA})$$

$$X_C = \frac{1}{2\pi f C} = \frac{1}{2 \times 3.14 \times 880 \times 10^3 \times 87 \times 10^{-12}} = 2080(\Omega)$$

$$U_C = I X_C = 0.2 \times 10^{-3} \times 2080 = 416(\text{mV})$$

### 3.7.2 并联谐振

电感和电容的并联谐振电路，如图 3.25 所示。从图中电感和电容支路的电流为

$$I_L = \frac{U}{\sqrt{R^2 + X_L^2}}, \quad \phi_L = \arctan\frac{X_L}{R} \quad\left.\right\} \tag{3-30}$$
$$I_C = \frac{U}{X_C}, \quad \phi_C = 90°$$

相位关系如图 3.26 所示，从图可得

$$I_C = I_L \sin\phi_L$$

将式(3-30)中的 $I_L$、$\phi_L$ 及 $I_C$ 代入，整理得

$$f = \frac{1}{2\pi}\sqrt{\frac{1}{LC} - \frac{R^2}{L^2}}$$

一般情况下，当电路发生谐振时，由于电感上的线间电阻 $R$ 很小，而且在频率较高时，$\omega L \gg R$，所以有

$$f_0 \approx f = \frac{1}{2\pi\sqrt{LC}} \tag{3-31}$$

这个特征的频率 $f$ 称为并联谐振频率 $f_0$。

如果将电源的频率 $f$ 调谐到并联电路谐振的频率点 $f_0$ 时，电路就可以发生谐振。

并联谐振有以下特点。

(1) 谐振时，由于 $\omega L \gg R$，这时 $\phi_L = \arctan\dfrac{X_L}{R} \approx 90°$，$\dot{I}_L \approx -\dot{I}_C$，则 $\dot{I} \approx 0$。结果说明了电路的谐振的阻抗 $Z_0$ 非常大才使总电流 $\dot{I}$ 很小。

(2) 谐振时电路的总电流 $\dot{I}$ 很小，而且与电源电压同相位，总阻抗呈现电阻性，数值上 $|Z| = \dfrac{L}{RC}$。谐振阻抗与电流特性曲线如图 3.27 所示。

(3) 谐振时电感和电容这两条并联的支路，它们的电流相位近于相反，大小近于相等，并联各支路的电流大于总电流。所以又称并联谐振为电流谐振。

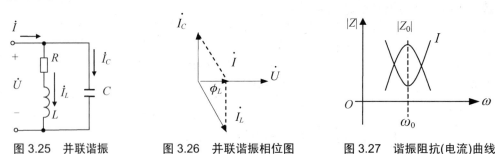

图 3.25 并联谐振　　图 3.26 并联谐振相位图　　图 3.27 谐振阻抗(电流)曲线

**提示：** 利用并联谐振时电路中阻抗最大这一特点，在电子技术中常用来选择信号和消除干扰。

# *3.8 　非正弦周期信号

前面讨论的正弦交流电路中，电流和电压都随时间做正弦规律变化。但在实际电路中，也会遇到非正弦变化的电压和电流。非正弦信号有周期性和非周期性两种。本节只讨论周期性非正弦信号。

## 3.8.1 　非正弦周期量

### 1. 数学表示式

前面讨论的是正弦电压和电流(正弦量)，但在实际的应用中经常会遇到许多非正弦周期量，如方波、锯齿波等，如图 3.28 中(a)所示为锯齿波、(b)所示为矩形波、(c)所示为钟形波。在通信和计算机所进行的信号处理中，还会遇到非周期的脉冲信号。如图 3.28(d)所示的波形属于非正弦信号。本节主要是讨论非正弦周期量(信号)。

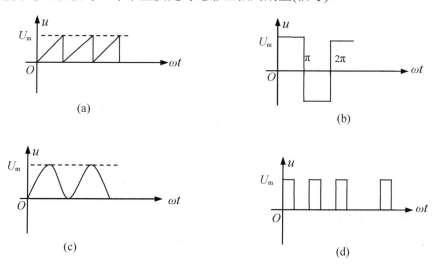

图 3.28 　非正弦波

非正弦周期信号可以通过傅里叶三角级数转换成一系列正(余)弦周期信号来处理。

非正弦周期性的电压或电流信号是一个周期性的时间函数，用数学形式可表示为

$$f(t) = f(t + nT)$$

式中，$n$ 为任意整数；$T$ 为重复周期。一个周期性函数，只要满足狄利赫利条件(一般电工和无线电技术中所遇到的周期函数都能满足此条件)，都可以展开成傅里叶三角级数的关系式，即

$$f(t) = A_0 + A_{1m}\sin(\omega t + \phi_1) + A_{2m}\sin(2\omega t + \phi_2) + \cdots$$

在具体使用中，上式可写成下面两种常见的形式，第一种形式为

$$f(t) = A_0 + \sum_{k=1}^{\infty} A_{km}\sin(k\omega t + \phi_k) \tag{3-32}$$

这是一个无穷三角级数。其中第一项 $A_0$ 是常数项，称为恒定分量(亦称直流分量)，它

是周期函数 $f(t)$ 在一个周期内的平均值，即

$$A_0 = \frac{1}{T} \int_0^T f(t) \mathrm{d}t = \frac{1}{2\pi} \int_0^T f(t) \mathrm{d}(\omega t) \tag{3-33}$$

第二项 $A_{1m}\sin(\omega t + \phi_1)$ 的频率和非正弦周期函数 $f(t)$ 的频率相同，称为基波或一次谐波。第三项 $A_{2m}\sin(2\omega t + \phi_2)$ 称为二次谐波，从这项开始以后各项的频率都是非正弦周期函数 $f(t)$ 的频率的整倍数，称为三次谐波、四次谐波、……，都称为高次谐波。把非正弦周期函数分解为具有一系列谐波的傅里叶级数，称为谐波分析。谐波分析是研究非正弦周期电路的理论基础。

由于傅里叶级数收敛性质，一般谐波次数越高，则其波幅也越小(有极个别例外)，因此次数较高的谐波一般可以忽略不计。

傅里叶三角级数的关系式还可以写成另一种常见形式，即

$$f(t) = A_0 + B_{1m}\sin\omega t + B_{2m}\sin 2\omega t + \cdots + C_{1m}\cos\omega t + C_{2m}\cos 2\omega t + \cdots$$

$$= A_0 + \sum_{k=1}^{\infty} B_{km}\sin k\omega t + \sum_{k=1}^{\infty} C_{km}\cos k\omega t \tag{3-34}$$

除了 $A_0$ 用式(3-33)求解外，还有

$$B_{km} = \frac{2}{T} \int_0^T f(t)\sin k\omega t \mathrm{d}(t) = \frac{1}{\pi} \int_0^{2\pi} f(\omega t)\sin k\omega t \mathrm{d}(\omega t) \tag{3-35}$$

$$C_{km} = \frac{2}{T} \int_0^T f(t)\cos k\omega t \mathrm{d}(t) = \frac{1}{\pi} \int_0^{2\pi} f(\omega t)\cos k\omega t \mathrm{d}(\omega t) \tag{3-36}$$

非正弦周期函数的式(3-32)和式(3-34)这两种傅里叶三角级数的表示形式，它们之间可以相互转换。若从式(3-34)转换为式(3-32)，用

$$A_{km} = \sqrt{B_{km}^2 + C_{km}^2} \tag{3-37}$$

$$\phi_k = \arctan \frac{C_{km}}{B_{km}} \tag{3-38}$$

若从式(3-32)转换为式(3-34)，用

$$B_{km} = A_{km}\cos\phi_k \tag{3-39}$$

$$C_{km} = A_{km}\sin\phi_k \tag{3-40}$$

### 2. 几种对称非正弦周期函数傅里叶级数展开式

在求解过程中，对于已知函数 $f(t)$ 有 3 种特殊情况，会使得求解简化。

(1) 函数 $f(t)$ 为奇函数。奇函数在数学上表示为

$$f(t) = -f(-t)$$

奇函数在图形上的特点是：对称于原点，如图 3.29 所示。这时傅里叶级数展开式中所有的偶数项，包括恒定分量及各余弦项都为零，即式(3-34)中

$$A_0 = 0$$

$$C_{km} = 0$$

函数 $f(t)$ 的傅里叶级数展开式(3-34)简化为

$$f(t) = \sum_{k=1}^{\infty} B_{km}\sin k\omega t \tag{3-41}$$

(2)　函数 $f(t)$ 为偶函数。偶函数在数学上表示为

$$f(t) = f(-t)$$

偶函数在图形上的特点是：对称于纵轴，如图 3.30 所示。这时傅里叶级数的展开式中所有的正弦项为零，$B_{km} = 0$。函数 $f(t)$ 的傅里叶级数展开式(3-34)简化为

$$f(t) = A_0 + \sum_{k=1}^{\infty} C_{km} \cos k\omega t \tag{3-42}$$

(3)　函数 $f(t)$ 是上下半周期对称的奇谐波函数，即

$$f(t) = -f\left(t + \frac{T}{2}\right)$$

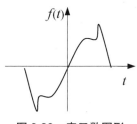

图 3.29　奇函数图形

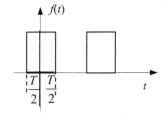

图 3.30　偶函数图形

函数在图形上的特点是：函数的下半周图形的镜像是重复上半周，如图 3.28(b)所示。这时傅里叶级数的展开式中不含有恒定分量和偶次谐波。函数 $f(t)$ 的傅里叶级数展开式(3-34)简化为

$$f(t) = \sum_{k=1}^{\infty} C_{km} \sin k\omega t + \sum_{k=1}^{\infty} C_{km} \cos k\omega t \qquad k=1,3,5,\cdots \tag{3-43}$$

函数 $f(t)$ 的傅里叶级数展开式(3-32)简化为

$$f(t) = \sum_{k=1}^{\infty} C_{km} (\sin k\omega t + \phi_k) \qquad k=1,3,5\cdots \tag{3-44}$$

【例 3.8】求图 3.28(b)中对称矩形的各次谐波分量。

解　此波形上下半周期对称且与原点也对称，所以在其谐波分量中仅存在奇次谐波中的各正弦谐波分量，可应用式(3-41)，并只有奇数项。

$$f(t) = \sum_{k=1}^{\infty} B_{km} \sin k\omega t \qquad k=1,3,5,\cdots$$

应用式(3-35)求 $B_{km}$，分成 $0 \sim T/2$ 段和 $T/2 \sim T$ 段求积。

$$B_{km} = \frac{2}{T}\left[\int_0^{T/2} A_m \sin k\omega t\, \mathrm{d}(t) + \int_{T/2}^{T} -A_m \sin k\omega t\, \mathrm{d}(t)\right]$$

$$= \frac{2}{T}\left(\frac{-A_m \cos k\omega t}{k\omega}\bigg|_0^{\frac{T}{2}} + \frac{A_m \cos k\omega t}{k\omega}\bigg|_{\frac{T}{2}}^{T}\right)$$

当 $k=1,3,5,\cdots$ 时，上式可简化为

$$B_{km} = \frac{2}{T}\left(\frac{2A_m}{k\omega} + \frac{2A_m}{k\omega}\right) = \frac{4}{k\pi}A_m$$

当 $k$ 为偶数项时，$B_{km}=0$。

所以，图 3.28(b)中对称矩形的傅里叶级数为

$$f(t)= \frac{4U_m}{\pi}\left(\sin\omega t+\frac{1}{3}\sin 3\omega t+\frac{1}{5}\sin 5\omega t+\cdots\right)$$

在图 3.31 中画出了基波三次、谐波五次的谐波分量图。

### 3. 几种常见的非正弦周期函数的傅里叶三角级数展开式

矩形波电压：$u=\dfrac{4U_m}{\pi}\left(\sin\omega t+\dfrac{1}{3}\sin 3\omega t+\dfrac{1}{5}\sin 5\omega t+\cdots\right)$

锯齿波电压：$u=U_m\left(\dfrac{1}{2}-\dfrac{1}{\pi}\sin\omega t+\dfrac{1}{2\pi}\sin 2\omega t-\dfrac{1}{3\pi}\sin 3\omega t-\cdots\right)$

三角波电压：$u=\dfrac{8U_m}{\pi^2}\left(\sin\omega t+\dfrac{1}{9}\sin 3\omega t+\dfrac{1}{25}\sin 5\omega t+\cdots\right)$

全波整流电压：$u=\dfrac{2U_m}{\pi}\left(1-\dfrac{2}{3}\cos 2\omega t-\dfrac{2}{15}\cos 4\omega t-\cdots\right)$

矩形脉冲波(图 3.32 所示为窄脉冲)：

$$u=\frac{\tau U_m}{T}+\frac{2U_m}{\pi}\left(\sin\omega\frac{\pi}{2}\cos\omega+\frac{\sin 2\omega\frac{\pi}{2}}{2}\cos 2\omega t+\cdots\right)$$

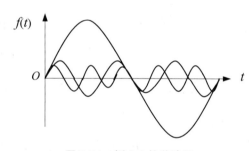

图 3.31　例 3.8 的谐波图

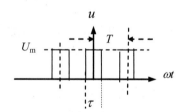

图 3.32　矩形脉冲波

## 3.8.2　非正弦周期量的有效值

非正弦周期量有效值的定义与正弦量的有效值定义相同。可以按照均方根值的方法计算有效值，即

$$U=\sqrt{\frac{1}{T}\int_0^T u^2\mathrm{d}t}$$

周期性非正弦函数可以分解成傅里叶级数，总有效值为各次谐波有效值平方和的平方根，即

$$U=\sqrt{U_0^2+U_1^2+U_2^2+\cdots}\qquad(3\text{-}45)$$

例如，某一方波电压傅里叶级数表达式为

$$u(t) = 100 + \frac{400}{\pi}\left(\cos\omega t - \frac{1}{3}\cos 3\omega t + \frac{1}{5}\cos 5\omega t - \cdots\right)$$

则电压有效值 $U = \sqrt{100^2 + \frac{1}{2}\cdot\frac{400^2}{\pi^2}\left(1 + \frac{1}{3^2} + \frac{1}{5^2}\right)} = 139.1\text{(V)}$

这里计算时略去高阶项不计。

**【例 3.9】** 有一个 $\dfrac{1}{\pi\sqrt{2}}$ H 的电感，接到幅值为 1V、基波频率 50Hz 的矩形波信号源上。求电路中电流的有效值。

**解** 已知矩形波的傅里叶级数的表达式为

$$u = \frac{4U_m}{\pi}\left(\sin\omega t + \frac{1}{3}\sin 3\omega t + \frac{1}{5}\sin 5\omega t + \cdots\right)$$

$$= \frac{4}{\pi}\left(\sin 100\pi t + \frac{1}{3}\sin 150\pi t + \frac{1}{5}\sin 250\pi t + \cdots\right)$$

电流的有效值为 $\qquad\qquad I_L = \dfrac{U}{X_L}$

所以 $\qquad I_1 = \dfrac{U_1}{X_L} = \dfrac{\dfrac{4}{\pi\sqrt{2}}}{\dfrac{\omega}{\pi\sqrt{2}}} = \dfrac{4}{100\times 3.14}\text{A} = 12.74\text{mA}$

$$I_2 = \frac{U_2}{X_L} = \frac{\dfrac{4}{3\sqrt{2}\pi}}{\dfrac{\omega}{\pi\sqrt{2}}} = \frac{4}{3\omega} = \frac{4}{3\times 2\times 3.14\times 50}\text{A} = 4.25\text{mA}$$

$$I_3 = \frac{U_3}{X_L} = \frac{\dfrac{4}{5\sqrt{2}\pi}}{\dfrac{\omega}{\pi\sqrt{2}}} = \frac{4}{5\omega} = \frac{4}{5\times 2\times 3.14\times 50}\text{A} = 2.55\text{mA}$$

得电路中电流的有效值 $I$(略去高次谐波)为

$$I = \sqrt{I_1^2 + I_2^2 + I_3^2} = \sqrt{12.74^2 + 4.25^2 + 2.55^2} = 13.67\text{(mA)}$$

**注意：** 电感(电容)对不同频率的谐波分量呈现出不同的感抗(容抗)，对不同谐波分量的电流起到不同的抑制作用。

### 3.8.3 非正弦周期量的频谱

由以上分析可知，一个非正弦周期信号中包含有直流和不同频率的正(余)弦分量。在许多实际使用中，只要直观看到信号中各个谐波分量幅度大小就已足够。因此，信号中各个谐波分量幅度大小常采用频谱(图)的方式来表示。

如某一个非正弦周期电压信号为

$$u = U_{m1}\sin(\omega t + \phi_1) + U_{m2}\sin(2\omega t + \phi_2) + U_{m3}\sin(3\omega t + \phi_3) + U_{m4}\sin(4\omega t + \phi_4) + \cdots$$

在直角坐标系中，用横轴表示角频率，纵轴表示基波和各次谐波的振幅，以长度表示起振幅的大小，画出各次谐波的振幅，如图 3.33 所示。代表各频率的幅度按照其频率的高低依次排列所得的图形称为频谱。频谱的第一个特点是：频谱是由代表各谐波幅度大小的不连续线条组成，因此又称为线状频谱或离散频谱。频谱的第二个特点是：频谱的谐波性，即线条之间的距离相等，这表示谐波频率对于基波频率有简单的倍数关系。频谱的第三个特点是：随着谐波频率的增高，谐波分量的幅度趋向于零。

在频谱线中，把各谐波幅度线的顶端用虚线连接起来形成的曲线，称为振幅包络线。

从频谱图中可以很清楚地看出一个非正弦周期信号基波和各次谐波的幅度大小及分布状况。

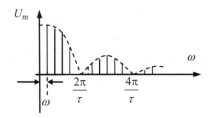

图 3.33　频谱图

### 3.8.4　非正弦周期信号电路中的功率

在非正弦周期信号(电压信号或电流信号)作用下，电路中的瞬时功率等于瞬时电压和瞬时电流的乘积，即 $p = ui$。

与正弦电路相同，非正弦周期信号的平均功率仍然是指瞬时功率在一个周期内的平均值 $P$，表示为

$$P = \frac{1}{T}\int_0^T p\,\mathrm{d}t = \frac{1}{T}\int_0^T ui\,\mathrm{d}t \tag{3-46}$$

根据傅里叶三角级数的关系式(3-32)，即

$$f(t) = A_0 + \sum_{k=1}^{\infty} A_{km}\sin(k\omega t + \phi_k)$$

把非正弦周期电压 $u$ 写成

$$u = U_0 + \sum_{k=1}^{\infty} U_{km}\sin(k\omega t + \phi_{uk})$$

把非正弦周期电流 $i$ 写成

$$i = I_0 + \sum_{k=1}^{\infty} I_{km}\sin(k\omega t + \phi_{ik})$$

把 $u$ 和 $i$ 的傅里叶三角级数的表达式代入式(3-46)中，将被积函数乘式展开，按其不同类型归并，再分别积分求和。展开式可归并成 5 种类型，积分后求平均的结果分别如下。

(1) $\dfrac{1}{T}\int_0^T U_0 I_0\,\mathrm{d}t = U_0 I_0$。

(2) $\dfrac{1}{T}\int_0^T \left[U_0 \sum_{k=1}^{\infty} I_{km}\sin(k\omega t + \phi_{ik})\right]\mathrm{d}t = 0$。

(3) $\dfrac{1}{T}\displaystyle\int_0^T\left[I_0\sum_{k=1}^{\infty}U_{km}\sin(k\omega t+\phi_{uk})\right]\mathrm{d}t=0$。

(4) $\dfrac{1}{T}\displaystyle\int_0^T\left[\sum_{k=1}^{\infty}\sum_{k'=1}^{\infty}U_{km}\sin(k\omega t+\phi_{uk})I_{km}{}'\sin(k'\omega t+\phi_{ik'})\right]\mathrm{d}t=0,\ k\neq k'$。

(5) $\dfrac{1}{T}\displaystyle\int_0^T\left[\sum_{k=1}^{\infty}U_{km}\sin(k\omega t+\phi_{uk})I_{ik}\sin(k\omega t+\phi_{ik})\right]\mathrm{d}t=\sum_{k=1}^{\infty}U_kI_k\cos\phi_k$。

在这 5 种类型中，第一类是电压和电流的直流分量乘积在一个周期内的平均值，功率 $P_0=U_0I_0$；最后一类是同次谐波电流和电压乘积在一个周期内的平均值，结果为各次谐波单独作用下的平均功率之和，即 $\displaystyle\sum_{k=1}^{\infty}U_kI_k\cos\phi_k$。而其他三类积分均为零，它表明频率不同的谐波电压和电流不能构成平均功率。因此，非正弦周期信号的平均功率 $P$ 为

$$P=P_0+\sum_{k=1}^{n}P_k \tag{3-47}$$

这里，$P_0=U_0I_0$。$P_k$ 为第 $k$ 次谐波的平均功率。

具体可表示为

$$P_1=U_1I_1\cos\phi_1$$
$$P_2=U_2I_2\cos\phi_2$$
$$\vdots$$
$$P_k=U_kI_k\cos\phi_k$$

这里 $\phi_k=\phi_{uk}-\phi_{ik}$，为第 $k$ 次谐波电压和电流的相位差。

由式(3-47)可知，非正弦周期信号电路的平均功率 $P$ 等于直流分量的功率和各次谐波的平均功率之和。

# 小　结

(1) 幅值、频率和初相位是正弦量的三要素，它决定了正弦量的大小和变化快慢。

幅值：最大值 $U_m$、$I_m$。

有效值：$U=\dfrac{U_m}{\sqrt{2}}$，$I=\dfrac{I_m}{\sqrt{2}}$。

角频率与频率：$\omega=\dfrac{2\pi}{T}=2\pi f$。

(2) 正弦量主要有瞬时表达式、波形图和相量表示法 3 种。

正弦量的相量表示：$\dot{U}=U(\cos\phi+\mathrm{j}\sin\phi)=U\mathrm{e}^{\mathrm{j}\phi}=U\angle\phi$

相量的加减运算用代数式比较简单，而极坐标法适合于相量的乘除运算。

(3) 交流电路中单一参数元件上电压和电流之间的关系如下。

电阻：$\dot{U}=R\dot{I}$（电流与电压同相位）。

平均功率：$P=UI=RI^2=\dfrac{U^2}{R}$。

电感：$u = L\dfrac{\mathrm{d}i_L}{\mathrm{d}t}$，$X_L = \omega L$，$U_L = \mathrm{j}\,X_L I_L$（电流滞后电压 90°）。

电容：$i_C = C\dfrac{\mathrm{d}u}{\mathrm{d}t}$，$X_C = \dfrac{1}{\omega C}$，$\dot{U}_C = -\mathrm{j}X_C\,\dot{I}_C$（电流超前电压 90°）。

(4) 电阻、电容与电感串联的交流电路中的阻抗。

复阻抗：$Z = R + \mathrm{j}(X_L - X_C)$，$\dfrac{\dot{U}}{\dot{I}} = Z = |Z|\angle\phi$。

其中：$|Z| = \sqrt{R^2 + (X_L - X_C)^2}$，$\phi = \arctan\dfrac{X_L - X_C}{R}$。

当 $\phi > 0$ 时，电流滞后电压，$X_L > X_C$，电路为感性。

当 $\phi < 0$ 时，电流超前电压，$X_C > X_L$，电路为容性。

阻抗的串联：$Z = Z_1 + Z_2$。

阻抗的并联：$\dfrac{1}{Z} = \dfrac{1}{Z_1} + \dfrac{1}{Z_2}$。

(5) 瞬时功率是瞬间电流和电压的乘积 $p = ui$。

电路的平均功率

$$P = \frac{1}{T}\int_0^T p\,\mathrm{d}t = UI\cos\phi = I^2 R。$$

无功功率　　　　　　　$Q = UI\sin\phi = S\sin\phi = I^2 X$

视在功率　　　　　　　$S = UI = \sqrt{P^2 + Q^2}$

(6) 串联谐振的条件 $X_L = X_C$，电路的阻抗最小，$Z = R$，电流最大，$I = U/R$。

谐振频率 $f_0 = \dfrac{1}{2\pi\sqrt{LC}}$。

并联谐振的条件在 $\omega L \gg R$ 下，满足 $X_L = X_C$ 谐振，电路的阻抗最大，$|Z| = \dfrac{L}{RC}$，谐振频率 $f_0 = \dfrac{1}{2\pi\sqrt{LC}}$。

(7) 非正弦周期函数可以展开成傅里叶级数的形式，即

$$f(t) = A_0 + \sum_{k=1}^{\infty} A_{km}\sin(k\omega t + \phi_k)$$

或

$$f(t) = A_0 + \sum_{k=1}^{\infty} B_{km}\sin k\omega t + \sum_{k=1}^{\infty} C_{km}\cos k\omega t$$

其中

$$A_0 = \frac{1}{T}\int_0^T f(t)\,\mathrm{d}t = \frac{1}{2\pi}\int_0^{2\pi} f(t)\,\mathrm{d}(\omega t)$$

$$B_{km} = \frac{1}{\pi}\int_0^{2\pi} f(\omega t)\sin k\omega t\,\mathrm{d}(\omega t)$$

$$C_{km} = \frac{1}{\pi}\int_0^{2\pi} f(\omega t)\cos k\omega t\,\mathrm{d}(\omega t)$$

这里：$A_{km} = \sqrt{B_{km}^2 + C_{km}^2}$，$\phi_k = \arctan \dfrac{C_{km}}{B_{km}}$

电压总有效值为各次谐波有效值平方和的平方根，即

$$U = \sqrt{U_0^2 + U_1^2 + U_2^2 + \cdots}$$

非正弦周期信号的平均功率 $P$ 为

$$P = P_0 + \sum_{k=1}^{\infty} U_k I_k \cos\phi_k$$

# 习　　题

## 1. 填空题

(1) 正弦量规定以 ＿＿＿＿＿＿＿＿＿ 为参考方向。

(2) 正弦量的有效值等于其最大值的＿＿＿＿＿＿＿＿。

(3) 正弦量的初相位表示正弦量的＿＿＿＿＿＿＿。

(4) 表示正弦量的复数称为＿＿＿＿＿＿＿。

(5) 电感上电压的相位超前电流＿＿＿＿＿＿＿＿。

(6) 在容性负载的电路中，相位角差＿＿＿＿＿＿。

(7) 串联谐振频率 $f_0 =$ ＿＿＿＿＿＿＿＿＿。

(8) 并联谐振的条件是＿＿＿＿＿＿＿＿。

(9) 无功功率是表示＿＿＿＿＿＿＿＿。

(10) 非正弦周期量的有效值等于＿＿＿＿＿＿＿。

## 2. 选择题

(1) 民用交流电的 220V 是指交流电的＿＿＿＿＿。

　　A. 平均值　　　　B. 最大值　　　　C. 峰值　　　　D. 有效值

(2) 在直流状态下，电感 $L$ 的感抗 $X_L$ 等于＿＿＿＿＿。

　　A. $L$　　　　　B. $jL$　　　　　C. $\infty$　　　　D. 0

(3) 电容上电流相位超前电压＿＿＿＿＿。

　　A. $\pi$　　　　　B. $j\omega L$　　　　C. $-90°$　　　　D. $90°$

(4) 在电阻、电感、电容串联的电路中，电压和电流的相位差为 $0°$，电路为＿＿＿＿＿＿
负载。

　　A. 感性　　　　B. 容性　　　　C. 阻性　　　　D. 无负载

(5) 两复阻抗 $Z_1$、$Z_2$ 串联，总阻抗 $Z$ 为＿＿＿＿＿。

　　A. $Z = |Z_1| + |Z_2|$　　　　　　　　B. $|Z| = |Z_1| + |Z_2|$

　　C. $|Z| = Z_1 + Z_2$　　　　　　　　　D. $Z = Z_1 + Z_2$

(6) 两阻抗 $Z_1$、$Z_2$ 并联，电路总电流 $\dot{I}$ 等于＿＿＿＿＿。

　　A. $\dot{I} = \dot{I}_1 + \dot{I}_2$　　　　　　　　　B. $I = I_2 + I_1$

　　C. $\dot{I} = |\dot{I}_1 + \dot{I}_2|$　　　　　　　D. $\dot{I} = |\dot{I}_1| + |\dot{I}_2|$

(7) 为了提高功率因数，在感性负载上并联电容。并联电容后电路的有功功率_____。

  A. 变大   B. 变小   C. 不变   D. 为零

### 3. 问答题

(1) 正弦量的三要素是什么？

(2) 正弦量的相量表示法有何意义？

(3) 为什么说对幅度相同的信号，频率越高，通过电容上的电流就越大？

(4) 非正弦周期信号的频谱有什么特点？

(5) 串联谐振电路有功率损耗吗？

### 4. 计算题

(1) 已知相量 $\dot{I}_1 = 2\sqrt{3} + j2$，$\dot{I}_2 = -2\sqrt{3} + j2$，$\dot{I}_3 = -2\sqrt{3} - j2$ 和 $\dot{I}_4 = 2\sqrt{3} - j2$ (电流单位为 A)，把它们化为极坐标形式，并写出正弦量 $i$ 的表示形式。

(2) 判断正确与错误。

$$\frac{u}{i} = X_L \qquad u = L\frac{di}{dt} \qquad \dot{I} = -j\frac{\dot{U}}{\omega L} \qquad \dot{U} = -\frac{\dot{I}}{j\omega C}$$

$$\frac{\dot{U}}{\dot{I}} = j\omega L \qquad \frac{\dot{U}}{\dot{I}} = X_L \qquad \frac{U}{I} = \omega C \qquad \frac{U}{I} = X_C$$

(3) 计算下列各式，并说明电路的性质。

① $\dot{U} = 30\angle 15°$ V，$\dot{I}_1 = -3\angle -165°$ A。求 $R$、$X$ 和 $P$。

② $\dot{U} = -100\angle 30°$ V，$\dot{I}_1 = 5\angle -60°$ A。求 $R$、$X$ 和 $P$。

③ $\dot{U} = 10e^{j30°}$ V，$Z = 5 + j5$。求 $\dot{I}$、$P$。

(4) RLC 串联电路，已知 $R = X_L = X_C = 20\Omega$，$I = 0.5$A，试求两端电压 $U$。

(5) 将一个电感线圈接在 12V 的直流电源上，通过 0.8A 的电流，改接在 1kHz/12V 的正弦信号源上，通过的电流为 0.6A。求电感 $L$ 和线圈的内阻。

(6) 已知 $R = 30\Omega$，$L = 0.1$H，$C = 100\mu$F，三者相串联，流过 $i = 14.14\sin 314t$A 的电流。求：

① 感抗、容抗和阻抗模。

② 各元件上电压有效值和瞬时表达式。

③ 电路的有功功率、无功功率和视在功率。

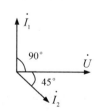

图 3.34 计算题(8)图

(7) 中波广播的频段为 530～1600kHz，已知天线的电感为 0.33mH。问：应选择多大变化范围的可变电容方可收听到中波广播？

(8) 如图 3.34 所示的相量关系，已知 $U = 220$V，$I_1 = 10$A，$I_2 = 7.07$A，分别用三角函数和极坐标形式表示各正弦量。

(9) 图 3.35 所示是一个移相电路，$C = 0.01\mu$F。当 $u_1 = 0.707\sin 6280t$V 时，要使 $u_2$ 的相量前移 60°，应配多大的电阻？

(10) 在如图 3.36 所示的电路中，求电流 $\dot{I}$ 。

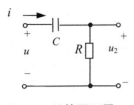

图 3.35　计算题(9)图

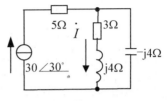

图 3.36　计算题(10)图

(11) 求出图 3.37 所示电路中 $A$、$B$ 两端的戴维南等效电路。

(12) 求图 3.38 中 2Ω 电阻上的电流。

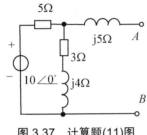

图 3.37　计算题(11)图

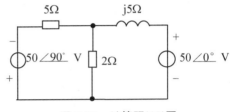

图 3.38　计算题(12)图

(13) 求图 3.39 所示电路中电源输出的功率。

(14) 求图 3.40 所示电路中 $A$、$B$ 间的阻抗。

(15) 已知 $\dot{U}_C = 1\angle 0° $ V。求图 3.41 所示电路中的 $\dot{U}$ 。

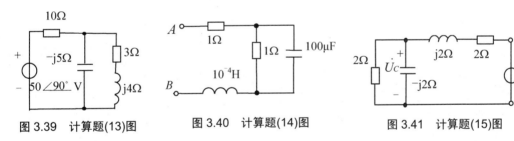

图 3.39　计算题(13)图　　　图 3.40　计算题(14)图　　　图 3.41　计算题(15)图

(16) 已知电源的频率 $f$=100Hz，$U=10$V，求图 3.42 所示电路中的 $u_1$。

(17) 有一 RLC 串联电路，$L$=20mH，$C$=40μF，$R$=40Ω，在非正弦周期信号 $U=100+100\sin314t+70\sin942t$ V 的作用下，求串联电路的电流有效值和平均功率。

(18) 有一电压 $u = 20\sqrt{2}\sin10^2\pi t + 20\sqrt{2}\sin10^3\pi t + 20\sqrt{2}\sin10^4\pi t$ V 作用在图 3.43 所示的 RC 的电路上。求电容两端电压中各种频率分量为多少？

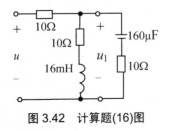

图 3.42　计算题(16)图

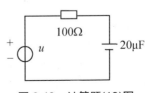

图 3.43　计算题(18)图

# 项目 4

电路的暂态分析

**教学提示:**

前面几个项目所讨论的都是电路处于稳定状态(简称稳态)下电路中电压和电流的关系。一般的电路都含有储能元件(电感和电容),在电源断开、接通或电路参数变化时,原有的稳定状态被破坏,电路需要经过一个短暂时间才能过渡到另一个稳定状态,这个过渡过程称为暂态过程。对过渡过程的分析称为暂态分析。

**教学目标:**

- 充分理解换路定律和暂态过程。
- 掌握暂态分析的三要素。
- 掌握一阶电路的分析和计算。

# 4.1 换 路 定 律

前面几个项目讨论的是直流的和周期信号作用下的线性电路。在这些电路中电源的电动势或电路参数发生变动,经过一段时间后,各支路的电流、电压都到达一个新的稳定的工作状态,电路的这种状态称为稳定状态(简称稳态)。在接入电源前,电路中的电流、电压都是零,这也是一种稳态。当电路条件发生变化时,如加上电动势、元件参数发生变化、接法改变,原有的稳定状态就被破坏,需要经一段时间才能达到新的稳定状态。电路从一个稳定状态转变到另一个稳定状态,介于两种稳态之间的变化过程,称为过渡过程,简称暂态。本项目要讨论的就是这个过程。

## 4.1.1 电路中过渡过程的产生

如图 4.1 所示电路,图中开关 K 在未闭合时,电阻和电容上均无电流和电压,电路处于一种稳定状态。当开关 K 闭合时,电源 $U$ 就会通过电阻向电容充电,电容上的电压 $u_C$ 就会逐步上升,电路处于从一个稳定状态转变到另一个稳定状态的暂时的过渡过程;经过一段时间后,电容两端的电压 $u_C$ 基本等于电源电压 $U$,电容充电过程结束,电容相当于开路,电路进入另一个稳定状态。电容两端的电压 $u_C$ 上升的过程如图 4.2 所示。电容充电时电容两端的电压 $u_C$ 按照指数规律上升。

过渡过程的产生是由电路中电源开关的接通、断开或电路中参数的骤然改变而引起的。引起电路过渡过程产生的变化统称为换路。

研究动态电路的过渡过程具有重要的实际意义。电路在过渡过程中会引起电压或电流的很大变化,有时会造成电子元器件和电子设备的过压或过流而损坏。许多电子控制系统是通过对电路过渡特性的检测达到控制的目的,这对于现在要求高速运行的计算机而言,更具有重大的意义。

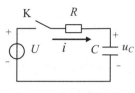

图 4.1　RC 串联电路

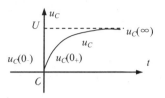

图 4.2　电容暂态过程

### 4.1.2　换路定律

电路中过渡过程的产生是由于电路中或其周围存在电磁场。电路中电压或电流的建立或其量值上的改变，必然要引起周围电磁场能量的改变或转换。这种改变与转换只能是连续变动的，即渐变的，而不可能跳变。跳变意味着变动的速率无限大，则能量转换速率 $p = \dfrac{\mathrm{d}w}{\mathrm{d}t} = \infty$ 也是无限大的，而这是不可能的。由于电感中的能量是以磁场形式表现的，在换路时，电感上的磁通和电流都不能跳变；如果能够跳变，电感两端的电压应为 $u_L = \dfrac{\mathrm{d}\Phi}{\mathrm{d}t} = L\dfrac{\mathrm{d}i_L}{\mathrm{d}t} = \infty$，所以这是不可能的。而电容的能量是以电场的形式表现，在换路时，电容上的电荷和电压也是不能跳变的；否则电容上的电流 $i_C = \dfrac{\mathrm{d}q}{\mathrm{d}t} = C\dfrac{\mathrm{d}u_C}{\mathrm{d}t} = \infty$，显然这也是不可能的。也就是说，储能元件上的能量不能突变。

因此，不论是何种原因引起电路产生过渡过程，在换路后的一瞬间，电感上的电流和电容上的电压都应保持换路前一瞬间的原来量值不变，换路后以此为起始值做连续变动。此规律称为换路定律。

若电路发生换路的瞬间为 $t = 0$，换路前的终了瞬间记为 $t = 0_-$，用 $t = 0_+$ 表示换路后初始的瞬间，$0_-$ 和 $0_+$ 在数值上都等于 0，区别仅仅在于从不同的两个方向趋近于零。换路定律用公式可写成

$$i_L(0_-) = i_L(0_+), \quad u_C(0_-) = u_C(0_+) \tag{4-1}$$

把它们写成统一的形式，即

$$f(0_-) = f(0_+) \tag{4-2}$$

称 $f(0_+)$ 为换路初始瞬间值，即暂态过程初始值。

💡 **注意：**　换路定律仅适用于换路的瞬间，而且只有电感中的电流和电容上的电压不能跳变，对于电路中其他部分的电压和电流没有约束。

## 4.2　一阶线性电路暂态分析

图 4.2 中画出了图 4.1 所示电路中电容电压在换路后的变化过程。在暂态过程中可看到 3 个重要的量：①换路后初始的瞬间电压值 $u_C(0_+)$；②暂态过程结束，电容上电压的稳定值 $u_C(\infty)$；③暂态过程中电容电压 $u_C$ 的指数规律变化情况，它与电路的时间常数 $\tau$ 有关。这 3 个量反映出换路前后的变化特征，由此还可求出暂态过程中任一瞬间的有关电

量，因此称这 3 个量为暂态过程的三要素。

### 4.2.1 初始值

根据换路定律 $f(0_-) = f(0_+)$，换路后的初始值 $f(0_+)$ 是等于换路前一瞬间的原电量值。对于图 4.1 所示电路，在 $t=0$ 时，电容上的电压 $u_C(0_-)=0$，所以 $u_C(0_+)=0$。对于图 4.3 所示的电感和电阻串联的电路，开关 K 在 $t=0$ 时打开。在 $t=0_-$ 时，电路处于原有的稳定状态，可得电感上的电流为

$$i_L(0_-) = \frac{U}{R}$$

换路后 $t=0_+$，根据换路定律 $f(0_-)=f(0_+)$，则

$$i_L(0_+) = i_L(0_-) = \frac{U}{R}$$

图 4.3 求初始值

这就是图 4.3 所示电路换路后的初始值。

### 4.2.2 稳态值

稳态值 $f(\infty)$ 是指电路暂态过程结束后电路的稳定值。对于图 4.1 所示电路，电容上电压值 $u_C(\infty)$ 反映了换路后 $t=\infty$ 时，电容上储存电荷(充电)过程的结束，这时电路从换路前的一个稳定状态转换到另一个稳定状态，电容上电压达到一个新的稳态值。电容充电的终值是电源的电压 $U$，根据 KVL 定律有

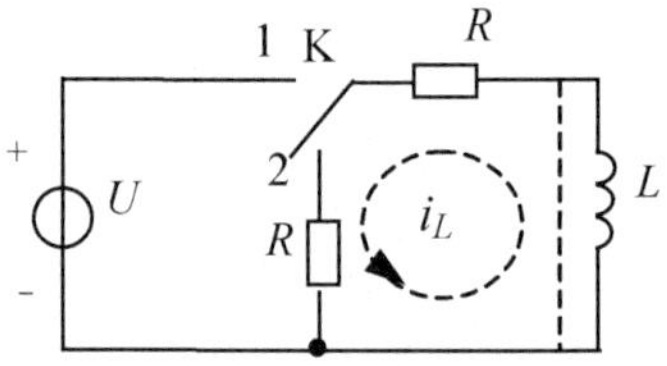

$$-U + iR + u_C(\infty) = 0$$

由于 $u_C(\infty)=U$，所以 $i=0$。

图 4.4 求稳态值

不管是电感还是电容，其稳态值都用 $f(\infty)$ 表示。稳态值 $f(\infty)$ 是指储能元件的储存或释放能量的过程已经结束，即换路过程结束，电路处于另一个稳定状态时的稳态值。

对于图 4.4 所示有电感和电阻的电路，开关 K 从触点 1 转换到触点 2 后，到 $t=\infty$，电感经过电阻释放能量已经结束，电路已进入另一个稳定状态，电感 $L$ 上无磁场，$u_L=0$，此时电感视为一个短路线(如图中虚线所示)，所以 $i_L(\infty)=0$。

### 4.2.3 时间常数

由图 4.2 可知，换路后电容两端的电压 $u_C$ 有个按照指数规律上升的过程，这就是电路从一个稳定状态转变到另一个稳定状态的过渡过程。这个过程的长短是由换路后电路的时间常数 $\tau$ 来决定。$\tau$ 的大小和换路后电路中的元件参数相关。对于能等效成 RC 串联的电路而言，时间常数 $\tau$ 为

$$\tau = RC \tag{4-3}$$

对于能等效成 LR 串联的电路而言，时间常数 $\tau$ 为

$$\tau = \frac{L}{R} \tag{4-4}$$

在式(4-3)和式(4-4)中，当电阻 $R$ 的单位为欧($\Omega$)、电容的单位为法(F)、电感的单位为亨(H)时，时间常数 $\tau$ 的单位为秒(s)。

### 4.2.4　一阶线性电路的暂态分析

#### 1. RC 电路的暂态分析

如图 4.5 所示的 RC 串联电路，在 $t=0$ 时开关 K 合上。电源 $U$ 对电容 $C$ 充电，电容上的电压为 $u_C$。

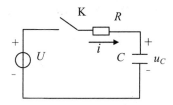

图 4.5　RC 电路的暂态分析

根据 KVL 定律，可列出电路的电压方程为

$$Ri + u_C = U$$

而

$$i = C\frac{\mathrm{d}u_C}{\mathrm{d}t}$$

得

$$RC\frac{\mathrm{d}u_C}{\mathrm{d}t} + u_C = U \tag{4-5}$$

微分方程的通解由两个部分组成，其形式为

$$u_C = u_C' + u_C''$$

第一部分 $u_C'$ 是特解，是电路的稳态值，即

$$u_C' = u_C(\infty) = U \tag{4-6}$$

第二部分 $u_C''$ 是补函数。由高等数学知，式(4-5)微分方程的特征方程为

$$RCp + 1 = 0 \tag{4-7}$$

其解为

$$p = -\frac{1}{RC} = -\frac{1}{\tau} \tag{4-8}$$

式(4-5)微分方程的补函数形式为

$$u_C' = A\mathrm{e}^{pt} \tag{4-9}$$

所以，微分方程的通解是

$$u_C = u_C' + u_C'' = U + A\mathrm{e}^{-\frac{t}{\tau}} \tag{4-10}$$

因为在 $t=0$ 换路，电容上没有储存能量，$u_C(0_+)=0$，代入式(4-10)有

$$u_C(0_+) = U + A = 0$$

所以 $A = -U$

代入式(4-10)，得

$$u_C = U\left(1 - e^{-\frac{t}{\tau}}\right) \tag{4-11}$$

在零初始值状态下的电路响应称为电路的零状态响应。式(4-11)表示电容 $C$ 在零初始值状态下的电路响应，称为 RC 电路的零状态响应，响应曲线如图 4.6(a)所示。

电路在过渡过程中的电流响应为

$$i = \frac{U}{R} e^{-\frac{t}{\tau}} \tag{4-12}$$

当初始条件不为零，同时又有外加电源激励时的电路响应，称为全响应。

如果在 $t=0$ 换路，电容上(已储存能量)有初始电压 $u_C(0_+) = U_0$，代入式(4-10)有

$$u_C(0_+) = U + A = U_0$$

则 $$A = U_0 - U$$

代回式(4-10)，得全响应

$$u_C = U + (U_0 - U)\ e^{-\frac{t}{\tau}} \tag{4-13}$$

这时电容上电压响应曲线如图 4.6(b)所示。电路电流为

$$i = \frac{U - U_0}{R} e^{-\frac{t}{\tau}} \tag{4-14}$$

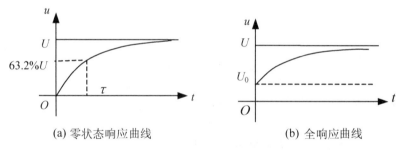

(a) 零状态响应曲线　　　　　　　(b) 全响应曲线

图 4.6　RC 电路的零状态响应与全响应曲线

分析式(4-11)和式(4-13)可以看出，式(4-11)是式(4-13)中 $U_0=0$ 的特殊情况。它们都反映出电容被电源充电的物理过程。在充电的过程中，电容上电压单调上升，最后趋近于电源电压 $U$。充电过程的快慢与时间常数 $\tau = RC$ 有关。电容越大，充至相同的电压需要更多电荷，所以电容上的电压上升越慢；而电阻越大，传送给电容的电荷速率小，同样使电容上的电压上升较慢。这正是时间常数 $\tau$ 与 $R$、$C$ 成正比的原因。因此时间常数 $\tau$ 的大小是储能元件的储能和释放能量快慢的一个物理量。理论上储能元件的储能和释放能量所需的时间 $t \to \infty$，由于它们按照指数规律变化，开始时变化快，然后逐渐缓慢。因此，在工程上分析认为，在 $t=5\tau$ 时，储能元件的储存或释放能量的(暂态)过程已经结束，电路到达稳定状态。

【例 4.1】如图 4.7 所示电路，在 $t=0$ 时开关闭合，求 $u_C$。

解　(1)　先求 $t=0$ 时 $u_C(0_-)$。由图 4.8 所示等效图有

$$u_C(0_-) = 30 \times \frac{20 + 10}{30 + 20 + 10} \text{V} = 15\text{V}$$

则 $u_C(0_+)= u_C(0_-)=15\text{V}$

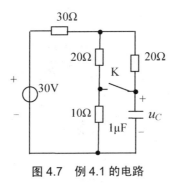

图 4.7　例 4.1 的电路

(2)　求开关 K 闭合后的稳态值 $u_C(\infty)$。

从图 4.9 所示等效图中可得出

$$u_C(\infty)=30\times \frac{10}{30 + (20 /\!/ 20) + 10}\text{V}= 6\text{V}$$

(3)　应用戴维南定理求过渡过程中电容两端的等效电阻 $R$，等效电路如图 4.10 所示。

$$R = (30+10)/\!/20/\!/20 = 8(\Omega)$$

所以　　　　　　　　　　　$\tau = RC = 8\times10^{-6}\text{s}$

根据式(4-11)写出 $u_C$ 的关系式为

$$u_C = u_C(\infty)+[u_C(0_+) - u_C(\infty)]\mathrm{e}^{-\frac{t}{\tau}} = 6+(15-6)\ \mathrm{e}^{-\frac{t}{\tau}} = 6+9\,\mathrm{e}^{-\frac{t}{\tau}}\text{V}$$

提示：　求时间常数 $\tau$ 时，应将所分析的电路在过渡状态下进行等效，形成电阻与电容串联或电阻与电感串联的等效电路，然后由 $\tau=RC$ 或 $\tau=L/R$ 求得。

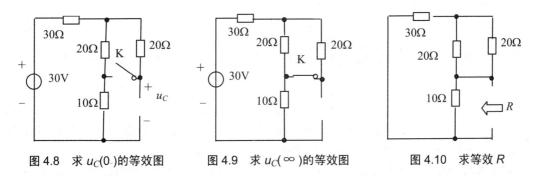

图 4.8　求 $u_C(0_-)$ 的等效图　　　图 4.9　求 $u_C(\infty)$ 的等效图　　　图 4.10　求等效 $R$

## 2. RL 电路的暂态分析

如图 4.11 所示的电阻电感与电压源串联的电路，在时间 $t=0$ 时开关 K 闭合。根据 KVL 定律可列出电路电压方程为

$$U = u_R + u_L$$

得微分方程为

$$i_L R + L \frac{\mathrm{d}i_L}{\mathrm{d}t} = U \tag{4-15}$$

其通解为

$$i_L = i' + i''$$

其中特解为

$$i' = i_L(\infty) = \frac{U}{R}$$

补充函数为

$$i'' = -\frac{U}{R}\,e^{-\frac{t}{\tau}}$$

其中

$$\tau = \frac{L}{R} \tag{4-16}$$

所以得 RL 电路零状态的响应为

$$i_L = \frac{U}{R}\left(1 - e^{-\frac{t}{\tau}}\right) \tag{4-17}$$

电感上电流响应曲线如图 4.12 所示。

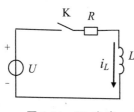

图 4.11  RL 电路

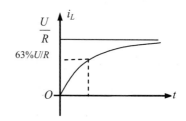

图 4.12  零状态响应

电感上电压响应为

$$u_1 = L\frac{di_L}{dt} = U e^{-\frac{t}{\tau}} \tag{4-18}$$

根据对 RC 和 RL 电路过渡过程的分析，可以把它们的全响应关系用统一的表达式表示为

$$f(t) = f(\infty) + [f(0_+) - f(\infty)]\,e^{-\frac{t}{\tau}} \tag{4-19}$$

式(4-19)中，$f(t)$ 表示瞬态过程任一时刻的待求量，$f(0_+)$ 表示换路后 $t=0_+$ 的初始瞬间值，$f(\infty)$ 表示换路后 $t=\infty$ 的稳态值，$\tau$ 为换路后的电路时间常数。

【例 4.2】如图 4.13 所示的电路中，$R_1=R_2=R_3=20\Omega$，$U=30$V，$L=5$H，在开关 K 闭合前电路处于稳定状态。$t=0$ 开关 K 闭合，求 $t\geqslant0$ 过渡过程的 $i_L$。

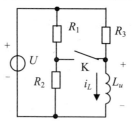

图 4.13  例 4.2 的电路

**解**　稳定状态时电感可视为短路。

$$i_L(0_+)= i_L(0_-)$$

$$i_L(0_+)=\frac{U}{R_3}=\frac{30}{20}=1.5(\text{A})$$

$$i_L(\infty)=\frac{U}{R_1//R_3}=30/10=3(\text{A})$$

求时间常数$\tau=\dfrac{L}{R}$，其中

$$R = R_1//R_2//R_3 = 6.7\Omega$$

$$\tau=\frac{L}{R}=\frac{5}{6.7}=0.75(\text{s})$$

根据式(4-19)　　　　　$f(t)=f(\infty)+[f(0_+)-f(\infty)]\,\mathrm{e}^{-\frac{t}{\tau}}$

得　　　　　$i_L(t)=3+(1.5-3)\,\mathrm{e}^{-\frac{t}{0.75}}=3-1.5\,\mathrm{e}^{-\frac{t}{0.75}}\ \text{A}$

# 4.3　微分电路和积分电路

在自动控制系统和计算机的数字电路中，经常将矩形脉冲信号作用在含有电阻和电容的电路上，利用电容的充放电，产生尖脉冲或锯齿波信号，以达到输出信号与输入信号之间符合数学中的微分运算和积分运算的关系。这种电路称为微分电路和积分电路。

## 4.3.1　微分电路

如图 4.14 所示的 RC 电路，输入为脉冲信号 $u$，其周期为 $T$，脉冲的宽度 $t_\text{W}$ 为 $T/2$，如图 4.15(a)所示。把脉冲的宽度和脉冲周期的比，称为脉冲信号占空比，即

$$\frac{脉冲宽度 t_\text{w}}{脉冲周期 T}=占空比 \tag{4-20}$$

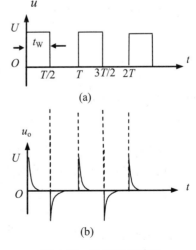

(a)

(b)

图 4.15　输出微分波形

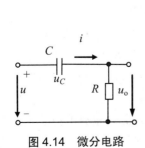

图 4.14　微分电路

这里输入脉冲信号 $u$ 的占空比为 50%。当电路的时间常数 $\tau=RC \ll t_W$ 时(通常取 $\tau < 0.2t_W$),可认为电路的充放电的过程很快,暂态过程很短。

在 $t=0$ 时,输入脉冲上跳变,而 $u_C(0_+)=0$ 不能跃变,电阻上的输出电压 $u_o=U$。随着过渡过程的开始,电容充电电压不断上升,使得电阻上的电压不断下降。因为电路所取的时间常数 $\tau=RC \ll t_W$,电容上的充电电流很快衰减为零,使得暂态过程很快就结束。电路进入了稳定状态,$u_C(\infty)=U$。输出电压 $u_o$ 也就随之降为零,如图 4.15(b)所示。这样在输出端电阻上产生一个正尖脉冲。正尖脉冲的衰减快慢取决于电路的时间常数 $\tau$ 的大小。$\tau$ 越小,脉冲就会越尖。

在脉冲信号的 $t=T/2$ 瞬间,输入脉冲信号 $u$ 下跳为零(输入端短路),$u_C$ 上的电压不能跃变为零,但输出端电压 $u_o=-u_C=-U$。电容上的电压通过电阻 $R$ 形成放电回路,开始放电的过渡过程。由于 $\tau=RC \ll t_W$,所以电容放电过程很快,$u_C$ 上的电压也就很快衰减为零,电阻上的输出电压 $u_o$ 从 $-U$ 衰减为零。形成一个负脉冲,如图 4.15(b)所示。

在图 4.14 所示的电路中,$\tau=RC \ll t_W$ 时,电容 $C$ 的充放电速度很快,电阻上的电压存在的时间很短。所以

$$u = u_C + u_o \approx u_C$$

电容上的电流为

$$i = C\frac{\mathrm{d}u_C}{\mathrm{d}t} \approx C\frac{\mathrm{d}u}{\mathrm{d}t}$$

则输出电压为

$$u_o = iR = RC\frac{\mathrm{d}u}{\mathrm{d}t} \tag{4-21}$$

式(4-21)表明,输出电压与输入电压之间存在微分的关系且两者成正比。这种电路称为微分电路。

## 4.3.2 积分电路

如果把图 4.13 所示电路中的电阻和电容的位置对换,连成如图 4.16 所示的电路,当 $\tau=RC \gg t_W$ 时,电容 $C$ 的充放电速度很慢,电容上的电压变化近似于平缓的直线。

$$u_o = u_C \ll u_R$$

所以 $\quad u = u_C + u_R \approx u_R = iR$

即 $\quad i = u_o/R$

因此,输出电压 $u_o$ 为

$$u_o = u_C = \frac{1}{C}\int i\,\mathrm{d}t = \frac{1}{RC}\int u\mathrm{d}t \tag{4-22}$$

式(4-22)表明,输出电压与输入电压之间存在积分的关系且两者成正比,故称这种电路为积分电路。在输入信号为矩形脉冲时,积分电路可输出锯齿波信号。在积分电路中,$t=0_+$ 瞬间,电容开始充电。由于电路中的时间常数 $\tau=RC \gg t_W$,因此在脉冲持续的时间 $t_W$ 内,电容两端电压的上升很缓慢。在还没有到最大值 $U$ 时,脉冲信号已经消失。接着电容就要通过电阻缓慢放电,输出电压 $u_o$ 随之缓慢下降。电容上的充放电虽然是指数形式的变化,但由于电路中的时间常数 $\tau=RC \gg t_W$,其变化仍处在曲线的起始阶段,基本是直线

段，如图 4.17(b)所示的锯齿波。

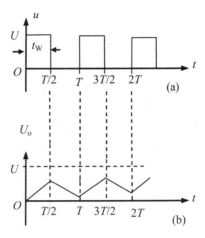

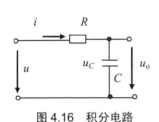

图 4.16　积分电路

图 4.17　输出积分波形

# 小　　结

(1)　暂态过程发生在有储能元件(电感或电容)的电路中。

(2)　换路定律指出，在换路时电感上的电流不能突变；电容上的电压不能突变。换路定律的一般表达式：$f(0_-)=f(0_+)$。

(3)　在对电路进行暂态分析时，首先要分别求出电路的三要素：换路时的初始值 $f(0_+)$、换路后的稳态值 $f(\infty)$、过渡过程中电路时间常数 $\tau$。

用公式 $f(t)=f(\infty)+[f(0_+)-f(\infty)]\mathrm{e}^{-\frac{t}{\tau}}$ 可计算出过渡过程中电路的瞬间值。

(4)　矩形脉冲作用于阻容串联的微分电路上，当 $\tau=RC\ll t_W$ 时，电阻上输出电压为正尖脉冲波，输入为矩形脉冲，作用于阻容串联的积分电路上，当 $\tau=RC\gg t_W$ 时，电容上输出的电压为锯齿波。

# 习　　题

## 1. 填空题

(1)　电路从一个稳定状态转换到另一个稳定状态的过程称为_____。

(2)　换路过程开始时，电容上的_____不能突变，电感上的_____也不能突变。

(3)　$f(0_+)=f(0_-)$ 表示_____。

(4)　$u(\infty)$ 表示_____。

(5)　时间常数的大小决定_____过程的快慢。

(6)　储能元件上的_____不能突变。

## 2. 选择题

(1) 电阻和电容串联的电路在换路时 _____ 不能突变。

A. 电源电压　　　　　　　　　　　B. 电阻上的电压

C. 电容上的电流　　　　　　　　　D. 电容上的电压

(2) 暂态过程的初始值是用 _____ 表示。

A. $f(0)$　　　　B. $f(0_+)$　　　　C. $f(0_-)$　　　　D. $f(t)$

(3) 稳态时,电感上的电压等于 _____ 。

A. 零　　　　B. 电源电压　　　　C. $L\dfrac{\mathrm{d}i}{\mathrm{d}t}$　　　　D. 某一个电压值

(4) 暂态过程中电容放电的快慢取决于 _____ 。

A. 电源电压大小　　　　　　　　　B. 电路元件多少

C. 电路时间常数　　　　　　　　　D. $u_C(\infty)$

(5) 在微分电路中,占空比越少,尖脉冲的波形 _____ 。

A. 幅度越小　　　B. 越平滑　　　C. 越窄　　　D. 越宽

## 3. 计算题

(1) 如图 4.18 所示电路已处于稳定状态,开关 K 在 $t=0$ 闭合,试求:

① $i_1$、$i_2$、$i_3$ 及 $u_L$ 的初始值和电容 $C_1$ 的稳态值。

② 电流 $i_2$ 的瞬态响应。

(2) 1kΩ的电阻和 0.5H 的电感串联的电路,在 $t=0$ 时与一个 100V 的恒压源接通。求过渡过程中电感上的电流和电压。

(3) 1kΩ的电阻和 1μF 的电容串联的电路,在 $t=0$ 时与一个 100V 的恒压源接通。设换路前电容上未充电,求过渡过程中电容上的电流和电压。

(4) 如图 4.19 所示的电路已处于稳定状态,开关 K 在 $t=0$ 时闭合。已知 $R=2\Omega$,$R_1=4\Omega$,$C=1μF$,$U=6V$。试求电容电压的初始值和稳态值。

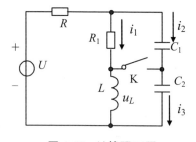

图 4.18　计算题(1)图

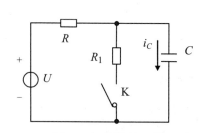

图 4.19　计算题(4)图

# 项目 5

## 半导体器件

**教学提示:**

半导体器件是构成电子线路的基本单元,掌握半导体器件的基本特性是分析电子线路的基础。本项目首先讨论半导体的特性,然后分别介绍 PN 结、二极管、三极管、场效应管和晶闸管的基本知识。

**教学目标:**

- 了解 P 型半导体、N 型半导体及 PN 结的特性。
- 掌握半导体二极管、三极管和场效应管工作原理、伏安特性和主要参数。
- 了解其他类型的半导体器件。

# 5.1　半导体与 PN 结

自然界的物质按其导电能力大小可分成导体、半导体和绝缘体 3 类。导电能力介于导体与绝缘体之间的物质,称为半导体。制造半导体器件最常用的半导体材料是锗(Ge)和硅(Si)。

## 5.1.1　本征半导体

用于制造半导体器件的原材料硅和锗都是非常纯净的,把纯净的半导体称为本征半导体。从原子结构理论可知,本征硅和锗的原子结构的最外层都有 4 个价电子,而每一个价电子都和邻近原子的价电子组成一对共价键,形成相互束缚的关系,如图 5.1 所示。每对共价键中的价电子不仅受到自身原子核的吸引,同时也受到相邻原子核的吸引,从而使每一个原子的最外层均有 8 个价电子而处于稳定状态。在理想的情况下(无杂质、无缺陷、在绝对零度时),半导体内部没有任何带电的粒子存在,这时半导体材料相当于绝缘体。

在温度或外界光照影响下,本征半导体中电子得到能量,其中少数能量较大的电子可以摆脱共价键的束缚而形成自由电子,这种现象称为本征激发。当价电子脱离了共价键束缚后,在原共价键中缺少一个应有的电子而留下了"空穴",形成电子-空穴对,如图 5.2 所示。"空穴"是因失去电子而形成的,被视为带单位正电荷,它会吸引相邻原子上的价电子来填补,从而又在这个价电子的原来地方留下一个新的空穴。在外界环境影响下,电子和空穴不断地产生或复合。空穴的运动方向和电子的运动方向是相反的,空穴和电子都是半导体内部的带电粒子,称为载流子。由于空穴的运动和电子的运动是杂乱无章的,在本征半导体中不构成电流。电子-空穴的激发和复合是同时进行的,并保持动态平衡,从而使电子-空穴的浓度保持不变。随着温度的升高,本征激发会提高电子-空穴对浓度,提高半导体的导电性能。

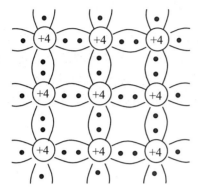

图 5.1　本征半导体的结构

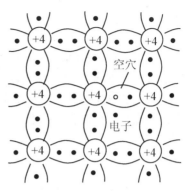

图 5.2　本征激发

## 5.1.2　P 型半导体和 N 型半导体

本征半导体中载流子数很少，其导电性能很差。为了改善半导体的导电性能，常在本征半导体中掺入微量的杂质元素，掺杂后的半导体称为杂质半导体。根据所掺杂的元素不同，可形成两种不同的杂质半导体，即 P 型半导体和 N 型半导体。

### 1. N 型半导体

在本征半导体锗或硅中掺入 5 价的磷(P)或锑(Sb)元素(最外层有 5 个价电子)，这些杂质原子就会代替本征半导体晶格中的某些锗或硅的原子，除和邻近原子的价电子组成 4 对共价键外，还提供一个多余价电子，如图 5.3 所示。这个单独在外的价电子，仅受本身原子核的吸引，只要获得少量的能量就能挣脱原子核的束缚而成为自由电子。而 5 价的磷(P)或锑(Sb)的杂质原子由于给出一个价电子后自身成为带正电荷的离子。因为这个正离子被束缚在半导体晶格中不能移动而不能参与导电。5 价的杂质元素的原子能提供多余的价电子，称此杂质为施主杂质。掺入施主杂质后的半导体中自由电子的浓度远大于空穴，自由电子称为多数载流子，空穴称为少数载流子，这样的半导体称为 N 型半导体。N 型半导体的简化结构如图 5.4 所示。

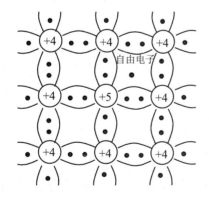

图 5.3　N 型半导体

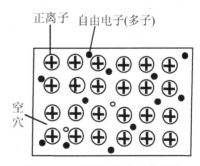

图 5.4　N 型半导体的简化结构

**2. P型半导体**

在本征半导体锗或硅中掺入 3 价的元素，如硼(B)或铝(Al)，3 价的原子代替本征半导体晶格中的某些锗或硅的原子。由于第四对共价键缺少一个电子而留下"空穴"，邻近原子共价键上的电子只需获得少量的能量就能填补这个空穴，3 价的杂质元素的原子能接受电子，故称为受主杂质。掺杂后的半导体中空穴为多数载流子，自由电子为少数载流子，这样的半导体称为 P 型半导体。

### 5.1.3 PN 结

**1. PN 结的形成**

如图 5.5 所示，在一块纯净的半导体晶片上，一边掺杂成 P 型半导体，一边掺杂成 N 型半导体。由于 P 区的空穴浓度大，空穴向 N 区扩散；N 区的电子浓度大，电子向 P 区扩散。这种浓度的差异引起载流子的运动，称为扩散运动。扩散运动首先从 P 区与 N 区的交界处开始。带正电荷的空穴扩散到 N 区与电子复合，在 P 区留下不能移动的负离子；带负电荷的电子扩散到 P 区与空穴复合，在 N 区留下不能移动的正离子。于是在 P 区和 N 区的交界附近形成一个不能移动的正、负离子的空间区，这个空间电荷区称为 PN 结。空间电荷区的电场是由 N 区指向 P 区，即 PN 结的内电场。内电场力阻碍多数载流子的扩散，有利于双方少数载流子在内电场力作用下向对方运动。少数载流子在内电场力的作用下的运动，称为漂移运动。漂移运动所形成的电流，称为漂移电流。少数载流子的漂移运动会使空间电荷区变窄，削弱了内电场。而内电场减小，又有利于扩散的进行。

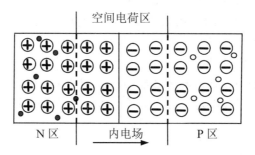

图 5.5 PN 结的形成

☞ **提示：** 多数载流子的扩散和少数载流子的漂移达到动态平衡，空间电荷区的宽度不变，内电场稳定，形成了一个稳定的 PN 结。

**2. PN 结的特性**

在 PN 结两端加上不同极性的电压，PN 结就有不同的导电特性。

如图 5.6 所示的电路，在 P 区接电源的正极，N 区接电源的负极，称为 PN 结正向偏置。由于外电源的电压在 PN 结上形成一个外电场，它与 PN 结的内电场的方向相反，削弱了内电场，使 PN 结变窄，破坏了原有的动态平衡，有利于多数载流子的扩散。多数载流子的扩散大于少数载流子的漂移，外电路可测到一个正向电流 $I$，此时称为 PN 结导通。

PN 结处于正向导通状态时，PN 结表现为低电阻。

如果在 P 区接电源负极，N 区接电源正极，则称为 PN 结反向偏置，如图 5.7 所示。外电源在 PN 结上形成一个与 PN 结内电场的方向相同的外电场，它增强了内电场，使 PN 结变宽，破坏了原有的动态平衡，加强少数载流子的漂移运动。少数载流子的数量很少，而且仅与外界的温度或光照等因素有关，几乎与外界电压无关。因此，少数载流子漂移运动产生的电流很小，称为反向电流，可忽略不计，此时 PN 结截止。PN 结处于反向截止状态，PN 结表现为高电阻。

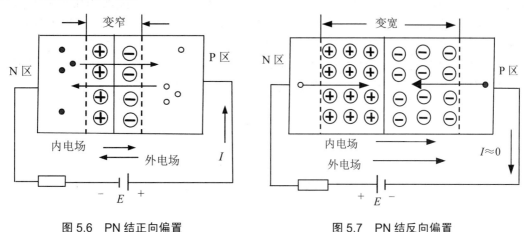

图 5.6　PN 结正向偏置　　　　　图 5.7　PN 结反向偏置

注意：　PN 结正向偏置，PN 结表现为低电阻，处于正向导通状态；PN 结反向偏置，PN 结表现为高电阻，处于截止状态。这就是 PN 结重要的单向导通特性。

# 5.2　半导体二极管

半导体二极管是 PN 结单向导电特性的直接应用，是在电子电路中应用极为广泛的最基本的半导体器件。

## 5.2.1　基本结构

半导体二极管简称二极管，是一种最基本的半导体器件。它是在一个 PN 结上引出两个电极，加上外壳封装而成的，如图 5.8(a)所示。半导体二极管在电路图中用如图 5.8(b)所示的符号表示。

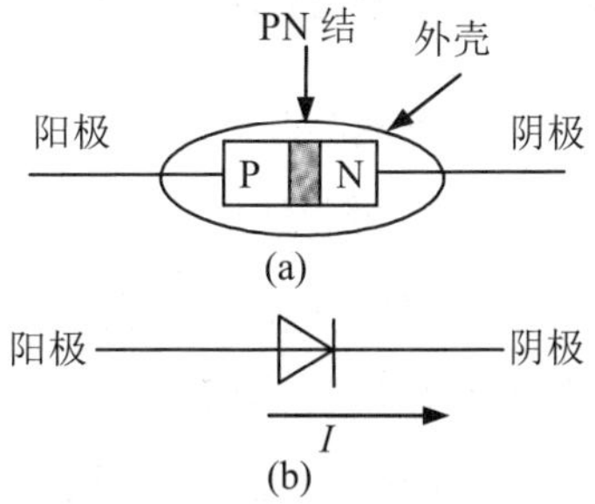

图 5.8　半导体二极管结构与符号

根据加工的工艺不同，二极管从结构上可分成点接触型和面接触型两类。点接触型二极管的 PN 结面积很小，不能流过大电流。正是由于 PN 结的面积很小，其电容小，所以高频性能好，多用于高频与开关电路。点接触型二极管多是锗管。面接触型二极管 PN 结面积大，可通过大的电流，但其工作频率低，一般多用于整流电路。此类管一般是硅管。

### 5.2.2 伏安特性

二极管的实质是一个 PN 结,它具有单向导电的特性。伏安特性曲线就是指流过二极管的电流和二极管两端电压之间的关系曲线,如图 5.9 所示。在二极管两端加正偏置电压,当正偏置电压不足以克服内电场时,流过二极管的电流非常小。当正偏置电压大于电压 $U_{th}$ 值后,流过二极管的电流才随电压的增加而成指数式增大。$U_{th}$ 值称为二极管的阈值电压。对于锗管,$U_{th}$ 值约为 0.1V;对于硅管,$U_{th}$ 值约为 0.5V。当外加电压小于 $U_{th}$ 值,二极管的电流非常小,二极管不导通,小于 $U_{th}$ 值的电压区域称为死区。二极管外加正电压和流过二极管电流之间的曲线关系称为正向特性。为了使二极管上有明显的电流流过,锗管正向电压应取 0.2~0.3V,硅管的正向电压应取 0.6~0.8V,这个电压称为二极管导通电压 $U_D$,亦可称为二极管正向导通压降。

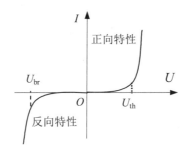

图 5.9 二极管的伏安特性

当二极管两端加反偏置电压时,二极管内部的 PN 结变宽,只有少数载流子的漂移运动产生微小的反向电流,称为反向饱和电流。这时二极管处于反向截止状态。但把反向电压加大到某一数值时,反向电流将会急剧增加,这种现象称为反向击穿,该反向电压称为反向击穿电压 $U_{br}$。这时,二极管失去单向导电的特性。

### 5.2.3 主要参数

要正确地选择和使用二极管,除了要知道它的伏安特性外,还要了解它的几个重要参数。

**1. 最大整流电流 $I_{fm}$**

最大整流电流 $I_{fm}$ 是指二极管在长时间使用时,允许流过二极管的最大正向平均电流。在使用时电流超过允许的最大整流电流 $I_{fm}$,将会使二极管的 PN 结过热而烧毁。

**2. 最高反向工作电压 $U_{rm}$**

这是为了保证二极管在施加反向电压时不被击穿而提供的另一个极限参数。为了安全起见,一般是取反向击穿电压的 1/2~2/3 作为最高反向工作电压 $U_{rm}$。

**3. 最大反向电流 $I_{rm}$**

最大反向电流 $I_{rm}$ 是指二极管上加最高反向工作电压时的反向电流。反向电流的大小反映出二极管单向导电性能的好坏。反向电流越小,则反向电阻越大,单向导电性能越好。反向电流随温度的升高而增加。

### 5.2.4 特殊二极管

#### 1. 发光二极管

图 5.10 所示电路中的发光二极管，在其两端加正偏置电压时，电子和空穴通过 PN 结直接复合，以光子的形式向外释放能量，在一定的工作电流范围内，其亮度随着注入电流的增加而提高。

#### 2. 光电二极管

图 5.11 所示的光电二极管在光线照射下，半导体中本征激发产生大量的电子-空穴对，少数载流子浓度增加；在反向外电压作用下，内电场增强，少数载流子的漂移运动加剧，反向电流增加，这时光电二极管的反向电阻下降。反向电流增加的大小取决于光照强度。

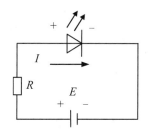

图 5.10 发光二极管

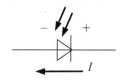

图 5.11 光电二极管

利用发光二极管和光电二极管可以制作成二极管型的光耦合器，如图 5.12 所示。光耦合器实现了输入和输出电路的电隔离，保证输入回路和输出回路信号的各自独立运行。

#### 3. 稳压二极管

从图 5.9 所示的特性曲线中可看出，二极管加一定的反向电压时，反向电流很小。当反向电压加大到 $U_{br}$ 的时候，反向电流急剧增加。在这个区间里，反向电流在很大范围内变化，而二极管两端电压基本不变。利用二极管反向击穿的这种特性，采用特殊的工艺可制作成稳压二极管，它在电路中能起到稳压的作用。

稳压二极管是一种面接触型的二极管，其电路符号如图 5.13 所示。它与普通的二极管不一样，是工作在反向击穿状态下，它的反向击穿是可逆的。一旦撤销反向电压，稳压二极管又可恢复正常。

稳压二极管的主要参数如下。

(1) 稳定电压 $U_Z$。这是稳压二极管正常工作时的稳压值。由于制作工艺上的种种原因，稳压值有一定的离散性，如 2CW7 的稳定电压范围为 2.5～3.5V。

(2) 稳定电流 $I_Z$。这是指稳压管正常工作时的最小工作电流。

(3) 动态电阻 $r_Z$。这是指稳压二极管正常工作时,稳压管两端电压的变化和与之相应的电流变化量的比值,即

$$r_Z = \frac{\Delta U_Z}{\Delta I_Z} \tag{5-1}$$

动态电阻 $r_Z$ 越小,说明稳压管反向伏安特性的击穿曲线段越陡,稳压性能越好。

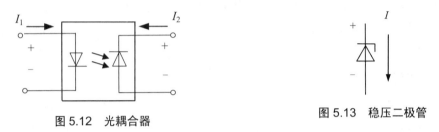

图 5.12　光耦合器　　　　　　　图 5.13　稳压二极管

# 5.3　半导体三极管

半导体三极管又称晶体三极管,简称晶体管或三极管。它是电子电路中最基本的放大器件,在放大、调制、振荡和开关电路中得到广泛应用。

## 5.3.1　三极管的基本结构

半导体三极管是在一块半导体基片上通过掺杂形成 3 个区。根据 P 区和 N 区的排列不同,半导体三极管可分成两类,即 NPN 型和 PNP 型,如图 5.14(a)和图 5.14(b)所示。

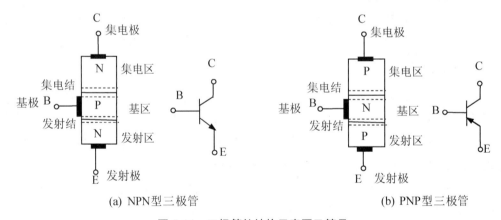

(a) NPN型三极管　　　　　　　　　　(b) PNP型三极管

图 5.14　三极管的结构示意图及符号

三极管内部 3 个区分别称为集电区、基区和发射区,从每一个区引出一个电极,分别称为集电极 C、基极 B 和发射极 E。集电区和基区之间形成一个结,称为集电结;基区和发射区之间形成一个结,称为发射结。三极管发射极的箭头表示了 NPN 型和 PNP 型管的区别,也表示了三极管在导通时发射极电流的方向。

### 5.3.2  三极管的电流放大作用

三极管要实现放大的作用，必须满足一定的条件，以如图 5.15(a)所示的 NPN 型三极管电路为例。电路中电源 $E_B$ 向发射结提供正向偏置，$U_{BE}>0$。由外电源 $E_C$ 向集电结提供反向偏置，$U_{CB}>0$。

**1. 发射区发射多数载流子形成 $I_E$**

在发射结加正向偏置下，N 型半导体的发射区中大量的多数载流子——电子，向基区扩散形成电流 $I_{EN}$，如图 5.15(b)所示。P 型半导体的基区中多数载流子——空穴，向发射区扩散形成电流 $I_{EP}$，两者的电流方向相同，在外电源的作用下，形成发射极电流 $I_E$，即

$$I_E = I_{EP} + I_{EN} \approx I_{EN}$$

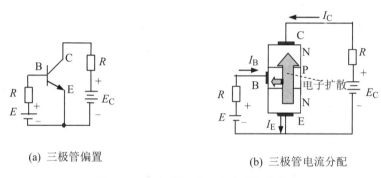

(a) 三极管偏置　　　　　　　　　(b) 三极管电流分配

**图 5.15　三极管偏置及电流分配电路**

由于对发射区掺杂的浓度远高于对基区掺杂的浓度，电流 $I_{EN} >> I_{EP}$，所以 $I_E = I_{EN}$。

**2. 基区复合形成基极电流 $I_C$**

由于基区很薄且掺杂的浓度很低，发射区向基区扩散的电子除少数在基区与空穴复合形成复合电流 $I_{BN}$ 外，绝大多数都能穿越基区到达集电与结附近。基区与电子复合掉的正电荷和基区向发射区扩散的正电荷由外电源 $E_B$ 补充。在此同时，由于集电结处于反向偏置状态，使基区和集电区的少数载流子互向对方漂移，形成漂移电流 $I_{CBO}$，称为反向电流。因此，组成基极电流 $I_B$ 有

$$I_B = I_{BN} + I_{EP} - I_{CBO} \approx I_{BN} - I_{CBO} \tag{5-2}$$

**3. 集电区收集载流子形成集电极电流 $I_C$**

发射区中大量的电子穿越基区到达集电结附近时，由于集电结处于反向偏置，电子在外电场的作用下很容易漂移过集电结，到达集电区，并流向电源 $E_C$ 的正极，形成 $I_{CN}$。同时，基区和集电区中少数载流子漂移，产生漂移电流 $I_{CBO}$，所以集电极电流 $I_C$ 为

$$I_C = I_{CN} + I_{CBO} = I_{EN} - I_{BN} + I_{CBO} \tag{5-3}$$

从上述分析可看出，发射极电流 $I_E$ 按照一定的关系分配给集电极电流 $I_C$ 和基极电流 $I_B$。若把三极管这封闭面看成一个节点，根据基尔霍夫电流定律(KCL)，则可写成

$$I_E = I_C + I_B \tag{5-4}$$

将集电极电流 $I_C$ 和基极电流 $I_B$ 的关系写成

$$\overline{\beta} = \frac{I_C}{I_B} \tag{5-5}$$

由于 $I_C$ 比 $I_B$ 的电流大得多，所以 $\overline{\beta} \gg 0$，$\overline{\beta}$ 称为直流放大倍数。如果在基极—发射极的回路中加入一个交变信号电压 $\Delta U$，发射区多数载流子的扩散就受到交流信号电压的控制，发射极的电流就会变化 $\Delta I_E$，使得集电极和基极电流也会相应变化 $\Delta I_C$ 和 $\Delta I_B$。把 $\Delta I_C$ 和 $\Delta I_B$ 变化量的比用 $\beta$ 表示，写成

$$\beta = \frac{\Delta I_C}{\Delta I_B} \tag{5-6}$$

定义 $\beta$ 为交流电流放大系数。从式(5-5)和式(5-6)中都可看出，当基极电流 $I_B$(或 $\Delta I_B$)有很小的变化时，就会导致集电极电流 $I_C$(或 $\Delta I_C$)的很大变化，其量值等于

$$I_C = \overline{\beta}\, I_B \qquad \text{或} \qquad \Delta I_C = \beta \Delta I_B \tag{5-7}$$

在实际中，$\beta$ 和 $\overline{\beta}$ 在数值上很接近，两者常相互代替。

在图 5-15(a)所示电路中，发射极是基极回路(输入回路)和集电极回路(输出回路)共有，此电路的接法称为共发射极电路。所以这里的电流放大系数的全称应为共发射极电流放大系数，简称为电流放大系数。对于具体的某个三极管，它一旦制作完成，其电流放大系数就确定了而不会改变。

注意： 三极管在发射结正向偏置和集电结反向偏置下才能导通放大，才有 $I_C = \overline{\beta}\, I_B$ 的关系。

### 5.3.3 三极管的伏安特性曲线

三极管的伏安特性曲线通常是指输入特性曲线和输出特性曲线，它是分析三极管放大电路的重要依据。伏安特性曲线可以通过实验方法(见图5.16)或用晶体管图示仪获得。

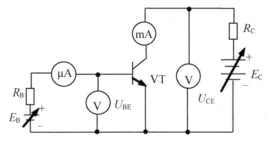

图 5.16 伏安特性测试电路

#### 1. 输入特性曲线

输入特性曲线是指集电极和发射极之间的电压 $U_{CE}$ 为常数时，基极回路中基极电流 $I_B$ 与基极和发射极之间电压 $U_{BE}$ 的关系曲线，用函数关系式可写成

$$I_B = f(U_{BE}), \quad U_{CE} = \text{常数}$$

输入特性曲线如图 5.17 所示。

在集电结加有反向偏置电压的情况下，三极管的输入特性曲线和二极管的伏安特性曲线一样，有一个死区，只有在 $U_{BE}$ 电压大过死区电压之后，基极才会有明显的电流。由于集电结加反向偏置电压的大小，一般而言对基极电流 $I_B$ 影响不是很大。如对硅管来说，当 $U_{CE} \geq 0$ 时，集电结已反向偏置，其电场已能够把发射到基区的绝大部分的电子吸引到集电区。这时再加大 $U_{CE}$ 的电压，它对基极电流 $I_B$ 的影响已经不明显。体现在伏安特性曲线上，仅是向右移，但基本重合，如图 5.17 中的虚线所示。

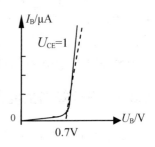

图 5.17　输入特性曲线

### 2. 输出特性曲线

输出特性曲线是指在基极电流 $I_B$ 为常数时，在集电极回路中集电极电流与集电极—发射极之间电压 $U_{CE}$ 的关系曲线，用函数关系式可写成

$$I_C = f(U_{CE}), \quad I_B = 常数$$

输出特性曲线如图 5.18 所示。在图中把输出特性曲线分成 3 个工作区域，它代表三极管的 3 个不同的工作状态。

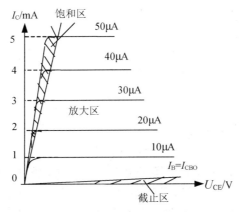

图 5.18　输出特性曲线

(1) 截止区：在输出特性曲线的最下端，基极电流 $I_B = I_{CBO}$ 曲线以下的区域。三极管的两个结都处于反向偏置状态，即

$$U_{BE} < 0, \quad U_{BC} < 0$$

此时 $I_B = I_{CBO}$，$I_C = I_{CBO}$，三极管无放大作用。

(2) 放大区：在输出特性曲线区域的中间部分，它是由一组近乎水平的直线组成。三极管的发射结处于 $U_{BE} > 0$ 的正向偏置，集电结处于 $U_{BC} < 0$ 的反向偏置状态，这符合本项目 5.3.2 小节中三极管放大作用的条件。这时三极管的电流特点是符合 $I_C = \beta I_B$ 的放大关系。

(3) 饱和区：输出特性曲线迅速上升和弯曲部分的右边。在这个区域里，三极管的两个结都处于正向偏置状态，即

$$U_{BE} > 0, \quad U_{BC} > 0$$

集电结的内电场被正向偏置的外电压所削弱,不利于集电区收集由发射区发射到基区的多数载流子,因此集电区电流又比放大状态下的 $I_C$ 电流小。从图 5.18 所示的饱和区可看出,三极管集电极 $I_C$ 电流不受基极电流 $I_B$ 的控制,称为饱和工作状态,集电极电流 $I_C$ 和基极电流 $I_B$ 已不符合 $\beta$ 倍的关系。一般认为,当 $U_{CE}<1$ 时,三极管已处在饱和区工作。

### 5.3.4 三极管的主要参数

三极管的特性除了用其伏安特性曲线表示外,还可以用一些主要的参数来表示,这是选择和使用三极管的重要依据。

**1. 电流放大系数 $\bar{\beta}$ 和 $\beta$**

三极管在接成共发射极放大电路时的直流放大系数 $\bar{\beta} = \dfrac{I_C}{I_B}$。

三极管在接成共发射极放大电路时的交流放大系数 $\beta = \dfrac{\Delta I_C}{\Delta I_B}$。

**2. 穿透电流 $I_{CEO}$(也称为反向饱和电流)**

$I_{CEO}$ 是指三极管基极开路时集电极与发射极之间的电流。$I_{CEO}$ 受温度影响大,$I_{CEO}$ 越小,则其温度的稳定性就越好。

**3. 集电极最大允许电流 $I_{CM}$**

集电极电流 $I_C$ 的增加会使电流放大系数 $\beta$ 下降。当电流放大系数 $\beta$ 下降到其正常值 2/3 时的集电极电流 $I_C$,称为集电极最大允许电流 $I_{CM}$。

**4. 集电极最大允许耗散功率 $P_{CM}$**

集电极允许耗散功率的定义为

$$P_C = U_{CE}I_C$$

三极管在工作时,工作电压主要降在集电结上。集电极电流流过集电结时要产生热量,使结温上升,会引起三极管参数发生变化。大功率的三极管,应加装有足够面积的散热器,不让结温太高。如果三极管的实际使用功率 $P_C$ 超过集电极最大允许耗散功率 $P_{CM}$,将毁坏三极管。

**5. 反向击穿电压 $U_{(br)CEO}$**

$U_{(br)CEO}$ 是指三极管基极开路时,集电极和发射极之间所加的最大允许电压。当集电极和发射极之间实际使用电压 $U_{CE}$ 超过 $U_{(br)CEO}$ 时,$I_{CEO}$ 就会突然上升,意味着三极管已被击穿。

根据三极管的工作参数,由集电极最大允许电流 $I_{CM}$、反向击穿电压 $U_{(br)CEO}$ 和集电极最大允许耗散功率 $P_{CM}$ 这 3 个参数,共同组成了三极管的安全工作区,如图 5.19 中 3 条虚线围成的区域所示。

注意：　要使三极管正常工作，不要使其超出安全工作区，尤其是不要使其超过 $U_{(br)CEO}$ 和 $P_{CM}$。

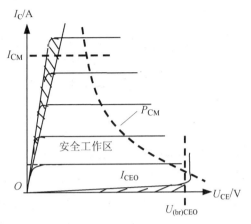

图 5.19　三极管安全工作区

# 5.4　场效应管

三极管是电流控制器件，它以很小的输入电流控制较大的输出电流。还有一种器件，它是在不需输入电流的状态下，用输入电压对输出电流进行控制，这就是本节要介绍的场效应管。它具有输入阻抗高、内部噪声小、热稳定性能好、抗辐射能力强、耗电量小、制作工艺简单且易于实现集成化等优点，广泛应用于分立元件和集成电路中。

场效应管(Field Effect Transistor，FET)的种类很多，按其内部的结构和导电机理可分成两大类：一类为结型场效应管(Junction FET，JFET)；另一类为绝缘栅型场效应管(Insulated Gate FET，IGFET)。在现代大规模集成电路中绝缘栅型场效应管已被广泛应用。

## 5.4.1　绝缘栅型场效应管

### 1. 绝缘栅型场效应管的结构

最常见的绝缘栅型场效应管是由金属、二氧化硅绝缘层及半导体构成的。这种绝缘栅型场效应管叫作金属-氧化物-半导体场效应管，简称 MOS 管(Metal-Oxide-Semiconductor type Field-Effect Transistor，MOSFET)。

根据其导电机理不同，MOS 场效应管又可分为 N 沟道和 P 沟道两种(NMOS 和 PMOS)，每种又有增强型和耗尽型之分，共有 4 种类型。增强型是指场效应管的输入端(栅源)电压为零时，管子内部没有导电沟道，即使场效应管加上工作(漏源)电压，也不产生电流。耗尽型场效应管在栅-源电压为零时，管子内部已经存在了导电沟道，当场效应管加上漏-源电压时，就有电流存在。

N 沟道增强型场效应管的结构如图 5.20 所示。它用一块掺杂浓度较低的 P 型硅片作为衬底，用平面工艺在其上面制成两个相距很近的掺杂浓度很高的 N$^+$型区，分别安置两个电极作为源极 S 和漏极 D。在两个 N⁺型区之间的硅表面上做一层二氧化硅的氧化膜,再安置一个金属电极作为栅极 G。衬底 B 的大部分是和源极 S 相连,也有单独引出的。电路符号如图 5.21(a)所示。

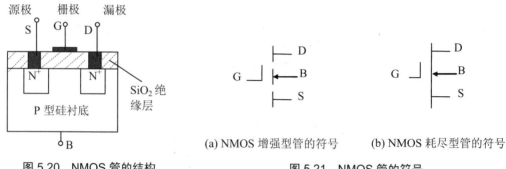

图 5.20　NMOS 管的结构　　　图 5.21　NMOS 管的符号

从结构上可以看出,栅极 G 同半导体 P 是绝缘的,栅-源两极之间是二氧化硅绝缘膜,因而栅-源两极之间的电阻(输入电阻)$R_{GS}$ 有极高的阻值,一般都大于 $10^9\Omega$,最高达 $10^{14}\Omega$。在 N⁺型的漏区和 N⁺型的源区之间被 P 型的衬底所隔开,形成了两个背靠背的 PN⁺结。在栅-源两极之间的电压 $U_{GS}=0$ 时,不管漏极 D 和源极 S 之间加上何种极性的电压,这两个背靠背的 PN⁺结,总有一个反向偏置,都不能使漏极 D 和源极 S 之间产生电流,即漏极电流 $I_D=0$。

P 沟道增强型场效应管的结构如图 5.22 所示,符号如图 5.23(a)所示。

图 5.21(b)和图 5.23(b)分别表示了 NMOS 和 PMOS 耗尽型场效应管的电路符号。

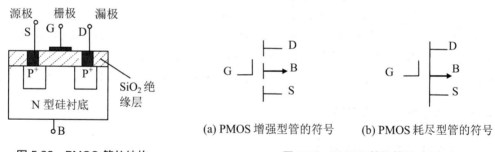

图 5.22　PMOS 管的结构　　　图 5.23　PMOS 管的符号

### 2. 场效应管的转移特性曲线

在栅-源两极之间加上一正电压 $U_{GS}>0$,由于源极 S 是和 P 型的衬底相连接,在栅极和衬底之间产生一个方向从上到下跨越绝缘层的电场,在 P 型衬底中的电子受此电场力吸引,到达绝缘层表面。随着 $U_{GS}$ 的加大,吸引到绝缘层表面的电子也增多,产生 N⁺型层,称为反型层。这就在两个 N⁺型区之间形成了一条 N 型的导电沟道,如图 5.24 所示。形成 N 型导电沟道的栅-源电压 $U_{GS}$ 称为开启电压 $U_{GS(th)}$。如果这时在源-漏极之间加上一定的正向电压 $U_{DS}$,源区中的电子就会沿着导电沟道到达漏极,形成漏极电流 $I_D$。随着栅-源两极之间电压 $U_{GS}$ 的加大,N⁺型层加厚,导电沟道加宽,导电能力增强,$I_D$ 增大。$I_D$ 和 $U_{GS}$ 的关系曲线称为场效应管的转移特性曲线,如图 5.25 所示。转移特性曲线反映了栅-源两极之间的正电压 $U_{GS}$ 对漏极电流 $I_D$ 的控制特性。

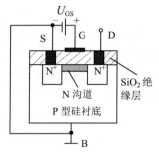

图 5.24　NMOS 管的 N 沟道

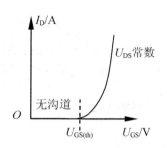

图 5.25　场效应管的转移特性曲线

### 3. 场效应管的输出特性曲线

场效应管的输出特性曲线定义为

$$I_D=f(U_{DS}),\quad U_{DS}=常数$$

在电压 $U_{GS}$ 比较小时，无沟道形成，加任何数值的电压 $U_{DS}$，都不会有电流 $I_D$ 产生，这时场效应管处于截止状态。当 $U_{GS}>U_{GS(th)}$ 时，沟道形成，加上 $U_{DS}$，产生电流 $I_D$，而且会随着 $U_{DS}$ 的加大而增大。随着 $U_{GS}$ 的加大，导电沟道加宽，导电能力增强，$I_D$ 增大。场效应管的输出特性曲线如图 5.26 所示。

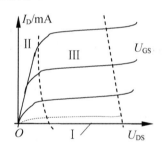

图 5.26　场效应管的输出特性曲线

根据场效应管的工作状态，输出特性曲线可分成 3 个区。在 I 区中，当 $U_{GS}<U_{GS(th)}$ 时，无导电沟道形成，加上 $U_{DS}$，无 $I_D$ 电流，称为截止区。在 II 区中，当 $U_{GS}> U_{GS(th)}$ 时，沟道形成，相当于一个线性电阻。在漏-源两极间的电压 $U_{DS}$ 较小的情况下，漏极电流 $I_D$ 随着漏源电压 $U_{DS}$ 的增大(沟道加宽)而增加，然后由直线上升后缓慢增加(拐弯)。$I_D$ 与 $U_{DS}$ 之间是可变的线性电阻关系，称为可变线性电阻区。在III区中，在栅-源电压一定时，随漏-源两极间的电压 $U_{DS}$ 的增加导电沟道将被夹断，漏极电流 $I_D$ 不随漏-源电压 $U_{DS}$ 增大而增大，而是维持在某一个数值上，称为恒流区。恒流区中呈现出很大的输出电阻 $r_0$，有

$$r_0=\frac{\Delta U_{DS}}{\Delta I_D}\tag{5-8}$$

在不同的栅-源电压下，漏极的电流是呈线性增大的。

### 4. 场效应管的控制参数——跨导 $g_m$

场效应管是电压控制器件。在 $U_{DS}=$ 常数时，栅-源两极之间的电压的变化 $\Delta U_{GS}$ 就会引起漏极电流 $\Delta I_D$ 的增加，其比值为

$$g_{\mathrm{m}} = \frac{\Delta I_{\mathrm{D}}}{\Delta U_{\mathrm{GS}}} \bigg| \quad U_{\mathrm{DS}} = \text{常数} \tag{5-9}$$

$g_{\mathrm{m}}$ 称为跨导，单位为西[门子]，符号为 S，一般可用毫西(mS)为单位。它的大小体现了场效应管栅-源两极间的电压对漏极电流控制能力的强弱。

场效应管的电流、电压及功率等参数可以参考晶体三极管的有关参数规定。

### 5.4.2 结型场效应管

**1. 结构与符号**

在一低掺杂的 N 型硅片的两侧，掺杂成两个高浓度的 $P^+$ 区，形成了两个 $P^+N$ 结耗尽层。将两个高浓度的 $P^+$ 区连接在一起，作为一个电极，称为控制栅极(G)，而 N 区的两端也做成两个电极，即源极(S)和漏极(D)，就形成了一个 N 沟道结型场效应管，如图 5.27 所示。如果采用 P 型硅片作衬底，控制栅极为 $N^+$ 区，则成为 P 沟道结型场效应管，它们的符号如图 5.28 所示。

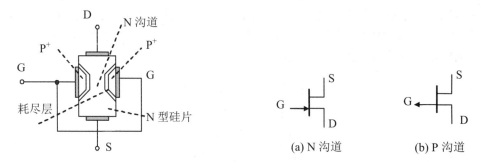

图 5.27  N 沟道结型场效应管          图 5.28  结型场效应管的符号

**2. 基本工作原理**

在图 5.27 中，当控制栅极(G)和源极(S)短路时，$U_{\mathrm{GS}}=0$，漏极(D)和源极(S)之间加上一定的直流电压 $U_{\mathrm{DS}}>0$，则 N 型硅中的多数载流子(电子)，在电场力的作用下，就会沿着两个 $P^+$ 区所形成的中间通道(称为 N 型沟道)，从源极(S)向漏极(D)移动，在外电路形成漏极电流 $I_{\mathrm{D}}$。

如图 5.29 所示，在控制栅极(G)和源极(S)之间加上反向偏置，$U_{\mathrm{GS}}<0$，所以两个 $P^+N$ 结耗尽层的宽度随着反向偏置电压 $U_{\mathrm{GS}}$ 的大小而变化。反向偏置电压 $U_{\mathrm{GS}}$ 加大，$P^+N$ 结耗尽层的宽度加大，向 N 型沟道延伸，就使原来很窄的 N 型沟道变得更窄。沟道电阻变大，漏极电流 $I_{\mathrm{D}}$ 变小。当控制栅极(G)和源极(S)之间反向偏置电压 $U_{\mathrm{GS}}$ 增加到某一个电压值时，两边不断加宽的耗尽层就会把导电的 N 型沟道完全堵塞，称为夹断，漏极电流 $I_{\mathrm{D}}$ 基本为零。此时的反向偏置 $U_{\mathrm{GS}}$ 称为夹断电压，用 $U_{\mathrm{GS(off)}}$ 表示。

由上述可知，结型场效应管在控制栅极(G)和源极(S)加上反向偏置，栅极没有电流，在以栅极(G)和源极(S)作为输入回路时，管子的输入电阻就非常高，可达 $10^7 \Omega$。

结型场效应管通过变化栅极和源极间的 $U_{\mathrm{GS}}$ 大小，可改变沟道的宽窄，控制沟道电阻，从而达到控制漏极电流的目的。

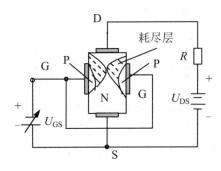

图 5.29　耗尽层夹断

# 5.5　复　合　管

复合管是由多个三极管适当连接而成的。最常见的是两个三极管的连接，其目的是提高放大系数。

如图 5.30 所示的是两个 NPN 型三极管的复合，其结果是同类型的 NPN 型管，但它的放大系数是两个管放大系数的乘积。

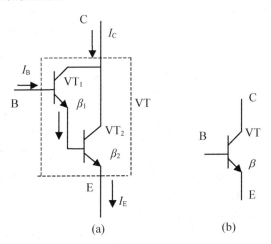

(a)　　　　　　　　(b)

图 5.30　NPN 型的复合

若三极管 $VT_1$ 的放大系数为 $\beta_1$，各极的电流分别为 $I_{B1}$、$I_{E1}$ 和 $I_{C1}$；三极管 $VT_2$ 的放大系数为 $\beta_2$，各极的电流分别为 $I_{B2}$、$I_{E2}$ 和 $I_{C2}$。在满足发射结正向偏置、集电结反向偏置的情况下，两管都处在导通状态，有

$$I_C = I_{C1} + I_{C2} = \beta_1 I_{B1} + \beta_2 I_{B2} = \beta_1 I_{B1} + \beta_2 \beta_1 I_{B1}$$

由于 $\beta_2 \beta_1 \gg \beta_1$，所以有

$$I_C \approx \beta_2 \beta_1 I_{B1}$$

三极管 $VT_1$ 和 $VT_2$ 复合的结果为

$$\beta = \frac{I_C}{I_B} = \frac{I_C}{I_{B1}} = \beta_1 \beta_2 \tag{5-10}$$

三极管 $VT_1$ 和 $VT_2$ 复合的结果是放大系数增大了，但它的穿透电流也是同数量级地增大，对稳定度有要求的电路来说，是不希望这样的。

# *5.6 晶 闸 管

晶体闸流管，简称晶闸管，原称可控硅，它是一种可控的整流器件。它在整流、逆变、直流开关、交流开关等方面都有广泛应用。晶闸管的种类很多，有普通型、高速型、单向型和双向型。这里介绍晶闸管的基本工作原理和特性。

## 5.6.1 晶闸管的结构与工作原理

晶闸管是由 4 层半导体组成 3 个 PN 结的三端半导体器件，如图 5.31(a)所示。从中引出 3 个电极，分别称为阳极 A、阴极 K 和控制极 G(又称门极或控制栅极)。晶闸管的电路符号如图 5.31(b)所示。

为了说明晶闸管的工作过程，把晶闸管从其中间分解成 $PNP(VT_1)$ 和 $NPN(VT_2)$ 两个管，如图 5.32(a)所示，把它画成电路形式，如图 5.32(b)所示。晶闸管在导通时必须具备两个条件：一是晶闸管的阳极与阴极之间需加上正向电压 $U_A>0$；二是晶闸管的控制极与阴极之间也必须加上正向电压 $U_G>0$。这样两个三极管都处于放大导通状态。这时 $VT_2$ 管在控制极电压 $U_G$ 的作用下，产生控制极电流 $I_G$，形成 $VT_2$ 管的基极电流 $I_{B2}$，$I_{B2}$ 经 $VT_2$ 管放大形成集电极电流 $I_{C2}=\beta_2 I_{B2}=\beta_2 I_G$。而 $VT_2$ 的集电极电流 $I_{C2}$ 又是 $VT_1$ 管的基极电流 $I_{B1}$，该电流又注入 $VT_1$ 管的基极而被放大，产生了 $VT_1$ 管的集电极电流 $I_{C1}=\beta_1 I_{B1}=\beta_1\beta_2 I_G$。被放大后的电流又流回 $VT_2$ 管，注入 $VT_2$ 管的基极，再经上述过程的放大。如此循环，$VT_2$ 管和 $VT_1$ 管的电流迅速增大使管子进入饱和导通状态。此时 $I_{C1}=\beta_1\beta_2 I_G>>I_G$，若把控制极与阴极之间的正电压 $U_G$ 撤除，不向 $VT_2$ 提供基极电流 $I_{B2}$，电流 $I_{C1}$ 已完全能满足晶闸管的继续饱和导通。由此可见，晶闸管一旦导通，控制极电流便失去了对晶闸管控制的能力。所以在对晶闸管进行导通触发时，用一个有一定宽度和幅度的正脉冲信号就可以实现。控制晶闸管导通的控制极电压 $U_G$ 称为触发电压。

要使晶闸管从导通转向截止，必须把阳极的正向电压 $U_A$ 降低至零伏或更低，使晶闸管 $VT_1$ 退出放大工作而截止。此时晶闸管中只有很小的反向漏电流，所以晶闸管截止，称为反向阻断。

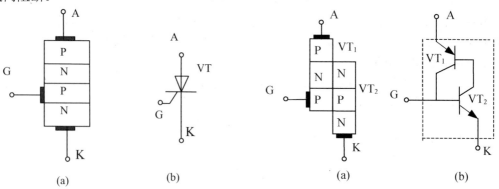

图 5.31 晶闸管的结构与符号          图 5.32 晶闸管模型

在如图 5.33 所示的电路中，晶闸管的阳极与阴极之间加有一定的正向电压 $U_A$，如果不加控制极与阴极之间的正电压 $U_G$，晶闸管中总有一个 PN 结处于反偏状态，使晶闸管不满足导通的条件而仍然截止，此时的截止状态称为正向阻断状态。

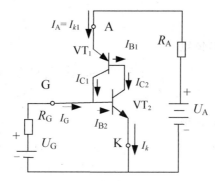

图 5.33  晶闸管的工作原理

## 5.6.2  晶闸管的伏安特性

晶闸管控制极电流 $I_G=0$，而加有较小的阳极电压 $U_A$ 时，晶闸管处于正向阻断状态，这时晶闸管流过很小的正向漏电流，方向是从阳极流向阴极。当 $U_A$ 加大到某一电压值时，晶闸管由阻断状态突然转换成导通状态，流过晶闸管的正向漏电流就会大量增加，这样的导通称为硬导通，硬导通时的 $U_A$ 电压称为正向转折电压 $U_{BO}$。硬导通容易造成晶闸管的损坏。

在晶闸管的控制极加上电压，控制极电流 $I_G>0$，使晶闸管仍处于正向阻断状态。对于不同的控制极电流 $I_G$ 值，正向转折电压 $U_{BO}$ 的值也不一样。$I_G$ 越大，正向转折电压 $U_{BO}$ 的值就越小，如图 5.34 所示。利用这一特性，在一定的阳极电压 $U_A$ 下，可以通过调整触发电压改变控制极电流 $I_G$ 的大小，使晶闸管导通，达到对晶闸管控制的目的。

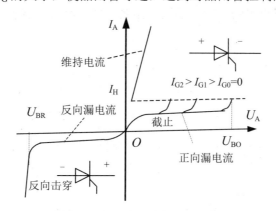

图 5.34  晶闸管的电压与电流特性曲线

晶闸管导通后，阳极的电流如同二极管导通一样迅速上升，其管压降在 1V 左右。

如果晶闸管的阳极电压 $U_A \leqslant 0$，晶闸管则处于反向阻断状态，只有很小的反向漏电流流过晶闸管。当阳极所加的反向电压($U_A<0$)到达某一个值时，反向漏电流会急剧增大，晶

闸管处于反向击穿状态，此时反向电压 $U_A$ 称为反向转折电压 $U_{BR}$。此过程如同二极管的反向击穿特性。

### 5.6.3 晶闸管的参数

#### 1. $U_{DRM}$——正向阻断峰值电压

$U_{DRM}$ 是指控制极开路时，加在晶闸管阳极和阴极之间的正向峰值电压。此电压值要比正向阻断电压 $U_{BO}$ 低 100V，是可以重复使用的电压，故又称为可重复正向峰值电压。

#### 2. $U_{RRM}$——反向阻断峰值电压

$U_{RRM}$ 是指晶闸管阳极和阴极之间所加的反向峰值电压，此电压值要比反向阻断电压 $U_{BO}$ 低 100V。它是可以重复使用的电压，故又称为可重复反向峰值电压。

#### 3. $U_D$——额定电压

比较正向阻断峰值电压 $U_{DRM}$ 和反向阻断峰值电压 $U_{RRM}$ 的大小，低的那个电压称为晶闸管的额定电压 $U_D$。

#### 4. $U_{T(AV)}$——通态平均电压

$U_{T(AV)}$ 指晶闸管导通时阳极和阴极之间的管压降。此电压一般为 0.4～1.2V，压降越小，则管的功耗越少。

#### 5. $I_{T(AV)}$——通态正向平均电流

通态平均电流 $I_{T(AV)}$ 是指晶闸管导通时阳极流向阴极的正向平均电流。

#### 6. $I_H$——维持电流

维持电流 $I_H$ 是指控制极开路时，继续维持晶闸管导通所需要最小的阳极电流。它是晶闸管由导通到关断的临界电流。国产晶闸管命名法中已经隐含着上述的主要参数，格式如图 5.35 所示。

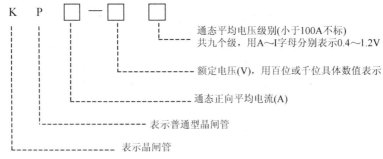

图 5.35 普通型晶闸管命名含义

例如，KP10-8 表示通态正向平均电流为 10A，额定电压为 800V 的普通型晶闸管。

# 小　　结

(1) 光照、加热、掺杂可以提高半导体的导电能力。

(2) N 型半导体的多数载流子是电子，P 型半导体的多数载流子是带正电荷的空穴。

(3) PN 结是一个空间电荷区，是多数载流子的扩散运动和少数载流子的漂移运动动态平衡的结果，其内电场的方向是由 N 区指向 P 区。

(4) 二极管的核心是 PN 结，具有单向导电特性。正偏置导通，正向电阻小；反偏置截止，反向电阻大。

(5) 三极管有 PNP 和 NPN 两种形式，其内部是由发射结和集电结这两个 PN 结组成。当三极管的发射结正向偏置和集电结反向偏置时，三极管有放大作用，并有 $I_C=\beta I_B$。

(6) 集电极最大允许电流 $I_{CM}$、反向击穿电压 $U_{(br)CEO}$、集电极最大允许耗散功率 $P_{CM}$ 是三极管安全工作的 3 个重要参数。

(7) 场效应管是电压控制器件，以很小的栅极电压控制较大的漏极电流，控制的能力用 $g_m$ 表示。场效应管工作时控制栅极没有电流，具有很高的输入电阻。

$$g_m = \frac{\Delta I_D}{\Delta U_{GS}} \bigg| \ U_{DS}=常数$$

(8) 两个三极管组成的复合管的电流放大系数为 $\beta \approx \beta_2 \beta_1$。

(9) 晶闸管具有正、反向阻断和触发导通特性。晶闸管可用一个有一定宽度和幅度的正脉冲信号进行导通触发。晶闸管从导通转向截止，必须把阳极的正向电压降低至零伏或更低。

# 习　　题

## 1. 填空题

(1) P 型半导体的多数载流子是 _____ ，它带 ____ 电荷。

(2) PN 结是一个 _____ 区。

(3) 二极管导通的条件是 _____ 。

(4) 三极管有 _____ 和 _____ 类型。

(5) 温度升高会使 _____ 电流增加。

(6) NPN 型三极管的 $U_{BE} \leqslant 0$，该管处于 _____ 状态。

(7) 稳压管是利用二极管的 _____ 特性制作的。

(8) 场效应管是 _____ 器件。

(9) 晶闸管从导通转向截止，必须把阳极的正向电压 $U_A$ 降低至 _____ 。

(10) 三极管的两个结都处于 _____ 状态时三极管截止。

(11) 三极管中少数载流子互向对方漂移，形成的漂移电流 $I_{CBO}$ 称为 _____ 。

(12) 集电极最大允许电流 $I_{CM}$ 是指电流放大系数 $\beta$ 下降到其正常值_____时的集电极电流。

(13) 晶闸管的 $I_G=0$，当 $U_A$ 加大到某一电压值时，晶闸管由阻断状态突然转化为导通状态，称为_____。

2. 问答题

(1) 什么是二极管的死区电压？硅管和锗管的死区电压各为多少？

(2) 可以用万用表判断二极管的好坏吗？为什么？

(3) 为什么说稳压管的动态电阻越小越好？

(4) 三极管要在放大区工作的条件是什么？为什么？

(5) 晶闸管导通后，控制栅极的电流为什么不再有控制的能力？

(6) 三极管的集电极能和发射极可互换使用吗？互换使用会有什么影响？

(7) 如何判断二极管的极性？

(8) 如何判断三极管的好坏？

(9) 为什么说三极管是个电流控制器件？

(10) 为什么说场效应管有极高的输入电阻？

(11) 试说明 NMOS 管的导通原理。

3. 计算题

(1) 画出图 5.36 所示电路中输出电压 $u_o$ 的波形。设 $u_i = 14.1\sin\omega t$，$E = 5\mathrm{V}$，二极管的管压降可忽略不计。

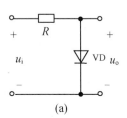 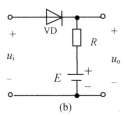 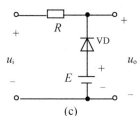

图 5.36　计算题(1)图

(2) 已知图 5.37 所示电路，求在下列不同情况下的输出电压 $u_o$。设二极管的正向压降为 0.5V。

① $U_A = 5\mathrm{V}$，$U_B = 0\mathrm{V}$。

② $U_A = 5\mathrm{V}$，$U_B = 5\mathrm{V}$。

③ $U_A = 3\mathrm{V}$，$U_B = 5\mathrm{V}$。

(3) 在图 5.38 所示电路中，稳压管能否安全工作？已知稳压管的 $u_Z$ 为 5V，最小稳压电流为 10mA。

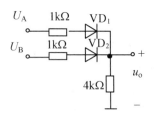

图 5.37　计算题(2)图

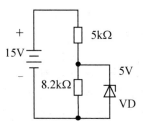

图 5.38　计算题(3)图

# 项目 6

## 基本放大电路

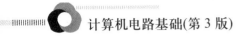
**教学提示：**

项目 5 主要介绍了晶体管和场效应管的原理及性能。应用晶体管组成放大电路，把电信号(简称信号)不失真地放大到所需的数值，是放大电路的主要任务。放大电路是电子设备和集成电路中不可缺少的一种基本单元。本项目主要介绍由分立元件组成的几种常用的基本放大电路，讨论它们的工作原理、基本分析方法和性能指标。掌握这些基本放大电路，是进一步学习、分析和设计复杂电路的基础。

**教学目标：**

- 理解放大电路的组成、工作原理和主要的性能指标。
- 掌握放大电路静态工作点的估算和微变等效电路动态分析方法。
- 了解放大电路图解法的意义。
- 理解射极跟随器的特点和作用。
- 了解多级放大的概念。
- 掌握反馈的概念和负反馈对放大电路性能指标的影响。
- 理解差分放大电路的工作原理，理解差模信号和共模信号的概念。
- 了解功率放大的概念和互补对称放大电路的工作原理。

# 6.1  共发射极放大电路

基本放大电路是指以一个放大元件为核心组成的简单放大电路，又称为单管放大电路。其中共发射极放大电路是最基本的放大电路，如图 6.1 所示。下面以共发射极放大电路为例分析基本放大电路的组成、工作原理和性能指标。

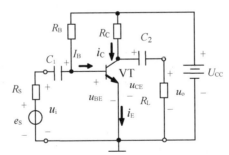

图 6.1  共发射极放大电路

## 6.1.1  放大电路

### 1. 放大电路的组成

图 6.1 所示为一个以 NPN 型晶体三极管 VT 和电阻、电容组成的放大器，它能把交流电压信号进行放大，提高电压信号的输出幅度。在电路中晶体三极管起到放大作用，是整个放大电路的核心。

直流电压源 $U_{CC}$ 是为放大电路提供工作电压和交流电压信号放大所需的能量。直流电压源 $U_{CC}$ 通过电阻 $R_C$ 为集电结提供反向偏置，同时通过 $R_B$ 为发射结提供正向偏置，以满足晶体三极管导通的条件。

直流电压源 $U_{CC}$ 通过电阻 $R_B$ 向三极管提供基极电流 $I_B$，调整 $R_B$ 的大小可使三极管获得合适的工作点电流，称为直流偏置电阻。

电阻 $R_C$ 除了与电源 $U_{CC}$ 保证向集电结提供反向偏置外，还有一个重要的作用是把集电极上电流 $i_C$ 的变化通过它转化成电压的变化 $u_{CE}$，以完成电压的放大。$R_C$ 称为集电极负载电阻，简称集电极电阻。

电容 $C_1$ 和 $C_2$ 起到隔断直流的作用，$C_1$ 把输入端的信号源和放大电路的直流通路分隔开，$C_2$ 把放大电路的直流通路和输出端的负载 $R_L$ 分隔开。因此，把电容 $C_1$ 和 $C_2$ 称为隔直电容。电容 $C_1$ 的另一个重要作用是把信号源的交流信号耦合到放大电路进行放大。电容 $C_2$ 又能把被放大电路放大的交流信号耦合到负载电阻 $R_L$ 上。因此把电容 $C_1$ 和 $C_2$ 称为交流耦合电容。电容容量的选择要保证对交流信号有尽量小的阻抗，使交流信号在电容上的压降小到可忽略不计，即对交流信号来说可把电容视为短路。

**2. 放大电路的工作原理**

在图 6.1 中，当无输入信号时($e_S=0$，即 $u_i=0$)，称电路处于静态。此时电路中只有电源 $U_{CC}$ 通过电阻 $R_C$ 和 $R_B$ 为放大电路提供静态工作电流 $I_B$、$I_C$ 和电压 $U_{CE}$。

当放大的交流信号 $u_i$ 加到放大电路的输入端时，通过电容 $C_1$ 耦合到三极管的基极和发射极之间，引起基极电流 $i_B$ 相应变化(交流信号电流)，经三极管 VT 的电流放大，产生集电极的信号电流 $i_C$。$i_C$ 变化在集电极电阻 $R_C$ 产生相应的电压变化，使得三极管集电极和发射极之间电压 $u_{CE}$ 也随之发生变化。$U_{CE}$ 是被放大后的输入交流信号，由耦合电容 $C_2$ 耦合到负载电阻 $R_L$ 上，形成输出端的交流信号输出电压 $u_o$。如果电路中的参数选择合适，输出的信号电压 $u_o$ 将会比输入的信号电压 $u_i$ 大得多。

## 6.1.2　放大电路的主要性能指标

放大电路是用来放大电信号的，衡量放大电路的主要技术指标有放大倍数、输入电阻、输出电阻和频率响应等，现以图 6.2 所示放大电路为例来分析这些技术指标。

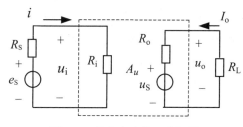

图 6.2　放大电路的示意框图

**1. 电压放大系数 $A_u$**

电压放大系数 $A_u$ 是指放大电路输出信号电压与输入信号电压之比，表示为

$$A_u = \frac{U_o}{U_i} \tag{6-1}$$

它反映了放大电路对输入信号电压幅度 $U_i$ 的放大能力，又称为电压增益。

电压放大系数 $A_u$ 用多少"倍"来表示。在工程上增益的单位常用分贝(dB)来表示。它的定义是

$$\text{电压增益} = 10 \lg A_u{}^2 = 20 \lg A_u (\text{dB}) \tag{6-2}$$

### 2. 电流放大系数 $A_i$

电流放大系数 $A_i$ 是指放大电路输出信号电流与输入信号电流之比，表示为

$$A_i = \frac{I_o}{I_i} \tag{6-3}$$

电流放大系数 $A_i$ 单位用"倍"来表示。

### 3. 输入电阻

从图 6.1 中可看出，放大电路的输入端和信号源相连，放大电路为信号源的负载。从放大电路的输入端看放大电路，可等效成一个输入电阻 $R_i$，如图 6.2 图框中所示。输入电阻 $R_i$ 定义为

$$R_i = \frac{U_i}{I_i} \tag{6-4}$$

从图 6.2 框图中的输入回路可看出，信号源有一定的内阻，输入电阻 $R_i$ 的大小表明了它从信号源所能得到信号电压的大小。输入电阻 $R_i$ 越大，从信号源索取的输入电流越小，放大电路的输入端从信号源所能得到信号电压也越大。

### 4. 输出电阻

放大电路将信号加以放大后，输出给负载 $R_L$。放大电路的输出端不仅有放大后的信号电压输出(相当于一个信号源 $u_o$)，而且还含有一个内阻 $R_o$，如图 6.2 所示框图中的输出回路所示。因为在输出回路中，当改变负载的大小时，输出端负载 $R_L$ 上的电压也在改变，这说明放大电路输出端是一个含有等效内阻 $R_o$ 的电压源。此等效的内阻 $R_o$ 称为输出电阻。

如果输出电阻 $R_o$ 较小，放大电路的输出端就能向负载 $R_L$ 输出更大的电流 $i_o$。负载 $R_L$ 得到更接近于放大电路的输出电压 $u_o$。因此，输出电阻 $R_o$ 的大小反映了放大电路把放大后的信号电压能有多少传输给负载的能力，即带负载的能力。

输出电阻不等于 $\dfrac{U_o}{I_o}$。输出电阻的求法应该使用戴维南定理。令 $e_S = 0$，把输出端的负载电阻 $R_L$ 去掉，接上一个交流信号源为 $U_o$，求出由它产生的电流 $I_o'$，因此放大电路输出电阻为

$$R_o = \left. \frac{U_o}{I_o'} \right|_{U_i = 0}, \ R_L = \infty \tag{6-5}$$

### 5. 频率响应

通常，放大电路的输入信号是由许多频率成分组成的复杂信号。而放大电路中常含有

与频率相关的电抗元件(电容、电感)，三极管本身也存在极间电容，这些电抗元件都会对组合信号中不同高低频率的信号呈现出不同的阻抗。因此，放大电路的放大系数将随着信号频率的不同而改变。一般而言，在信号频率的低端和高端放大电路的放大系数都要下降，而中间一段频率范围放大电路的放大系数基本不变。把在低端和高端段的放大电路放大系数分别下降至中频段放大系数的 $\dfrac{1}{\sqrt{2}}$ 倍时中间的频率范围，规定为放大电路的通频带 $f_{BW}$，如图 6.3 所示。显然，放大电路的通频带越宽，表明放大电路对信号的频率有更宽的适应范围。

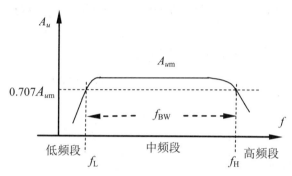

图 6.3　放大电路频率响应(幅频特性)

# 6.2　放大电路的分析方法

在放大电路中，三极管是放大的主要器件，它的输入和输出特性都是非线性的。要对放大电路进行分析计算，主要是如何处理放大器件的非线性问题。常用的分析方法有两种：一种是图解法，即在放大器件的特性曲线上用作图的方法进行求解；另一种是微变等效法，也就是在工作点附近为小信号的情况下把放大器件的非线性特性近似成线性来进行分析计算。

## 6.2.1　静态分析

放大电路在放大工作时，电路中同时存在直流和交流两个电量。由于交流电量是在直流电量的基础上工作，因此在分析放大电路时，先在无交流信号(即静态)下，确定电路中有关的直流电压和电流值，如基极电流 $I_B$、集电极电流 $I_C$ 和集电极与发射极之间的电压 $U_{CE}$。由于这些电流和电压在三极管输入和输出特性曲线上表示为一个点，因此称为静态工作点，常用 $Q$ 点来表示。

### 1. 用直流通路求静态工作点

在无交流信号(静态)下计算放大电路的直流电流和电压值，对于直流量来说，放大电路中的隔直电容均可视为开路。只有直流量作用的电路称为直流通路。如图 6.1 所示的放大电路，它的直流通路如图 6.4 所示。根据直流通路，可计算出静态时的基极电流为

$$I_{\mathrm{B}} = \frac{U_{\mathrm{CC}} - U_{\mathrm{BE}}}{R_{\mathrm{B}}} \approx \frac{U_{\mathrm{CC}}}{R_{\mathrm{B}}} \qquad (6\text{-}6)$$

一般情况下，直流电源 $U_{\mathrm{CC}}$ 电压在几伏至几十伏，而发射结导通的电压 $U_{\mathrm{BE}}$ 比较小(锗管约为 0.2V，硅管约为 0.6V)，当 $U_{\mathrm{CC}} \gg U_{\mathrm{BE}}$ 时，可以忽略。

由基极电流 $I_{\mathrm{B}}$，可得出集电极电流为

$$I_{\mathrm{C}} \approx \beta I_{\mathrm{B}} \qquad (6\text{-}7)$$

集电极与发射极之间的电压 $U_{\mathrm{CE}}$ 为

$$U_{\mathrm{CE}} = U_{\mathrm{CC}} - I_{\mathrm{C}} R_{\mathrm{C}} \qquad (6\text{-}8)$$

【例 6.1】在图 6.4 中，已知三极管 $\beta$=50，$R_{\mathrm{B}}$=300kΩ、$R_{\mathrm{C}}$=3kΩ 和 $U_{\mathrm{CC}}$=6V。求其静态工作点。

**解**　根据图 6.4 所示的直流通路，可求出

$$I_{\mathrm{B}} \approx \frac{U_{\mathrm{CC}}}{R_{\mathrm{B}}} = \frac{6}{300 \times 10^3} = 0.02 \times 10^{-3} \mathrm{A} = 20 \mathrm{\mu A}$$

$$I_{\mathrm{C}} \approx \beta I_{\mathrm{B}} = 50 \times 20 \mathrm{\mu A} = 1 \mathrm{mA}$$

$$U_{\mathrm{CE}} = U_{\mathrm{CC}} - I_{\mathrm{C}} R_{\mathrm{C}} = 6 - 1 \times 10^{-3} \times 3 \times 10^3 = 3 \text{(V)}$$

**2. 用图解法求静态工作点**

图解法求静态工作点是以三极管的特性曲线为基础，用作图的方法在特性曲线上进行分析，能比较直观地得到静态工作点的有关电量。

图解法求解的步骤如下。

(1) 确定三极管的输出特性曲线，如图 6.5 所示。

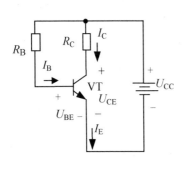

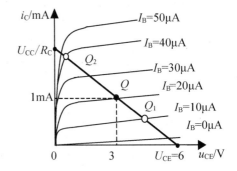

图 6.4　直流通路　　　　　图 6.5　图解法求静态工作点

(2) 用式(6-6)求出基极电流 $I_{\mathrm{B}}$。如例 6.1 中 $I_{\mathrm{B}}$=20μA。

(3) 在输出特性曲线上画出直流负载线：根据式(6-8)，即

$$U_{\mathrm{CE}} = U_{\mathrm{CC}} - I_{\mathrm{C}} R_{\mathrm{C}}$$

可得出两个点：

$I_{\mathrm{C}}$ =0 时，$U_{\mathrm{CE}} = U_{\mathrm{CC}}$。

$U_{\mathrm{CE}}$ =0 时，$I_{\mathrm{C}} = \dfrac{U_{\mathrm{CC}}}{R_{\mathrm{C}}}$。

在图 6.5 中作出这两点的连线，称为直流负载线。

(4)　在输出特性曲线上确定与 $I_B=20\mu A$ 相应的曲线。它与直流负载线的交点 $Q$ 就是放大电路的静态工作点，由它确定了放大电路的电流 $I_C=1mA$ 和电压 $U_{CE}=3V$ 的静态值。

从图 6.5 中可以看出，当基极电流 $I_B$ 不同时，直流负载线与之相交点 $Q$ 的位置就不同，如 $Q_1$ 和 $Q_2$。$Q_1$ 相对接近于三极管的截止区，$Q_2$ 已接近于三极管的饱和区。选择基极电流 $I_B$ 对于获得合适位置的静态工作点是至关重要的。通常把基极电流 $I_B$ 称为偏置电流，简称偏流。产生偏置电流的电路就称为偏置电路，如图 6.4 所示电路中的偏置电路的路径：$U_{CC}(+)\rightarrow R_B\rightarrow$ 发射结 $\rightarrow U_{CC}(-)$。把偏置电路中改变偏置电流的电阻称为偏置电阻，如图 6.4 所示电路中的电阻 $R_B$。通过调整偏置电阻的大小，便能获得所需的合适的静态工作点 $Q$。

## 6.2.2　动态分析

### 1. 微变等效电路法

动态分析是分析放大电路在有输入信号时，信号在放大电路中的传输情况。在有输入信号时，电路中既有直流分量又有交流分量。电路中的直流分量已在静态分析中确定，因此动态分析只需考虑在静态工作点的基础上由输入信号所引起的放大电路中的交流分量。

在图 6.1 中，直流电源 $U_{CC}$ 的内阻很小，对于交流信号而言，直流电源 $U_{CC}$ 可视为短路。对于耦合电容 $C_1$ 和 $C_2$，交流阻抗很小，也可以视为短路。这样图 6.1 所示放大电路在交流信号下简化成图 6.6 所示的电路，称为交流通路。

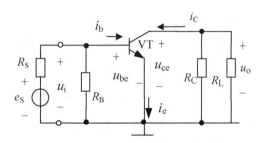

图 6.6　共发射极放大电路交流通路

1)　三极管的微变等效电路

在输入端信号电压变化范围比较小(小信号)的情况下，三极管在工作点附近微小变化，三极管在该范围内可视为线性。用一个等效的线性电路来代替非线性的三极管，这就是微变等效电路。

从图 6.7 所示的三极管输入特性曲线中可看到，它是非线性的曲线。在其静态工作点附近的小范围内可视为一线性段，$\Delta I_B$ 与 $\Delta U_{BE}$ 成正比，将 $\Delta U_{BE}$ 与 $\Delta I_B$ 之比称为三极管输入电阻，用 $r_{be}$ 表示，即

$$r_{be}=\frac{\Delta U_{BE}}{\Delta I_B}=\frac{u_{be}}{i_b} \tag{6-9}$$

这样就可以用 $r_{be}$ 表示三极管的输入回路的特性，如图 6.8 所示。在小信号条件下，一旦工作点确定，三极管输入电阻 $r_{be}$ 就是一个常数。可用式(6-10)进行估算，即

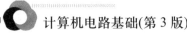
$$r_{be} \approx 300+(1+\beta)\frac{26(mV)}{I_E(mA)} \ (\Omega) \tag{6-10}$$

$r_{be}$ 的值在几百欧至几千欧之间。

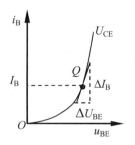

图 6.7　三极管的输入特性

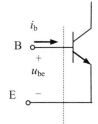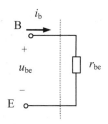

图 6.8　三极管输入回路的等效

💡 **注意:** $r_{be}$ 是一个动态电阻,仅适用于计算交流量。

三极管的输出特性如图 6.9 所示。在其静态工作点附近,近似于一组等距离的平行直线,而直线的间隔大致相同,因此在静态工作点附近,$\Delta I_C$ 与 $\Delta I_B$ 成正比,其比值即为三极管的电流放大系数,有

$$r_{be} = \frac{\Delta U_{CE}}{\Delta I_C}\ \Big|\ I_B = \frac{u_{ce}}{i_c}\ \Big|\ I_B \tag{6-11}$$

在小信号下,$\beta$ 是一常数,由它决定了 $\Delta I_C$ 受 $\Delta I_B$ 控制即其电流控制的强度。因此三极管的输出回路存在一个电流控制的电流 $\beta\Delta I_B$。

从图 6.9 中还可看到,三极管的输出特性并不平行于横轴线,而有一个很小的夹角。在某一基极电流 $I_B$ 线上,输出电压有一变化 $\Delta U_{CE}$,也存在着微小的集电极电流变化 $\Delta I_C$。令

$$r_{ce} = \frac{\Delta U_{CE}}{\Delta I_C}\ \Big|\ I_B \tag{6-12}$$

$r_{ce}$ 称为三极管的输出电阻。在小信号下,该电阻也是一个常数,大约从几十千欧至几百千欧。三极管输出回路的等效电路如图 6.10 所示。

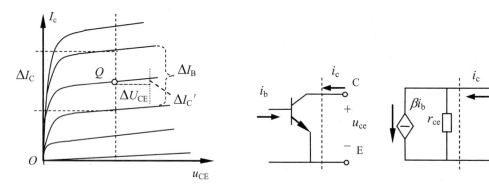

图 6.9　三极管输出特性　　　　　图 6.10　输出回路的等效电路

通过对三极管输入和输出特性进行等效分析,可得到整个三极管的微变等效电路,如图 6.11 所示。

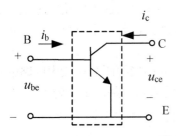
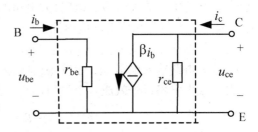

**图 6.11　三极管及其微变等效电路**

2)　放大电路的微变等效电路

用三极管的微变等效电路代替交流通路中的三极管，就可以得到放大电路的微变等效电路。在这里，图 6.12 所示是图 6.6 中放大电路交流通路的微变等效电路。由于三极管的微变等效电路中的 $r_{ce} \gg R_C // R_L$，它可以在电路中忽略掉。

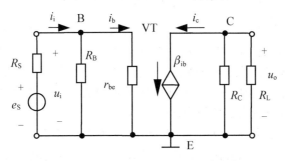

**图 6.12　共发射极放大电路微变等效电路**

3)　动态性能分析

(1)　放大电路电压放大倍数 $A_u$。放大电路的电压放大倍数是指放大电路的输出电压与输入电压的比值，它体现了放大电路对信号电压放大的能力，其定义式为

$$A_u = \frac{u_o}{u_i}$$

为计算方便，正弦量在数值计算时用其有效值代替瞬时值，因此电压放大倍数 $A_u$ 可表示为

$$A_u = \frac{U_o}{U_i} \tag{6-13}$$

从图 6.12 中得出输出电压为

$$U_o = -I_C(R_C // R_L) = -I_C R'_L \tag{6-14}$$

这里 $R'_L = R_C // R_L$，称为等效交流负载电阻。而输入电压

$$U_i = I_i(R_B // r_{be})$$

由于实际电路中的 $R_B \gg r_{be}$，所以

$$U_i = I_b r_{be} \tag{6-15}$$

把式(6-14)和式(6-15)代入式(6-13)，得

$$A_u = \frac{-I_C R'_L}{I_b r_{be}} = \frac{-\beta I_b R'_L}{I_b r_{be}} = -\beta \frac{R'_L}{r_{be}} \tag{6-16}$$

放大电路的电压放大倍数 $A_u$ 是放大电路的重要指标。共发射极放大电路的电压放大倍数 $A_u$ 一般为几十倍到几百倍。值得注意的是，电压放大倍数 $A_u$ 是一个负值，这意味着输出电压与输入电压在相位上反相，即差 180°。

(2) 放大电路输入电阻 $R_i$。信号源与放大电路连接，从连接的两端往放大电路的输入端看进去，放大电路可等效成一个电阻，它就是放大电路的输入电阻，定义为

$$R_i = \frac{U_i}{I_i}$$

由图 6.12 可得到

$$R_i = \frac{U_i}{I_i} = \frac{I_i(R_B // r_{be})}{I_i} = r_{be} // R_B \tag{6-17}$$

在实际电路中，一般情况下有 $R_B >> r_{be}$，所以在数值上 $R_i \approx r_{be}$。

💡 注意： 数值上 $R_i \approx r_{be}$，但 $R_i$ 和 $r_{be}$ 是两个不同的概念。

放大电路的输入电阻是针对交流信号而言的动态电阻。它的大小会对信号源产生一定的影响。如果输入电阻比较小，信号源就会向放大电路提供较大的电流，在加重信号源负担的同时，在信号源本身内阻上也有较大的电压降，使加在放大器输入端的信号电压反而减少，致使放大器的输出电压减小。因此，通常希望放大电路的输入电阻高一些，这有利于放大电路从信号源获得较大的信号电压。

(3) 放大电路输出电阻 $R_o$。放大电路放大信号后从输出端向负载提供电压，对负载而言放大电路是一个信号源，信号源的内阻就是放大电路的输出电阻 $R_o$，定义为

$$R_o = \frac{U_o}{I_o}$$

放大电路的输出电阻 $R_o$ 有多种求法，常用的是根据式(6-5)方法进行求解。在图 6.12 所示的电路中，将信号源短路(则 $\beta i_b = 0$，电流源开路)，用一电压 $U$ 替换掉负载 $R_L$，可得输出回路的电流 $I$，这时有

$$R_o = \frac{U}{I} \approx R_C \tag{6-18}$$

从图 6.2 所示的等效图中可得出负载上的电压为

$$U_o = U_S - I_o R_o$$

输出电阻 $R_o$ 越大，负载输出的电压 $U_o$ 越小，说明放大电路带负载的能力越弱。一个带负载能力强的放大电路，输出电阻 $R_o$ 应该小，这样当负载改变时，负载上电压的变化就会很小。放大电路的输出电阻是放大电路的一个重要指标，共发射极放大电路的输出电阻一般在几千欧左右。

【例 6.2】 在图 6.13 中，三极管的 $\beta=50$，$U_{CC}=12V$，$R_{B1}=12k\Omega$，$R_{B2}=5.6k\Omega$，$R_E=2k\Omega$，$R_C=3k\Omega$，$R_L=2k\Omega$。试求：

(1) 放大电路的静态工作点。

(2) 放大电路的输入电阻、输出电阻、电压放大倍数。

**解** (1) 计算静态工作点(将隔直电容开路，可画出直流通路)。

$$U_B = \frac{R_{B2}}{R_{B1} + R_{B2}} U_{CC} = \frac{5.6}{12 + 5.6} \times 12 = 3.8(V)$$

$$I_C \approx I_E = \frac{U_B - U_{BE}}{R_E} = \frac{3.8 - 0.6}{2} = 1.6(mA)$$

$$I_B = \frac{I_C}{\beta} = \frac{1.6}{50} = 3.2(\mu A)$$

$$U_{CE} = U_{CC} - I_C(R_E + R_C)$$
$$= 12 - 1.6 \times (2+3) = 4(V)$$

(2) 求 $R_i$、$R_o$、$A_u$。

将隔直电容短路，可画出交流通路，晶体管用微变等效模型代替，画出该题电路的微变等效电路如图 6.14 所示。

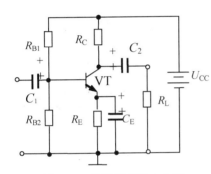

图 6.13　共发射极放大电路

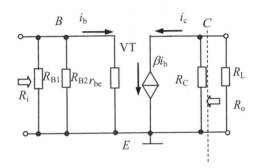

图 6.14　图 6.13 中电路的微变等效电路

因为

$$r_{be} = 300 + (1+\beta) \times \frac{26}{I_E} = 300 + (1+50) \times \frac{26}{1.6} = 1.13(k\Omega)$$

$$R_L' = R_C // R_L = \frac{3 \times 2}{3 + 2} = 1.2(k\Omega)$$

所以有

$$R_i = R_{B1} // R_{B2} // r_{be} = 12 // 5.6 // 1.13 = 0.87(k\Omega)$$

$$R_o \approx R_C = 3(k\Omega)$$

$$A_u = -\beta \frac{R_L'}{r_{be}} = -50 \times \frac{1.21}{1.13} = -54(倍)$$

### 2. 图解法

1) 图解法分析过程

用图解法对放大电路进行动态分析，是在三极管输入和输出特性曲线的基础上进行的。图 6.15 所示的是以图 6.1 所示交流放大电路为例进行动态分析的图解示意图。

(1) 在对放大电路进行动态分析前，首先对放大电路进行静态分析，求出静态工作点的各个直流量值 $I_B$、$I_C$、$U_{CE}$(可参考式(6-6)~式(6-8))。在三极管输入特性曲线上画出其相应的 $Q$ 点。

(2) 在图 6.15(b)中，输入信号 $u_i$ 产生的信号电流叠加在工作点电流 $I_B$ 上，在三极管的输入特性曲线上，画出基极交流电流 $i_b$。

(3) 在输出特性曲线上作出交流负载线(具体参看本项目 6.2.1 小节中的"用图解法求静态工作点"求负载线的做法)，交流负载电阻 $R'_L = R_C // R_L$。根据静态工作点基极电流 $I_B$ 确定交流负载线上工作点 $Q$ 的位置。交流电流 $i_b$ 就作用在工作点 $Q$ 上，如图 6.15(a)所示。

(4) 沿着图 6.15(a)中的交流负载线画出在信号电流 $i_b$ 作用下产生的集电极信号电流 $i_C$ 和输出信号电压 $u_{CE}$。

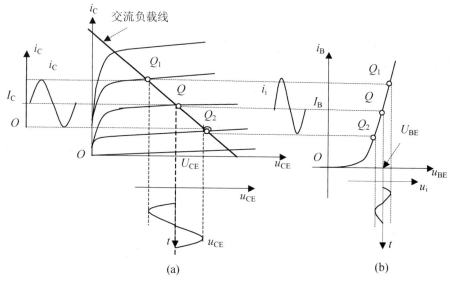

图 6.15　动态分析——图解法

2) 图解法中的信号分析

由图解法的过程不难得出下面的结论。

(1) 图中的电压 $u_{BE}$、$u_{CE}$ 和电流 $i_B$、$i_C$ 都含有直流分量(静态直流量 $U_{BE}$、$I_B$、$I_C$ 和 $U_{CE}$ )和交流分量(信号交流量 $u_i$、$i_b$、$i_c$ 和 $u_{ce}$)，即

$$u_{BE} = U_{BE} + u_i \qquad u_{CE} = U_{CE} + u_{ce}$$
$$i_B = I_B + i_b \qquad i_C = I_c + i_c$$

由于电容的隔直作用，$u_{CE}$ 中的 $U_{CE}$ 不能到达输出端的负载 $R_C$ 上，只有信号的交流分量 $u_o(u_{ce})$ 经电容 $C_2$ 耦合到负载。

(2) 在图 6.15(a)中，输出电压 $u_o$ 和输入电压 $u_i$ 的波形是反相的。在以发射极作为输入回路和输出回路为公共端(交流参考零电位)的电路中，$u_o$ 与 $u_i$ 波形的反相意味着基极电位上升时集电极电位下降。

(3) 静态工作点的位置值得重点注意。如果静态工作点位置选择不当，就会造成输出信号失真。如图 6.16 中所选择的 $Q$ 点，由于静态工作点的位置偏低而靠近三极管输出特性的截止区，使输入信号的负半周进入了截止区，负半周信号被削平造成输出信号失真，这种失真称为截止失真。还有一种失真是由于静态工作点的位置偏高而靠近三极管输出特性的饱和区，使输入信号的正半周进入了饱和区，正半周信号被削平造成输出信号失真。

这种失真称为饱和失真，如图 6.17 所示。不管是哪一种失真，在放大电路中都是不希望出现的。因此，应合理选择静态工作点的位置，使输出的信号不出现上述失真。

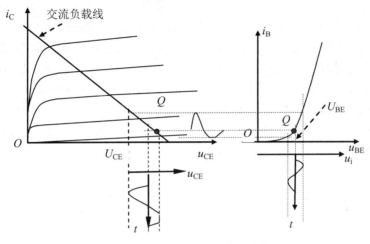

图 6.16  动态分析——截止失真

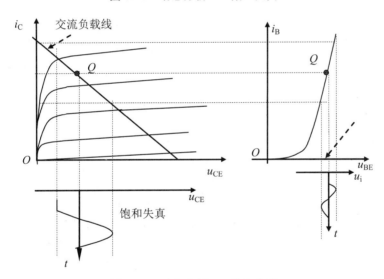

图 6.17  动态分析——饱和失真

提示：  造成输出信号失真的原因很多，比如已经合理选择了静态工作点，但输入信号太大，超过三极管的线性工作区，或进入截止区，或进入饱和区，都会造成严重的失真。温度的变化是引起静态工作点不稳定的一个重要原因。

### 6.2.3  静态工作点的稳定

对于如图 6.1 所示的电路，前面已经讨论了静态工作点的基极电流的求法。由式(6-6)可知，偏置电流 $I_B \approx \dfrac{U_{CC}}{R_B}$。在电源电压 $U_{CC}$ 和偏置电阻 $R_B$ 不变的情况下，静态基极电流

$I_B$ 也基本不变。但在温度上升时，三极管反向饱和电流 $I_{CEO}$ 增加，使得原来的静态工作点沿着负载线上升并向饱和区漂移，如图 6.18 所示，一旦信号增大就会造成饱和失真。温度的上升也会引起三极管放大系数的变化，同样会使静态工作点变化。图 6.1 中偏置电路虽然简单，但静态工作点受温度影响比较大，不能保证放大电路的正常工作。分压式偏置电路是稳定静态工作点最常用的一种电路，如图 6.13 所示，它的直流通路如图 6.19 所示。稳定静态工作点的过程如下：由于直流电源 $U_{CC}$ 通过偏置电阻 $R_{B1}$ 和 $R_{B2}$ 的分压，向基极提供正电位 $U_B$(对参考地)。在流过分压电阻 $R_{B1}$ 上的电流 $I_1$ 远大于 $I_B$ 时，基极电压 $U_B$ 基本不随温度变化。三极管的发射结偏置电压 $U_{BE}=U_B-U_E$。当温度上升时，集电极电流 $I_C$ 增加，静态工作点开始上移。由于 $I_E \approx I_C$，导致流过发射极电阻上的电压降增加，发射极的电位 $U_E$ 提高。这就使得 $U_{BE}$ 减小，基极电流 $I_B$ 减小，集电极电流 $I_C$ 下降，稳定了静态工作点。因此，分压式偏置电路具有自动调节静态工作点的能力。

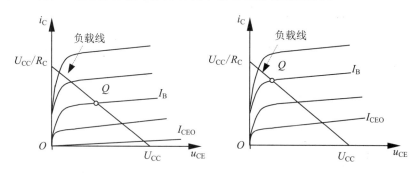

图 6.18　温度对工作点的影响

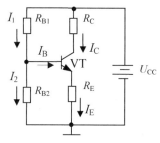

图 6.19　分压式偏置电路直流通路

# 6.3　射极跟随器

在前面分析的电路中，都是把负载连接在集电极上获取输出电压。在它们的交流通路中，输入和输出回路的公共端是发射极，故称共发射极电路。若将负载连接在发射极上，从发射极上输出电压，可得图 6.20 所示的电路。画出它的交流通路，如图 6.21 所示，可以看到该电路的输入和输出回路的公共端是集电极，因此该电路是共集电极放大电路。在放大电路中还有一种电路，它的输入和输出回路的公共端是基极，称为共基极放大电路。

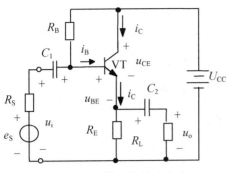

图 6.20　共集电极放大电路

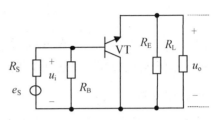

图 6.21　共集电极电路交流通路

## 6.3.1　静态分析

图 6.22 中画出了共集电极电路的直流通路，以此确定电路中工作点的静态值。

$$I_E = I_B + I_C = I_B + \beta I_B = (1+\beta)I_B$$

$$U_{CC} = I_B R_B + U_{BE} + I_E R_E = U_{BE} + I_B R_B + (1+\beta)I_B R_E$$

得

$$I_B = \frac{U_{CC} - U_{BE}}{R_B + (1+\beta)R_E} \qquad (6\text{-}19)$$

所以

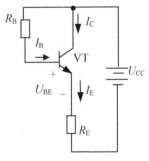

图 6.22　共集电极电路直流通路

$$U_{CE} = U_{CC} - I_E R_E$$

## 6.3.2　动态分析

用微变等效模型替换图 6.21 中的三极管，得出共集电极电路的微变等效电路如图 6.23 所示。设 $R'_L = R_E // R_L$。

### 1. 电压放大倍数

$$U_o = I_e R'_L = (1+\beta)I_b R'_L$$

$$U_i = I_b r_{be} + I_e R'_L = I_b[r_{be} + (1+\beta) R'_L]$$

得

$$A_u = \frac{U_o}{U_i} = \frac{(1+\beta)R'_L}{r_{be} + (1+\beta)R'_L} \qquad (6\text{-}20)$$

一般情况下，$(1+\beta) R'_L \gg r_{be}$，所以 $A_u \approx 1$。这说明了共集电极放大电路的电压放大倍数近似等于 1，输出电压等于输入电压，而且是同相位，即发射极输出电压跟随着输入电压变化而变化，故称为射极跟随器。

### 2. 输入电阻

从图 6.23 中可以看出，输入电阻 $R_i$ 等于偏置电阻 $R_B$ 和等效电阻 $R_i'$ 并联的结果。

而等效电阻有

$$R_i' = \frac{U_i}{I_b} = \frac{I_b r_{be} + (1+\beta)I_b R_L'}{I_b} = r_{be} + (1+\beta)R_L'$$

得

$$R_i = R_B // R_i' = R_B // [\, r_{be} + (1+\beta)R_L' \,] \tag{6-21}$$

输入电阻 $R_i$ 比较高，可达几十千欧至几百千欧。

### 3. 输出电阻

根据输出电阻的定义，将共集电极微变等效电路图 6.23 中的 $e_S$ 短路、负载 $R_L$ 开路，并在输出端加上一个电压 $u_o$，如图 6.24 所示。

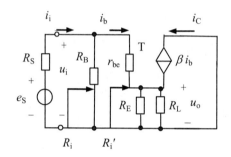

图 6.23　共集电极电路微变等效电路

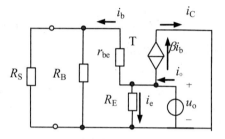

图 6.24　改变后的共集电极电路微变等效电路

$$r_o = \frac{U_o}{I_o}$$

其中

$$I_o = I_e + I_b + \beta I_b = I_e + (1+\beta)I_b$$
$$= \frac{U_o}{R_E} + (1+\beta)\frac{U_o}{r_{be} + R_S // R_B}$$

设 $R_S' = R_S // R_B$

所以得

$$r_o = \frac{U_o}{I_o} = \frac{1}{\dfrac{1}{R_E} + \dfrac{1+\beta}{r_{be} + R_S'}} = \frac{R_E(r_{be} + R_S')}{(1+\beta)R_E + (r_{be} + R_S')}$$

通常　$(1+\beta)R_E >> (r_{be} + R_S')$

故

$$r_o \approx \frac{r_{be} + R_S'}{\beta} \tag{6-22}$$

因为 $R_S$ 比较小，则 $R_S'$ 很小，而 $r_{be}$ 也很小，$\beta$ 一般很大，所以整个 $r_o$ 很小，通常在几十欧姆左右。

# 6.4　多级放大电路

单级放大电路在放大倍数和其他性能指标上往往不能满足实际要求，因此实际上一般采用多级放大电路。在多级放大电路中，各个基本放大电路之间的连接称为级间耦合。实现级间耦合的电路称为耦合电路。级间耦合电路的主要功能及注意事项：①将前级放大电路的输出信号传送到下一级放大电路的输入端；②传送不能造成信号失真；③应该尽量减少信号在耦合电路上传送时的损失。级间耦合电路主要有直接耦合、阻容耦合和变压器耦合3种类型。在实际应用中直接耦合和阻容耦合最为普遍。

## 6.4.1　耦合方式

### 1. 直接耦合

把前一级放大电路输出端直接(或经过电阻)接到下一级放大电路输入端的方式称为直接耦合，如图 6.25 所示。采用直接耦合具有良好的频率传输特性，这样的放大器对于频率缓慢的信号也能进行放大。同时直接耦合适用于集成工艺，因此是线性集成放大电路中主要的耦合方式。

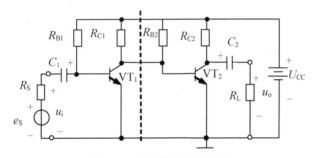

图 6.25　直接耦合放大电路

由于直接连接，前后两级放大电路的直流电量没有隔断，在电路静态工作点的设计和调试时都会相互影响，从而带来许多麻烦。直接耦合方式的另一个主要问题是零点漂移。在无输入信号下，由于温度、电源电压等因素变化，导致工作点漂移，即零点漂移。前一级放大电路中的漂移，会被当作信号，通过直接耦合，传至下一级的输入端，并被放大。以此类推，在放大器的输出端就会出现大的漂移，严重影响放大电路的正常工作，甚至会使有用的信号被漂移电压淹没。

### 2. 阻容耦合

要克服由于直接耦合带来零点漂移的问题，必须把前后级的直流量分离，电容具有隔断直流的作用，因此可采用阻容耦合的方式。图 6.26 所示为两级阻容耦合放大电路。电路中的直流工作状态是相互独立的，这样对设计、分析和调试带来了许多方便。

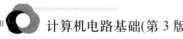
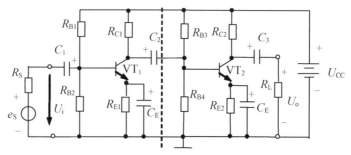

图 6.26　两级阻容耦合放大电路

阻容耦合也有其局限性。在传送缓慢变化的低频信号时，电容的容抗不能忽略，信号在传送到下一级过程中被电容衰减；在集成电路中制作大容量的电容很困难，因此它在集成化程度很高的电路中无法采用。

### 6.4.2　多级放大电路的分析

多级放大电路的分析方法和单级基本放大电路一样，同样涉及静态分析和动态分析。在静态分析中，直接耦合下各级静态工作点是相互影响的；在阻容耦合下则是相互独立的。对多级放大电路进行动态分析，常采用微变等效电路法，主要分析电压放大倍数、输入电阻、输出电阻以及频率特性等指标。

#### 1. 多级放大电路的电压放大倍数

以图 6.26 所示的两级阻容耦合放大电路为例，分析多级放大电路电压放大倍数 $A_u$ 的计算过程。图 6.26 中的两级阻容耦合放大电路的微变等效电路如图 6.27 所示。多级放大电路的交流通路中，前级的输出信号 $U_{o1}$ 为后一级的输入信号 $U_{i2}$，后一级的输入电阻为前级的负载。

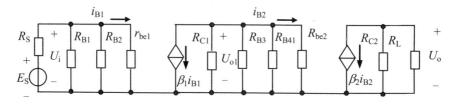

图 6.27　两级放大器微变等效电路

总的电压放大倍数为

$$A_u = \frac{U_o}{U_i}$$

设

$$R_{L1} = R_{C1} /\!/ R_{B3} /\!/ R_{B4} /\!/ r_{be2}$$
$$R_L' = R_{C2} /\!/ R_L$$
$$A_{u1} = \frac{U_{o1}}{U_i} = -\frac{I_{C1}R_{L1}}{I_{b1}r_{be1}} = -\frac{\beta_1 R_{L1}}{r_{be1}}$$

$$A_{u2} = \frac{U_o}{U_{i2}} = \frac{U_o}{U_{o1}} = -\frac{I_{C2}R'_L}{I_{b2}r_{be2}} = -\frac{\beta_2 R'_L}{r_{be2}}$$

所以得

$$A_u = \frac{U_o}{U_i} = \frac{U_o}{U_{i2}}\frac{U_{i2}}{U_i} = \frac{U_o}{U_{o1}}\frac{U_{o1}}{U_i} = A_{u2}A_{u1} \tag{6-23}$$

$$= \left(-\frac{\beta_2 R'_L}{r_{be2}}\right)\left(-\frac{\beta_1 R_{L1}}{r_{be1}}\right)$$

$$= \frac{\beta_1 \beta_2 R_{L1} R'_L}{r_{be1} r_{be2}} \tag{6-24}$$

把式(6-23)的两级放大电路电压放大倍数关系推广到 $n$ 级放大电路，其电压放大倍数可表示为

$$A_u = A_{u1}A_{u2}\cdots A_{un} \tag{6-25}$$

即 $n$ 级放大电路的电压放大倍数 $A_u$ 等于各级放大电路电压放大倍数的乘积。

💡 **注意**：　在计算单级放大倍数时，下一级的输入电阻应作为前级负载电阻。

### 2. 多级放大电路的输入电阻

多级放大电路的输入电阻为第一级放大电路的输入电阻。对于图 6.26 所示电路的交流通路(见图 6.27)有

$$R_i = R_{i1} = R_{B1}//R_{B2}//r_{be}$$

共集电极放大电路为第一级放大电路时，其输入电阻还将与后一级放大电路的输入电阻有关，在计算时应予以注意。

### 3. 多级放大电路的输出电阻

多级放大电路的输出电阻为末级放大电路的输出电阻。在图 6.27 所示电路中，$R_o = R_{o2} = R_{C2}$。对于以共集电极放大电路为末级放大电路，其输出电阻还将与前一级放大电路的输出电阻有关，在计算时也应予以注意。

### 4.　多级放大电路的频率特性

多级放大电路的频率特性是把多个单级放大电路的频率特性叠加的结果。多级放大电路的放大倍数(幅度)加大(为 $A_{u1}A_{u2}$)，而频带宽度 $f_{BW}$ 减小，图 6.28 所示为两级放大电路的幅频特性。多级放大电路上限频率与各单级的上限频率有以下近似关系，即

$$\frac{1}{f_H} = \sqrt{\frac{1}{f_{H1}^2} + \frac{1}{f_{H2}^2} + \cdots + \frac{1}{f_{Hn}^2}}$$

多级放大电路下限频率与各单级的下限频率 $f_L$ 有以下近似关系，即

$$f_L = \sqrt{f_{L1}^2 + f_{L2}^2 + \cdots + f_{Ln}^2}$$

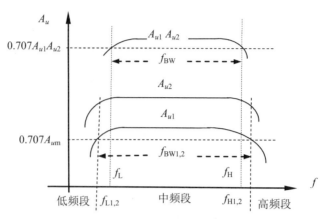

图 6.28  两级放大电路的幅频特性

# 6.5  负反馈放大器

## 6.5.1  反馈概述

### 1. 反馈的概念

在分压式偏置电路静态工作点稳定的分析中,静态工作点的稳定过程可归纳为

$$T(温度)\uparrow \to I_C\uparrow(输出量)\to \quad U_E\uparrow \to \quad U_{BE}\downarrow \to \quad I_E\downarrow \to I_C\downarrow$$

由上可见,稳定工作点的过程是利用输出量的变化,经过电阻 $R_E$ 取出变化信号,返回到输入回路,控制输入量,从而达到控制输出量 $I_C$ 变化的目的。因此,如果要控制电路中某一个输出量,可采取措施将该电量反馈到输入回路,来控制输出量的变化,这就是反馈的机理。

在电子技术中,凡是将放大电路系统中部分或全部的输出信号(电压或电流)通过某一电路引回到输入回路的过程,统称为反馈。反馈放大电路原理框图可用图 6.29 表示。反馈放大电路由两部分组成:一是不带反馈网络的基本放大电路 $A_o$,它可以是各种形式的放大电路和运算放大器;二是反馈

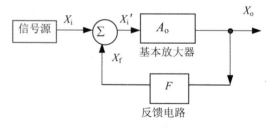

图 6.29  反馈放大器原理框图

电路 $F$,它是联系基本放大电路输出回路和输入回路的环节,一般是由电阻元件组成。通过反馈电路 $F$ 将基本放大电路的输出和输入连成闭合的电路系统,称为反馈放大器。

### 2. 反馈的分类

若从反馈信号的极性来看,反馈可分成两大类:正反馈和负反馈。当所取的反馈信号与原输入信号同相位时,即反馈信号加强了原输入信号,为正反馈;当所取的反馈信号与原输入信号反相位时,即反馈信号削弱了原输入信号,为负反馈。

若从输出回路中所取的信号类型来看,可分为电压反馈和电流反馈。如果从输出回路

中取电压作为反馈信号则为电压反馈；如果从输出回路中取电流作为反馈信号则为电流反馈。

若从反馈信号与输入回路的连接方式来看，可分为串联反馈和并联反馈。若所取的反馈信号与原输入信号在输入回路中是串联的，则为串联反馈；若所取的反馈信号与原输入信号在输入回路中是并联的，则为并联反馈。

在上述类型的反馈中，若所取的反馈是直流量，则为直流反馈；若所取的反馈是交流量，则为交流反馈。直流反馈用于在放大电路中稳定某一直流量(用直流通路分析)，常见的是静态工作点的稳定。交流反馈主要用于改善放大电路的性能指标(用交流通路分析)。在实际应用中，一个反馈电路 $F$ 往往既有直流反馈的作用又起到交流反馈的作用，因此在分析反馈电路时要多加注意。

在电子电路中除了要产生自激振荡外，很少用到正反馈，一般来说都是使用负反馈方式。在负反馈方式中，根据输出回路中所取的反馈信号类型(电压反馈、电流反馈)和反馈信号连接在输入回路的方式(串联反馈、并联反馈)可以组合成常见的 4 种反馈类型，即电压串联负反馈、电压并联负反馈、电流串联负反馈和电流并联负反馈，如图 6.30 所示。

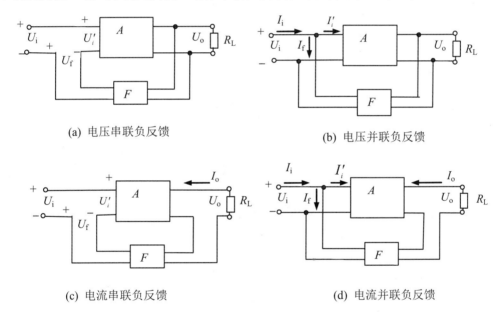

(a) 电压串联负反馈　　　　　　　　(b) 电压并联负反馈

(c) 电流串联负反馈　　　　　　　　(d) 电流并联负反馈

图 6.30　4 种负反馈类型

## 6.5.2　负反馈放大器的分析方法

### 1. 判定正负反馈

在有反馈的放大器中，如何判定反馈是正反馈还是负反馈，是分析反馈放大器重要的一步。瞬间极性法可以比较简便地判定正负反馈，具体过程如下。

(1) 假设放大电路的输入端在某一瞬间的信号电位(对参考零电位地而言，下同)为某一极性(或为正或为负)。

(2) 根据信号在放大电路中的传输过程，从中标出有关点的极性，直至引取反馈信号的端点，在该端点便可获得反馈信号的极性(或为正或为负)。

(3) 将反馈信号的端点所获得的信号极性通过反馈电路，传回到输入端，并在沿路标明反馈信号的极性。

(4) 在输入端，将反馈信号和输入端原瞬间信号的极性进行比较，若反馈信号增强原信号则为正反馈；若反馈信号削弱原信号则为负反馈。

上述的判定过程如图 6.31 所示，这是一个负反馈电路。

### 2. 负反馈放大电路的放大倍数

负反馈对放大电路性能指标会有不同程度的改善，改善多少取决于反馈量的大小。但是，性能的改善是以降低放大电路的放大倍数为代价的。

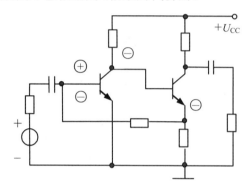

图 6.31　瞬间极性法

从图 6.29 中可知，无反馈时，基本放大器的放大倍数为

$$A = \frac{X_o}{X_i} = \frac{X_o}{X_i'}$$

又称为开环放大倍数。

反馈信号量和输出信号量的比称为反馈系数 $F$，即

$$F = \frac{X_f}{X_o} \tag{6-26}$$

当反馈信号 $X_f$ 加到放大器的输入端时，基本放大器净输入信号量为

$$X_i' = X_i - X_f$$

则反馈时放大电路的放大倍数为

$$A_f = \frac{X_o}{X_i} = \frac{X_o}{X_i' + X_f} = \frac{X_o}{X_i' + AFX_i'} = \frac{A}{1 + AF} \tag{6-27}$$

对于不同的反馈类型，$A$ 有不同的意义，见表 6.1。

表 6.1　负反馈类型

| 反馈类型 | 输出信号 | 反馈信号 | 基本放大器的放大倍数 $A$ | 反馈系数 $F$ |
|---|---|---|---|---|
| 电压串联负反馈 | $U_o$ | $U_f$ | 电压放大倍数 $A_u = \frac{U_o}{U_i'}$ | $F_u = \frac{U_f}{U_o}$ |
| 电流串联负反馈 | $I_o$ | $U_f$ | 放大倍数 $A_g = \frac{I_o}{U_i'}$ | $F = \frac{U_f}{I_o}(\Omega)$ |

| 反馈类型 | 输出信号 | 反馈信号 | 基本放大器的放大倍数 $A$ | 反馈系数 $F$ |
|---|---|---|---|---|
| 电压并联负反馈 | $U_o$ | $I_f$ | 放大倍数 $A_r = \dfrac{U_o}{I'_i}$ | $F = \dfrac{I_f}{U_o}\left(\dfrac{1}{\Omega}\right)$ |
| 电流并联负反馈 | $I_o$ | $I_f$ | 电流放大倍数 $A_i = \dfrac{I_o}{I'_i}$ | $F = \dfrac{I_f}{I_o}$ |

在式(6-27)中，如果 $|1+AF|>1$，则 $|A_f|<|A|$，说明加反馈后放大器的放大倍数下降，因此这类反馈属于负反馈。

在式(6-26)中，当所取的反馈量 $X_f \to X_o$ 时，负反馈系数 $F \to 1$，即深度负反馈。这时负反馈放大器的放大倍数 $A_f \approx \dfrac{1}{F}$，反馈放大器的闭环放大倍数与基本放大器的放大倍数几乎无关，仅与反馈电路的反馈系数有关。反馈电路一般是由无源线性元件组成，有比较好的稳定性，因此闭环放大倍数 $A_f$ 也比较稳定。在设计稳定性要求比较高的放大电路时，往往要把放大电路的开环放大倍数做得很大，以便引入深度负反馈。

在式(6-27)中，如果 $|1+AF|<1$，则 $|A_f|>|A|$，说明加反馈后放大器的放大倍数增加，因此这类反馈属于正反馈。如果 $|1+AF|=0$，放大器闭环放大倍数 $|A_f| \to \infty$。这时没有信号输入也会有输出信号，这种现象称为自激振荡，简称自激。自激会使放大电路失去放大作用。正反馈通常应用于信号的产生和变换。

### 6.5.3　4 种负反馈类型

负反馈过程有的发生在单级放大电路中，有的发生在多级放大电路中，跨越两级或更多级数的反馈都称为多级反馈。不管是多少级的反馈，负反馈只有上述 4 种。下面用基本的反馈电路来分析反馈原理。

**1. 电压并联负反馈**

图 6.32 所示为典型的电压并联负反馈电路。从基本放大器的输出端取出电压(与输入电压反相)，通过反馈网络(电阻 $R_f$)反馈到基本放大器的输入端。由于输入端的电位高于输出端，反馈电流 $i_f$ 的实际方向如图 6.32 所示，所以放大器的净输入电流为

$$i' = i_i - I_f$$

即反馈电流 $I_f$ 削弱了净输入电流，故为负反馈。

反馈电流为

$$I_f = \frac{U_i - U_o}{R_f} = -\frac{U_o}{R_f}$$

反馈电流 $I_f$ 取自输出端的电压与输入端的电流 $i_i$ 分流(并行连接)的结果作为放大器的净输入电流，所以是电压并联负反馈。

**2. 电压串联负反馈**

图 6.33 所示为一个两级放大电路，从其输出端取出电压，由电容 $C_f$ 的耦合，经反馈电阻 $R_f$ 返回到第一级的输入回路中。设在某一瞬间输入端为正电位⊕，经两级放大后输出端亦为正电位⊕，通过电容 $C_f$ 和电阻 $R_f$ 反馈到 $VT_1$ 发射极，得到的也是正电位⊕。由于反

计算机电路基础(第 3 版)

馈电压为

$$U_f = \frac{U_o}{R_f + R_{E1}} R_{E1}$$

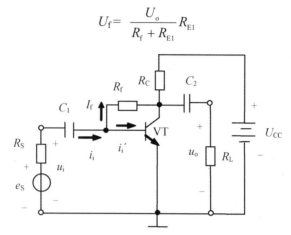

图 6.32　电压并联负反馈电路

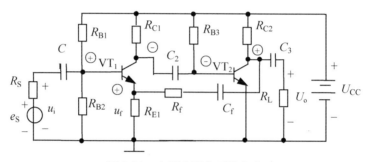

图 6.33　电压串联负反馈电路

分压在 $R_{E1}$ 电阻上的反馈电压 $u_f$ 与输入电压 $u_i$ 在输入回路里是串联的，它削弱了净输入电压 $u_{be}$，故为负反馈。由于反馈取自输出端的电压，所以是电压反馈。

**3. 电流并联负反馈**

图 6.34 所示为一个两级的电流并联负反馈电路，负反馈过程前面已做阐述，图 6.30(d) 所示是其模型图。反馈电流为

$$I_f = \frac{R_E}{R_E + R_f} I_o$$

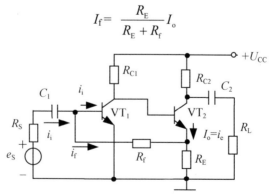

图 6.34　电流并联负反馈电路

### 4. 电流串联负反馈

图 6.35 所示电路为电流串联负反馈，图 6.30(c)所示是其模型图。当电路中 $i_o$ 的电流增加时，$u_E$ 上升，即反馈电压增加，使得净输入电压 $u_{be}(u_i - u_f)$ 下降，$i_B$ 减小，$i_o$ 下降，则 $i_o$ 减小，从而使 $i_o$ 得以稳定。

反馈电压为

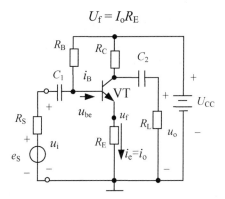

图 6.35　电流串联负反馈电路

## 6.5.4　负反馈对放大电路性能的影响

从 6.5.2 小节分析已知，在负反馈状态下放大电路的放大倍数(闭环放大倍数)可表示为

$$A_f = \frac{X_o}{X_i} = \frac{A}{1+AF} \tag{6-28}$$

$A_f < A$，说明放大器引入负反馈后放大倍数下降，但放大器的其他性能却能得到改善。而且负反馈后放大倍数下降越大，放大器的其他性能则会改善越多。

### 1. 提高放大电路放大倍数的稳定性

对式(6-28)中的放大倍数 $A$ 求导数，整理得

$$\frac{dA_f}{A_f} = \frac{1}{1+AF}\frac{dA}{A} \tag{6-29}$$

因为 $\dfrac{1}{1+AF} < 1$，由式(6-29)可知，反馈前后放大倍数的相对变化 $\dfrac{dA_f}{A_f} < \dfrac{dA}{A}$。放大电路中闭环放大倍数的相对稳定性优于无反馈时的稳定性。

在 $F \to 1$ 的深反馈下，$1+AF \approx AF$，从式(6-28)可得

$$A_f = \frac{A}{1+AF} \approx \frac{1}{F} \tag{6-30}$$

闭环放大倍数仅与反馈系数有关，取决于与反馈电路有关的电阻参数。

### 2. 扩展放大电路的通频带

放大电路通频带的上、下限频率是中频段放大倍数的 0.707。由于负反馈使放大倍数下降并有稳定作用，使得闭环放大倍数在通频带的高、低频率区的下降速度减缓，通频带

的上、下限频率相应得以拓宽。

### 3. 改善非线性失真

放大电路中的三极管是一个非线性器件,在放大信号时不可避免地会产生非线性失真。另外,放大电路中静态工作点若选择不当或输入信号过大,同样引起输出信号波形的失真。在引入负反馈后,这种失真将会得到一定程度的改善,反馈得越深,则改善得越好,但是牺牲的放大倍数也就越多。

在引入负反馈后波形失真得以改善的情况如图 6.36 所示。在图中输入信号 $u_i$ 波形有失真(上小下大),在无反馈时放大输出波形为 $u_o$(上大下小)。加入负反馈 $F$ 后,从输出波形 $u_o$(上大下小)中取出反馈到输入端与原失真信号 $u_i$ 有失真的波形(上小下大)进行叠加相互补偿,再经放大,则输出的信号 $u_{of}$ 波形得以改善。

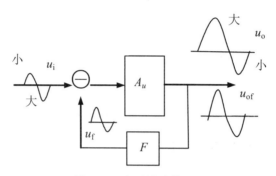

图 6.36 负反馈改善非线性

负反馈是利用失真的波形来改善波形的失真,这种改善是以牺牲放大倍数作为代价的,并且只能一定程度地减小失真,不可能完全消除。

### 4. 负反馈对放大电路输入电阻和输出的影响

反馈信号在输入端的连接方式能对输入电阻产生影响。当连接方式为串联负反馈时,反馈电压削弱输入信号,使信号源的输入电流减小,输入电阻提高。

当连接方式为并联负反馈时,负反馈电路从输入回路提取了反馈电流,输入电流增大,使输入电阻下降。

放大电路引入负反馈的原则如下。

(1) 要稳定放大电路中的某一种量,就可引入该种量的负反馈。

要稳定直流电量,应该引入直流负反馈;要稳定交流电量,应该引入交流负反馈。

负反馈对放大电路输出的影响取决于反馈电路从输出回路所取的反馈信号是电流还是电压。若为电流,则反馈的结果是可以稳定地输出电流,即提高了输出电流的稳定性。若从输出回路所取的反馈信号是电压,反馈的结果是可以稳定地输出电压,即提高了输出电压的稳定性。

(2) 根据对输出、输入电阻的要求来选择负反馈的类型。

若把输出回路等效为一含内阻的电流源,当外负载发生变化时,输出电流变化越小,其内阻也一定越高,故电流负反馈提高放大电路的输出电阻。若把输出回路等效为一含内阻的电压源,当外负载发生变化时,输出电压越稳定,其内阻必然越小,故电压负反馈降低放大电路的输出电阻。

(3) 根据信号源的类型来确定负反馈的类型。

输入信号源是恒压源时，应采用串联负反馈；输入信号源是恒流源时，应采用并联负反馈。

# 6.6 差分放大电路

差分放大电路，又称差动放大器。由于有很好抑制零点漂移的功能，它在高灵敏度的直流放大电路和集成运算放大器中得到广泛应用。

## 6.6.1 基本差分放大电路

### 1. 静态工作原理

图 6.37 所示为一个最简单的差分放大电路，它是由两个参数完全一致的共发射极电路组成的一个对称式放大器。偏置电阻 $R_{B1}$ 提供三极管的静态工作点。由于参数一致，两管的静态工作点也一样。输入信号 $u_i$ 加在两个基极上，经两个电阻 $R$ 转化成两个大小相等、方向相反的电压信号 $u_{i1}$ 和 $u_{i2}$，称为差模信号。它们以不同的极性分别加在两个三极管的基极上，这样的输入方式称为差模输入。经放大后从负载电阻 $R_L$ 上输出信号 $u_o$。

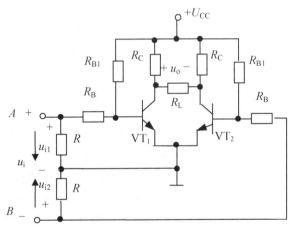

图 6.37 差分放大电路

在静态时，输入信号 $u_i$ 短路。由于电路对称，两管的集电极电流相等($I_{C1}=I_{C2}$)，集电极电位相等($U_{C1}=U_{C2}$)，则输出电压为零($u_o=0$)。在差分放大电路中，如果温度等原因造成三极管的参数发生变化，就会使两管的集电极电流同时增加，各产生一个增量电流。由于电路参数对称一致($\Delta I_{C1}=\Delta I_{C2}$)，于是集电极电位的增量也相等($\Delta U_{C1}=\Delta U_{C2}$)，所以输出电压仍然为零，即

$$u_o = (U_{C1}+\Delta U_{C1})-(U_{C2}+\Delta U_{C2}) = 0$$

这说明差分放大电路具有抑制零点漂移的能力。

### 2. 动态分析

1) 差分放大电路的共模电压放大倍数 $A_{uc}$

差分放大电路有两种输入信号：大小相等、方向相反的差模信号和大小相等、方向相

同的共模信号。当共模信号分别加在差分放大电路的输入端时，对于完全对称的差分放大电路来说，所引起的集电极电位的变化是相同的，输出电压为零。因此，差分放大电路对于共模信号没有放大作用。

2) 差模放大倍数 $A_{ud}$

在图 6.37 所示电路中，加在两基极之间的输入电压为 $u_i$，在两管输入端上产生的差模信号输入电压分别为

$$u_{i1} = \frac{1}{2} u_i \qquad u_{i2} = -\frac{1}{2} u_i$$

输出电压为

$$u_o = u_{o1} - u_{o2} = A_{u1} u_{i1} - A_{u2} u_{i2}$$

由于电路对称，即

$$A_{u1} = A_{u2}$$

则

$$u_o = A_{u1}(u_{i1} - u_{i2}) = A_{u1}\left(\frac{1}{2} u_i + \frac{1}{2} u_i\right) = A_{u1} u_i$$

差分放大电路差模信号下的电压放大倍数，简称为差模放大倍数 $A_{ud}$，即

$$A_{ud} = \frac{u_o}{u_i} = A_{u1} \tag{6-31}$$

这说明差分放大电路中差模信号的电压放大倍数和单管放大电路的电压放大倍数相等。对于如图 6.37 所示的差分放大电路，单管放大电路电压放大倍数为

$$A_u = -\frac{\beta R_C}{R_B + r_{be}}$$

3) 共模信号和漂移的抑制

在实际的差分放大电路中，由于参数不可能取得完全一致，这就可能使两管的静态工作点的电流不一样，会造成静态时也有输出电压 $u_o$。为了使电路平衡，必须适当调整电路的有关参数。最常见的方法是在两管的发射极之间加一个可调电阻(电位器)，调整它使输出电压为零，此过程简称为"调零"。图 6.38 所示电路中的可调电阻 $R_P$ 称为调零电位器，用来补偿静态时两管输出电压的差异。其阻值一般在几十欧至几百欧。

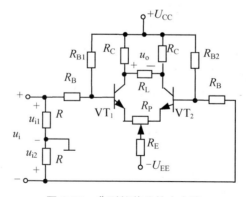

图 6.38　典型的差分放大电路

为了进一步改善差分放大电路的零点漂移,可利用负反馈电路来稳定工作点。在两管公共的发射极回路中接入稳流电阻 $R_E$ 和辅助电源 $U_{EE}$,如图 6.38 所示,就是典型的差分放大电路。在此电路中,稳流电阻 $R_E$ 对于差模信号的放大并无影响。因为在差模信号输入时,一个管的集电极电流若增加 $\Delta I_C$,另一个管的集电极电流必然会减小 $\Delta I_C$,两者变化量大小相等,但方向相反,在电阻 $R_E$ 上流过的电流保持不变,$R_E$ 上不产生差模信号的压降,即电阻 $R_E$ 对于差模信号来说不起作用。但能有效改善差分放大电路的零点漂移。例如,在温度上升时,$I_{C1}$ 和 $I_{C2}$ 会同时增加,就有以下的负反馈过程:

$$\nearrow I_{C1}\uparrow \rightarrow I_{E1}\uparrow \searrow \qquad\qquad \nearrow U_{BE1}\downarrow \rightarrow I_{B1}\downarrow \rightarrow I_{C1}\downarrow$$

温度 $T\uparrow \qquad\qquad I_E\uparrow \rightarrow I_E R_E=U_E\uparrow$

$$\searrow I_{C2}\uparrow \rightarrow I_{E2}\uparrow \nearrow \qquad\qquad \searrow U_{BE2}\downarrow \rightarrow I_{B1}\downarrow \rightarrow I_{C2}\downarrow$$

结果使得 $I_{C1}$ 和 $I_{C2}$ 变化减小。提高了对漂移的抑制能力。电阻 $R_E$ 越大,稳流作用越好,对共模信号和漂移的抑制能力越强。

4) 差模输入电阻 $R_{id}$

在图 6.37 中,差分放大电路的单管电路输入电阻为

$$R_{i1}\approx R_B+r_{be1}$$

差分信号从差分电路的 $A$ 和 $B$ 两端输入,$A$ 和 $B$ 两端所呈现出的差模输入电阻 $R_{id}$ 应为两个单管放大电路的输入电阻串联之和,即

$$R_{id}\approx 2(R_B+r_{be1}) \tag{6-32}$$

5) 差模输出电阻 $R_{od}$

同样可求出差模输出电阻 $R_{od}$,即

$$R_{od}\approx 2R_C \tag{6-33}$$

6) 共模抑制比

在理想对称条件下,差分放大电路共模电压放大倍数为零。但实际上难以做到,由于各种原因,电路总存在不对称。因此,共模电压放大倍数总不为零。干扰、噪声、温度漂移等造成的共模信号,对于差分放大电路是有害的,只有差模信号才有用。为了衡量差分放大电路抑制共模信号的能力,用差分放大电路的差模电压放大倍数 $A_{ud}$ 和共模电压放大倍数 $A_{uc}$ 之比来衡量共模抑制的能力,称为共模抑制比(CMRR),即

$$\text{CMRR}=\frac{A_{ud}}{A_{uc}} \tag{6-34}$$

共模抑制比越大越好。

## 6.6.2　差分放大电路的输入/输出方式

上述差分放大电路是双端输入、双端输出。在实际使用中许多放大电路的输入端或输出端需要有一个接"地",这样就要求差分放大电路有单端输入和单端输出的连接方式。

### 1. 单端输入、单端输出

图 6.39 所示为从两种不同三极管集电极输出的单端输入、单端输出差分放大电路。输入信号加在 $VT_1$ 的基极上,$VT_2$ 的基极接"地"。输入信号加入后,若 $VT_1$ 的基极电流 $i_{b1}$

增大，$i_{e1}$ 增大，发射极的电位 $u_E$ 提高。由于 $VT_2$ 的基极接"地"，使得 $u_{be2}$ 减小，$i_{e2}$ 减小(集电极电流 $i_{C2}$ 减小)。这时电阻 $R_E$ 上流过 $VT_1$ 和 $VT_2$ 发射极电流的变化量为 $\Delta I_{e1}$ 和 $\Delta I_{e2}$，由于 $\Delta I_{e1}$ 和 $\Delta I_{e2}$ 大小基本相等、方向相反，在电阻 $R_E$ 上的信号压降近似为零。在图 6.39(a)中，把 $VT_2$ 三极管集电极电流变化量 $\Delta I_{C2}$ 大小折合到 $VT_2$ 输入端，可视为有一个输入信号作用在 $VT_2$ 的基极上所产生的变化电流。

对于图 6.39(a)所示的电路，变化量 $\Delta I_{C1}$ 在 $VT_1$ 的集电极上产生反相的输出电压 $\Delta U_o = -I_C R_L'$；对于图 6.39(b)所示的电路，$VT_2$ 的集电极输出一个同相电压 $\Delta U_o = I_C R_L'$。与双端输入、双端输出的差分放大电路比较，输入信号一样，但输出电压只是从一个三极管集电极输出，输出电压小一半，所以单端输入、单端输出的电压放大倍数只是双端输入、双端输出的差分放大电路电压放大倍数的一半。

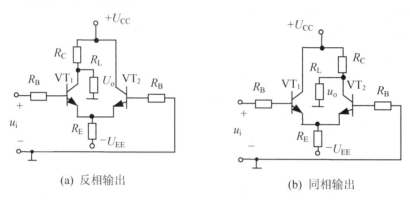

(a) 反相输出          (b) 同相输出

图 6.39　单端输入、单端输出差分放大电路

单端输出的差分放大电路不能抑制零点漂移。

## 2. 单端输入、双端输出

单端输入、双端输出的差分放大电路常用于输入级，用于与前面单端输出信号连接和转换成双端输出，为后一级电路提供放大信号。典型电路如图 6.40 所示。由于是双端输出，它具有抑制零点漂移的能力。

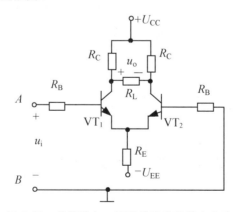

图 6.40　单端输入、双端输出差分放大电路

### 3. 双端输入、单端输出

图 6.41 所示电路是双端输入、单端输出差分放大电路。将双端输入的差模信号转换成一端接"地"的单端输出信号，提供给下一级电路放大。单端输出的差分放大电路没有抑制零点漂移的能力，而且电压放大倍数只有双端输出的差分放大电路的一半。

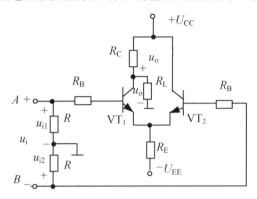

图 6.41　双端输入、单端输出差分放大电路

【例 6.3】图 6.42 所示为单端输入、双端输出差分放大电路。已知：$\beta_1=\beta_2=50$，$R_B=1\text{k}\Omega$，$R_C=12\text{k}\Omega$，$R_E=5.6\text{k}\Omega$，$R_P=200\Omega$，$u_i=10\text{mV}$，$U_{CC}=12\text{V}$，$U_{EE}=6\text{V}$。求：

(1) 电路的静态工作点。

(2) 输出电压 $u_o$。

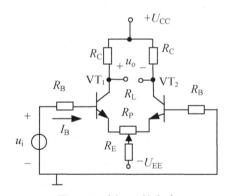

图 6.42　例 6.3 的电路

**解**　(1) 求电路的静态工作点(两管相同)。

从电路中得

$$I_B R_B + U_{BE} + \left(\frac{R_P}{2} + 2R_E\right) I_E = U_{EE}$$

其中

$$I_E = (1+\beta)I_B$$

得

$$I_B = \frac{U_{EE} - U_{BE}}{R_B + (1+\beta)\left(\dfrac{R_P}{2} + 2R_E\right)}$$

$$= \frac{6-0.6}{1+51\times(0.1+11.2)} = 9.4(\mu A)$$

$$I_C \approx I_E \approx \beta I_B = 50\times 9.4\mu A$$

$$= 0.47mA$$

$$U_{CC}+U_{EE} = R_C I_C + U_{CE} + I_E\left(\frac{1}{2}R_P + 2R_E\right)$$

得

$$U_{CE} = (U_{CC}+U_{EE}) - R_C I_C - I_E\left(\frac{1}{2}R_P + 2R_E\right)$$

$$= (12+6) - 12\times 0.47 - 0.47\times(0.1+11.2)$$

$$= 7.05(V)$$

(2) 求输出电压 $u_o$。

$$A_u = -\frac{\beta R_C}{R_B + r_{be} + (1+\beta)\dfrac{R_P}{2}}$$

其中

$$r_{be} = 300 + (1+50)\times \frac{26}{0.47} = 3.1(k\Omega)$$

所以

$$A_u = -\frac{50\times 12}{1+3.1+50\times 0.1} = -66$$

输出电压 $u_o = A_u u_i = -66\times 10 = -660(mV)$

# 6.7　功率放大器

在多级放大器中,输出的信号往往要驱动一定的装置(负载),要求输出信号具有足够大的功率。能向负载提供功率的放大器称为功率放大器。

## 6.7.1　概述

前几节所介绍的是电压放大电路,它在电路系统中一般起到电压放大或驱动的作用,为后续电路提供足够的电压信号,因此它在电路系统中处在中前部位。而功率放大电路则是在电路系统的最后一级,又称为输出级,其主要的作用是提供足够的信号功率以驱动负载。对于不同的放大电路,其负载是不同的。例如,在音频放大电路中的负载是扬声器,在超声放大电路中的负载是换能器,在伺服放大电路中的负载是电机,在高频放大电路中的负载是天线等。

功率放大电路与小信号放大电路相比有以下特点。

(1) 功率输出大。功率放大电路要求输出的电压和电流的幅度比较大,意味着三极管要处于大电压和大电流下工作,并接近于极限的运用状态。因此要考虑功率放大电路的失真问题和三极管的极限参数 $I_{CM}$、$U_{CEO}$、$P_{CM}$。同时三极管的损耗功率大,发热大,必须选择大功率的三极管(称为功率三极管,简称功率管)。为保证三极管的安全工作,还要加装符合要求的散热装置。功率三极管在大电压和大电流状态下工作,也就不能采用微变等效电路的分析方法,而多采用图解分析法。

(2) 要求效率高。功率放大电路的输出功率是由直流电源的功率转换而来的。功率三极管只是按照输入信号的变化规律将直流电源的能量转换给负载，在能量的转换中功率三极管要消耗能量。把直流功率转换成交流信号功率的转换效率称为功率放大电路的效率。其定义为

$$效率\,\eta = \frac{负载上交流输出功率P_{o}}{集电极直流电源输入的功率P_{d}} \tag{6-35}$$

提高效率，一方面可以节约能源，另一方面可以降低功率三极管损耗，有利于安全工作。效率、失真和输出功率三者是相互影响的，但提高效率是功率放大电路需要着重考虑的问题。

功率放大电路按照三极管集电极电流流通时间的不同，可分成甲类、乙类、甲乙类和丙类。在图 6.43(a)中，三极管的静态工作点大致在负载线的中点，在信号的整个周期中三极管都有信号流通，称为甲类工作状态。前几节所述的放大电路就是工作在甲类状态。在这样的状态下，无信号输入时，电源提供的功率(静态工作点上的电流和电压)几乎全消耗在三极管的集电极上(称为管耗)。当有信号输入时，三极管仅将其中的一部分转化为有用的信号功率输出，输入信号越大，功率输出也越大。可以证明，甲类工作状态下，功率放大电路的效率最大只能达到50%。

为了减小静态和小信号工作时三极管的管耗，减少电源供给的功率，并保证在大信号时的动态工作范围，只能尽量降低静态工作点中的集电极电流。若把静态工作点下移，使得 $I_{C}=0$，如图 6.43(b)所示。可以认为在无信号输入时，三极管无管耗。这时三极管在信号的半个周期中才有信号电流流通，称为乙类工作状态。图 6.43(c)所示为甲乙类状态，三极管信号电流流通时间介于甲、乙类之间。

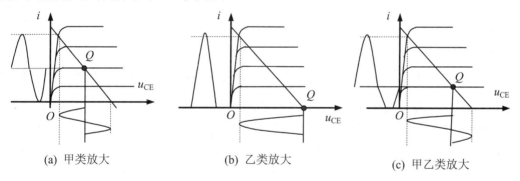

(a) 甲类放大　　　　　　　(b) 乙类放大　　　　　　　(c) 甲乙类放大

图 6.43　功率放大类型

为了降低三极管静态工作时的管耗，提高效率，通常让三极管工作在甲乙类状态。这时三极管静态工作点设置在接近于横轴的放大区内，除了有一个完整的半周期信号外，对应输入信号还有半周期的失真。在实际电路中，采用两个三极管，分别对信号的两个半周期进行放大，然后在负载上"组装"成一个完整的周期信号。

## 6.7.2　互补对称功率放大电路

### 1. OTL 互补对称放大电路

OTL(Output TransformerLess)是无输出变压器的缩写。在早期的功率放大电路中，多

用输入变压器将信号耦合到功率放大电路中，再经过输出变压器的耦合与负载相连接。OTL 互补对称放大电路，不采用变压器耦合，主要是由两个参数基本相同而极性相反的三极管组成。图 6.44 所示为一个典型的 OTL 互补对称放大原理电路，它采用单电源供电。

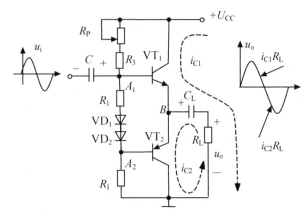

图 6.44　OTL 互补对称放大电路

在静态时，电源 $U_{CC}$ 通过调整电阻 $R_P$ 的大小，使 $B$ 点的电位等于 $\frac{1}{2}U_{CC}$，由于隔直的结果，负载电容 $C_L$ 上的电压等于 $\frac{1}{2}U_{CC}$。同时由于合理选择电阻 $R_1$，使得 $A_1 \rightarrow A_2$ 点之间的压降满足三极管 $VT_1$ 和 $VT_2$ 处于微导通状态，即甲乙类状态。

在输入信号 $u_i$ 的正半周，正的信号电压使 $A_1$ 点电位上升，$VT_1$ 进入放大导通状态，产生放大的集电极电流信号 $i_{C1}$；同时三极管 $VT_2$ 发射结被反向偏置而截止。$i_{C1}$ 电流经负载电容 $C_L$ 耦合流向负载 $R_L$，在负载 $R_L$ 上产生跟随正半周信号电压。在信号 $u_i$ 的负半周期，$A_1$ 点电位下降，使得 $VT_1$ 发射结被反向偏置而截止，三极管 $VT_2$ 导通。这时负载电容 $C_L$ 上的电压 $\left(\frac{1}{2}U_{CC}\right)$ 提供给三极管 $VT_2$ 导通的能量(起到电源的作用)，在负载电阻上获得跟随负半周的信号电压。这样通过三极管 $VT_1$ 和 $VT_2$ 的轮流导通，在负载电阻上获得完整的信号波形。在负载电容 $C_L$ 放电的时候，电容两端的电压会下降。为此必须选择足够大容量的电容，不至于使电容上的电压下降太多，满足在负半周时三极管 $VT_2$ 的动态工作电压。

由于 OTL 互补对称放大电路在静态时的电流很小，电源的功率损耗小，因而放大电路的效率得以提高。在理论上这种电路的效率可达 78.5%。

### 2. OCL 互补对称放大电路

OCL(Output CapacitorLess)是无输出电容的缩写。OCL 互补对称功率放大电路如图 6.45 所示。与 OTL 互补对称放大电路相比，OCL 互补对称放大电路采用双电源供电且少了负载电容 $C_L$。在 OTL 互补对称放大电路中，负载电容 $C_L$ 上所充的电压(等于电源 $U_{CC}$)，在信号的负半周时作为电源给三极管 $VT_2$ 供电。在 OCL 互补对称放大电路中，去掉了负载电容 $R_L$，其作用则由新增的负电源$-U_{CC}$ 来完成。此外，OCL 互补对称放大电路的基本工作原理与 OTL 互补对称放大电路相同。

由于集成电路中难以实现大容量的电容，去掉了负载电容 $C_L$，这有利于功率放大电路的集成化。但在使用时必须有正负两路电源，这对于只有单电源者是不方便的。

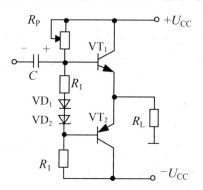

图 6.45　OCL 互补对称放大电路

# 6.8　场效应管放大电路

场效应管与三极管相比较，具有高输入电阻和受温度影响较小的特点，广泛应用于多级放大电路的输入级，尤其是在集成电路中应用更为广泛。现在大功率的场效应管在放大电路末级的功率放大器中也得到了大量的应用。

场效应管在放大电路应用的时候，与三极管放大电路有许多相同之处。首先两者在管脚上相对应：场效应管的栅极、源极和漏极与三极管的基极、发射极和集电极相对应。在具体放大电路中，场效应管放大电路也和三极管放大电路一样，必须设置合适的静态工作点，以免造成输出信号的失真。因此，场效应管放大电路就必须有它的偏置电路。它的偏置电路有两个基本特点：一是与三极管相比，场效应管是电压控制器件，它需要给栅极一个合适的偏置电压，而不取偏置电流；二是极性复杂。三极管有 NPN 和 PNP 之分，因此相应的偏置有正偏压和负偏压之分。而场效应管也分有 N 沟道和 P 沟道，但它还有耗尽型和增强型之分，相应的偏置电压也有不同的极性，应予以注意。

常用的偏置电路有两种。

## 1. 自给偏压式偏置电路

N 沟道耗尽型 MOS 管的栅极和源极之间，要求有一个负的偏置电压。图 6.46 所示是 N 沟道耗尽型 MOS 管自给偏压式偏置电路。在静态下，有

$$U_{GS}=U_G-I_SR_S$$

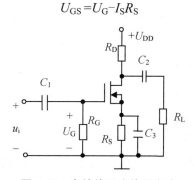

图 6.46　自给偏压式偏置电路

因为栅极电流极小，$U_G = 0$，有

$$U_{GS} = -I_S R_S$$

$I_S R_S$ 能在 N 沟道耗尽型 MOS 管的栅极和源极之间形成自给的负偏置电压。

💡 **注意：** 对于要求正偏置电压的 N 沟道增强型 MOS 管，则无法采用自给偏压式偏置电路。

### 2. 分压式偏置电路

图 6.47 所示是最常用的 N 沟道增强型 MOS 管共源极放大电路。对于 N 沟道增强型 MOS 管，要求 $U_{GS} > 0$。图 6.47 中采用分压式的偏置电路(如果是 P 沟道增强型场效应管的偏置电路，需把 N 沟道增强型偏置电路中的电源电压 $+U_{DD}$ 改成 $-U_{DD}$)。图中分压偏置电阻 $R_{G1}$ 和 $R_{G2}$ 对电源分压，由于栅极不取电流，则栅极正偏置电压为

$$U_{GS} = \frac{R_{G2}}{R_{G1} + R_{G2}} U_{DD} - R_S I_D$$

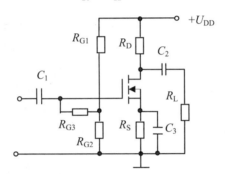

图 6.47　N 沟道增强型分压式偏置电路

适当调整 $R_{G1}$ 或 $R_{G2}$，可满足 $U_{GS} > 0$。

对于 N 沟道耗尽型 MOS 管，若采用分压式的偏置电路，只要适当调整有关的电阻，即可满足 $U_{GS} < 0$。

当场效应管在小信号下工作时，场效应管可以使用微变等效电路来代替。场效应管栅极不取电流，输入端可视为开路，输出端是一个电压控制的电流源，微变等效电路如图 6.48 所示。

对图 6.47 所示电路进行动态分析，先画出其交流通路，然后用微变等效电路替代场效应管，可得图 6.49 所示的等效电路。其中 $R_G = R_{G3} + R_{G1} // R_{G2}$，$R_L' = R_D // R_L$。

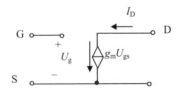

图 6.48　场效应管的微变等效电路

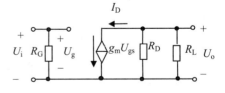

图 6.49　图 6.47 的等效电路

由图 6.49 所示的等效电路可得，该放大电路的输入电阻和输出电阻为

$$R_i = R_G = R_{G3} + R_{G1} // R_{G2}$$

$$R_o = R_D$$

放大电路的电压放大倍数为

$$A_u = \frac{U_o}{U_i} = \frac{U_o}{U_{gs}} = \frac{-g_m U_{gs} R_L'}{U_{gs}} = -g_m R_L'$$

【例 6.4】 如图 6.47 所示电路，已知 $g_m$=2mA/V，$U_{DD}$=15V，$R_{G1}$=200kΩ，$R_{G2}$=200kΩ，$R_{G3}$=2MΩ，$I_D$=1mA，$R_S$=3kΩ, $R_D$=6kΩ，$R_L$=10kΩ。求：(1)静态值；(2)输入、输出电阻和电压放大倍数。

**解**  (1) 图 6.50 所示为静态的直流通路。

$$U_{GS} = \frac{R_{G2}}{R_{G1} + R_{G2}} U_{DD} - I_D R_S$$

$$= \frac{200}{200 + 200} \times 15 - 1 \times 3 = 4.5 (\text{V})$$

$$U_{DS} = U_{DD} - I_D(R_D + R_S) = 15 - 1 \times (6+3) = 6(\text{V})$$

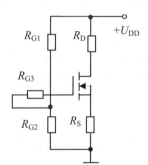

图 6.50  例 6.4 直流通路

(2) 输入、输出电阻和电压放大倍数。由图 6.49 所示的等效电路有

$$R_i = R_G = R_{G3} + R_{G1}//R_{G2} = 2 + (0.2//0.2) = 2.1 (\text{M}\Omega)$$

$$R_o = R_D = 6k\Omega$$

$$A_u = \frac{U_o}{U_i} = \frac{U_o}{U_{gs}} = -g_m R_L' = -2 \times (6//10) = -7.5 (\text{倍})$$

# 小  结

(1) 放大电路必须由电源和以放大器件(三极管或场效应管)为核心的元器件组成，要在线性放大区选择合适的静态工作点，以满足交流信号的动态范围，不失真地放大。

(2) 三极管线性放大的偏置电压要满足：发射结正向偏置；集电结反向偏置。

(3) 放大电路的分析有两部分：静态工作点的电流和电压要利用直流通路，或用估算法或用图解法来确定；动态分析要利用交流通路，根据电路的实际情况，或用微变等效电路法或用图解法，求解放大电路的输入电阻、输出电阻及电压放大倍数。

(4) 稳定放大电路静态工作点，可采用负反馈。负反馈以牺牲电压放大倍数为代价，来改善放大电路的性能指标。分析反馈电路，先要判定正、负反馈；然后根据从输出端所取反馈的信号判定是电压反馈还是电流反馈；再根据反馈信号在输入端接入的方式判定是并联反馈还是串联反馈，综合两者可确定反馈的类型。

串联负反馈提高输入电阻，并联负反馈降低输入电阻；电压负反馈降低输出电阻，电流负反馈提高输出电阻。

(5) 射极跟随器是典型的共集电极电路。由于是全负反馈，虽然无电压放大，但提高了放大电路的输入电阻，降低了输出电阻，拓宽了频带，并有一定的电流放大，常在多级放大电路中起隔离、匹配和驱动等作用。

(6) 差分放大电路是由非常对称的一对三极管构成，在双端输出时对共模信号有很好的抑制作用，是抑制零点漂移最有效的电路。双端输出的差分放大电路，其电压放大倍数与单管放大电路的放大倍数相同，单端输出仅为单管放大电路的放大倍数的一半，而且对零点漂移无抑制作用。

(7) 功率放大电路的主要指标之一是效率。OTL 和 OCL 电路中两只不同极性的功率管分别工作在信号的正负半周期，在静态时功率管上基本无功率损耗，具有最高的效率。大信号工作是功率放大电路的特点，必须用图解法进行动态分析。

(8) 在场效应管放大电路中，对于耗尽型和增强型的场效应管在设置偏置电路时，应注意对 $U_{GS}$ 极性的不同要求。自给偏压式的偏置电路适合于耗尽型的场效应管放大电路。增强型的场效应管必须采用分压式偏置电路，才能取得所需 $U_{GS}$ 的极性要求。在动态下，场效应管放大电路采用微变等效法进行分析。

# 习　　题

## 1. 填空题

(1) 放大电路的核心部件是＿＿＿＿＿。

(2) 偏置电阻的作用是＿＿＿＿＿。

(3) 放大电路中电源的作用是＿＿＿＿＿。

(4) 放大电路中连接负载的电容 $C_L$ 的作用是＿＿＿＿＿。

(5) 放大电路中电压放大倍数的定义是：＿＿＿＿＿。

(6) 放大电路的通频带是指：＿＿＿＿＿。

(7) 静态工作点的作用是＿＿＿＿＿。

(8) 输出信号下半周失真，是因为静态工作点靠近＿＿＿＿＿。

(9) 三极管输入电阻 $r_{be}$=＿＿＿＿＿。

(10) 射极跟随器是＿＿＿＿＿反馈。

(11) 负反馈放大电路中反馈信号的作用是＿＿＿＿＿输入信号。

(12) 差分放大器双端输出的电压放大倍数等于＿＿＿＿＿电压放大倍数。

(13) 单端输入差分放大器的输入电阻等于＿＿＿＿＿。

(14) OTL 功率放大器中的电容 $C$ 起到＿＿＿＿＿作用。

(15) ＿＿＿＿＿偏置电路适合于耗尽型的场效应管放大电路。

(16) 直接耦合放大电路中主要的问题是＿＿＿＿＿。

(17) 放大电路中电流负反馈使输出电阻_____。

(18) 大小_____、方向_____的信号称为差模信号。

## 2. 问答题

(1) 放大电路的静态工作点的作用是什么?

(2) 图解法中交、直流负载线有何区别?

(3) 输出信号的下半周失真应如何调整静态工作点?

(4) 射极跟随器是如何稳定静态工作点的?

(5) 什么是三极管的微变等效电路?

(6) 负反馈放大电路有哪几种类型?

(7) 什么是零点漂移? 对直流耦合放大电路会有什么影响?

(8) 串联负反馈对放大电路的输入电阻有何影响? 为什么?

(9) 负反馈是如何改善波形失真的?

(10) 差分放大器中的发射极电阻 $R_E$ 在差模信号下的压降是多少? 为什么?

(11) 单端输出的差分放大器能抑制零点漂移吗? 为什么?

(12) 要稳定输出电流,应采用什么负反馈? 为什么?

## 3. 选择题

(1) 放大电路中静态工作点的基极电流是指_____。

　　A. $i_B$　　　　　B. $I_b$　　　　　C. $i_b$　　　　　D. $I_B$

(2) 放大电路输出信号电压是指_____。

　　A. $u_{ce}$　　　　B. $u_{CE}$　　　　C. $U_{CC}$　　　　D. $U_{CE}$

(3) 静态工作点偏低会使输出信号产生_____。

　　A. 下半周期失真　　　　　　　　B. 上半周期失真

　　C. 无输出　　　　　　　　　　　D. 不失真

(4) 放大电路输入电阻等于_____。

　　A. $r_{be}$　　　　　B. $R_i$　　　　　C. $R_{be}$　　　　D. $R_B$

(5) 三极管的输入电阻等于_____。

　　A. $r_{be}$　　　　　B. $R_{be}$　　　　C. $R_i$　　　　　D. $R_B$

(6) NPN 型三极管组成的放大电路中 $U_{CE} \approx 0.3V$,放大电路处在_____工作。

　　A. 线性区　　　B. 截止区　　　C. 不工作　　　D. 饱和区

(7) 两级放大电路信号输出电压与输入电压在相位上相差_____。

　　A. 180°　　　　B. 270°　　　　C. 90°　　　　D. 0°

(8) 双端输出的差分放大器中差模输出电阻等于_____。

　　A. $R_C$　　　　　B. $2R_C$　　　　C. $R_C /\!/ R_L$　　　D. $2R_L /\!/ R_C$

(9) 某一放大电路在加入负反馈后,输入电阻提高和输出电阻下降,是_____负反馈。

　　A. 电流串联　　　B. 电压串联　　　C. 电流并联　　　D. 电压并联

(10) 在分压式偏置电路中(参考如图 6.13 所示电路),要加大静态工作点电流 $I_C$,应加大_____偏置电阻 $R_B$。

　　A. $R_E$　　　　　B. $R_C$　　　　　C. $R_{B1}$　　　　D. $R_{B2}$

### 4. 计算题

(1) 请画出图 6.51(a)、(b)所示电路的直流和交流通路(假设电容容量足够大)。

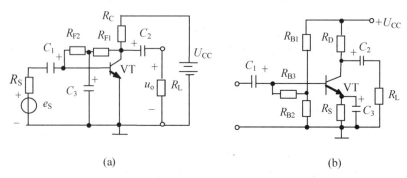

(a)                                                          (b)

图 6.51    计算题(1)图

(2) 在图 6.52 所示的电路中，已知 $U_{CC} = 15V$，$R_B=300k\Omega$，$R_C=5.6\ k\Omega$，$R_L=10\ k\Omega$，$\beta=50$，$U_{BE}=0.6V$。求：

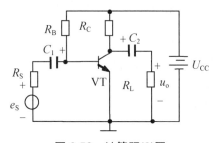

图 6.52    计算题(2)图

① 静态工作点。

② 工作点若不合适应如何调整？

③ 当 $R_B=470k\Omega$ 时，计算电路的电压放大倍数、输入电阻和输出电阻。

(3) 在图 6.53 所示电路中，已知 $R_{B1}=20k\Omega$，$R_{B2}=10k\Omega$，$R_{E1}=300\Omega$，$R_{E2}=2.2k\Omega$，$R_C=3k\Omega$，$R_L=3k\Omega$，$\beta=50$，$U_{CC}=15V$，假设电容容量足够大。求：

① 画出交、直流通路。

② 静态工作点。

③ 电路的电压放大倍数、输入电阻和输出电阻。

(4) 在图 6.53 所示电路中，如果电容 $C_F$ 开路，试求电路的反馈系数和输入电阻。

(5) 某放大电路中三极管 3 个极的直流电位(对地)分别为 $U_A = -9V$，$U_B = -6V$，$U_C= -6.2V$，请说明该三极管是 NPN 还是 PNP 管，并标出它的 3 个电极。

(6) 在图 6.54 所示差分对称电路中，已知 $U_{CC}=6V$，$-U_{EE}=-6V$，$\beta=100$，$R_C=R_E=R_B=5.1k\Omega$，$R=510\Omega$，设 $U_{BE}=0.7V$。求：

① 静态电流 $I_E$，管压降 $U_{CE}$。

② 电压放大倍数。

③ 若接入一个负载电阻 $R=2k\Omega$，电压放大倍数是多大？

④ 输入电阻。

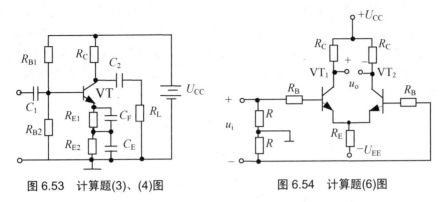

图 6.53  计算题(3)、(4)图          图 6.54  计算题(6)图

(7) 在图 6.55 所示电路中，已知 $R_{B1}=100\text{k}\Omega$，$R_{B2}=24\text{k}\Omega$，$R_{C1}=15\text{k}\Omega$，$R_{E1}=4.7\text{k}\Omega$，$R_{B3}=33\text{k}\Omega$，$R_{B4}=6.8\text{k}\Omega$，$R_{C2}=7.5\text{k}\Omega$，$R_{E2}=2\text{k}\Omega$，$R_L=5\text{k}\Omega$，$U_{CC}=24\text{V}$，$\beta_1=60$，$\beta_2=120$。设 $U_{BE}=0.6\text{V}$，电容容量足够大。求：①两级静态工作点；②输入电阻和输出电阻；③电压放大倍数。

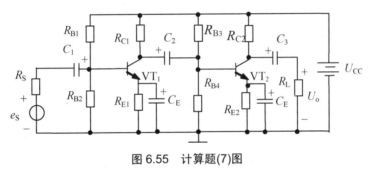

图 6.55  计算题(7)图

(8) 图 6.56 所示电路是某一放大电路的一部分，分析电路中有几种反馈，属于何种反馈，试说明各反馈的作用。

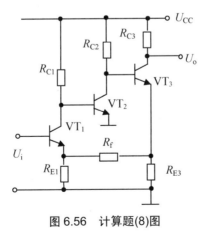

图 6.56  计算题(8)图

(9) 图 6.57 所示电路为带稳压管的恒流源的差分放大电路。电阻 $R_D$ 是稳压管的限流电阻。稳压管 VD 两端电压稳定，使恒流源管的工作不受电源电压波动的影响。选定了稳压管 VD 的稳压值，通过选择 $R_E$，就能确定恒流源管 VT$_3$ 的电流 $I_{C3}$，并具有电流负反馈稳定电流 $I_{C3}$ 的作用。已知：$R=510\Omega$，$R_B=10k\Omega$，$R_C=6.8k\Omega$，$U_V=4.2V$，$U_{BE}=0.6V$，$R_E=1.8k\Omega$，$\beta=100$，$+U_{CC}=+12V$，$-U_{EE}=-12V$。求差分放大电路的静态工作点、输入电阻和电压放大倍数。

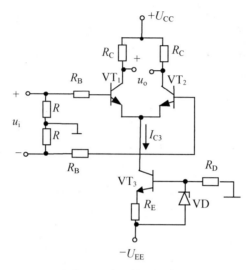

图 6.57　计算题(9)图

# 项目 7

## 集成运算放大器

**教学提示：**

项目 6 讨论了由分立元件组成的放大电路，通过对放大电路的学习，应初步掌握放大电路的分析方法。随着集成技术的发展和制作工艺的日趋成熟，各种集成电路大量涌现和普遍运用，打破了传统的分立电路设计方法。了解集成电路的性能和掌握集成电路的使用方法是电子技术中不可缺少的知识。本项目主要介绍集成运算放大电路。

**教学目标：**

- 了解集成运算放大电路的组成、主要参数和使用的注意事项。
- 理解理想运算放大电路和电压传输特性。
- 掌握理想运算放大电路的基本分析方法。
- 理解比例、加、减、微分、积分的基本运算原理。
- 理解比较器的工作原理，了解有源滤波器的工作原理。
- 理解正弦振荡电路的工作原理。

# 7.1　集成运算放大器概述

在项目 6 中所介绍的放大电路，都是用各种不同类型的单个元件根据要实现的功能相互连接而成的，这样的电路称为分立电路。在半导体制造工艺的基础上，把整个电路的元器件及其相互连接，同时集中制作在一块硅片上，组成一个不可分割的整体，构成特定功能的电子电路，称为集成电路。近年来，集成电路日趋发展，打破了传统的分立电路设计方法，实现元件材料和电路性能的统一，向着系统集成化的方向发展。

集成电路从元件的集成度而言，有小、中、大规模和超大规模之分。超大规模的集成电路可以在几十平方毫米的芯片上制作上亿个元件。集成电路从导电类型的角度分，有单极型、双极型和混合型。若按功能分，则有数字集成电路和模拟集成电路两类。模拟集成电路种类繁多，有集成运算放大器、集成功率放大器、集成稳压电源电路、模数和数模转换集成电路、宽带放大器电路和音响集成电路等。本项目主要介绍集成运算放大电路(简称运算放大器或集成运放)，讨论其性能指标及运算电路。数字集成电路将在本书的最后两个项目中介绍。

## 7.1.1　集成运算放大器的组成

集成运算放大器是一种高电压放大倍数、高输入电阻和低输出电阻的多级直接耦合的放大电路，简称集成运放。它可以作为直流放大器使用，也可以作为交流放大器使用。集成运算放大器的类型很多，电路也各不相同，但在结构上有共同之处，图 7.1 所示是集成运算放大器的内部电路组成的原理框图。

集成运算放大器的输入级一般是采用三极管或场效应管组成的差分放大电路，具有输入电阻高、零点漂移小和能抑制干扰信号的特点。它有两个输入端，分别由同相输入端和反相输入端构成。

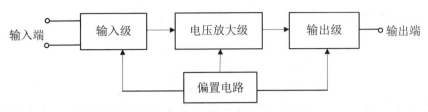

**图 7.1　集成运算放大器内部电路原理框图**

电压放大级的主要作用是对输入信号进行电压放大。它要求具有高的电压放大倍数，常用共发射极多级放大电路构成。

输出级与负载相连接，一般要求它的输出电阻低，带负载能力强，并有一定的输出功率。因此，多采用射极跟随器和互补对称电路。集成运算放大器只有一个输出端。

偏置电路为上述各级提供合适和稳定的静态工作电流，一般采用恒流源电路和温度补偿等措施。

理想运算放大器的电路符号如图 7.2 所示。一个集成运算放大器有两个输入端和一个输出端。集成运算放大器的外形有双列直插式和金属圆壳两种封装。在一个封装中含有一个或多个集成运算放大器。在使用集成运算放大器时，需要知道它的主要功能、参数和管脚的用途。

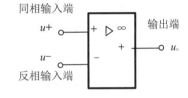

**图 7.2　集成运算放大器电路符号**

## 7.1.2　主要参数

为了能够正确选择和合理使用集成运算放大器，首先必须了解它的主要性能参数。运算放大器的参数很多，下面介绍几个主要的参数。

### 1. 输入偏置(基极)电流 $I_{IB}$

集成运算放大器的输入端是差分对管的基极，需要一定的静态基极工作电流。输入偏置(基极)电流 $I_{IB}$ 是指：在输入信号为零时，两个输入端静态基极电流的平均值，即

$$I_{IB} = \frac{|I_{B1} + I_{B2}|}{2}$$

从使用者角度来看，$I_{IB}$ 小，在信号内阻变化时所引起的输出电压的变化也就小。它是一个重要的指标，其值约为零点几个微安。

### 2. 输入失调电压 $U_{IO}$

一个理想的集成运算放大器，当输入电压为零(正、负输入端同时接地)时，输出端的输出电压应该为零。但由于实际制造中差分输入级元件参数不可能完全对称等原因，通常在输入电压为零时，输出电压不为零。此时，若要使输出电压为零，则需在输入端加一个补偿电压，称为输入失调电压 $U_{IO}$。$U_{IO}$ 一般很小，在 $\pm 1 \sim \pm 10mV$ 内。此值越小，说明电路的对称程度越好。

### 3. 输入失调电流 $I_{IO}$

它指当运算放大器输入信号电压为零时，流入放大器两个输入端的静态基极电流之差，即

$$I_{IO} = |I_{B1} - I_{B2}|$$

由于信号源都有一定的内阻 $R_S$，输入失调电流 $I_{IO}$ 流经 $R_S$ 会产生一输入电压，影响了放大器的平衡，使输出电压不为零。可见，输入失调电流 $I_{IO}$ 越小越好，它反映了输入级差分管的对称性的程度。输入失调电流 $I_{IO}$ 一般约在零点几个微安，其值越小越好。

### 4. 开环电压放大倍数 $A_{uo}$

运算放大器在不外接反馈时，输出信号电压 $U_{od}$ 与输入差模信号电压 $U_{id}$ 之比，称为开环电压放大倍数 $A_{uo}$。它是一个重要的参数，通常越大越好。$A_{uo}$ 越大，对构成运算电路的稳定性和运算精度也就越高。开环电压放大倍数 $A_{uo}$ 表示为

$$A_{uo} = \frac{U_{od}}{U_{id}}$$

其单位常用 V/V 或 V/mV。一般可达 $10^4 \sim 10^7$。开环电压放大倍数(亦称增益) $A_{uo}$ 还可以表示为

$$A_{uo} = 20\lg\frac{U_{od}}{U_{id}}$$

单位用 dB(分贝)。电压放大倍数亦称增益。

### 5. 最大输出电压 $U_{omax}$

最大输出电压 $U_{omax}$ 是指不失真的最大输出电压。

### 6. 最大的差模输入电压 $U_{idmax}$

它是指运算放大器的反相输入端和同相输入端之间所能承受的最大电压值。超过此电压值，输入级的某一个管的发射结将造成反向击穿。

### 7. 最大的共模输入电压 $U_{icmax}$

运算放大器对共模信号具有抑制能力，超过此电压值，其共模抑制比将显著下降，甚至会造成放大器损坏。

## 7.1.3 理想运算放大器

### 1. 理想运算放大器概述

在对运算放大器进行分析时，通常先把它看成是一个理想的运算放大器。理想运算放大器的主要条件如下。

(1) 开环电压放大倍数 $A_{uo} = \infty$。

(2) 差模输入电阻 $R_{id} = \infty$。

(3) 输入偏置电流 $I_{B1} = I_{B2} = 0$。

(4) 共模抑制比 CMRR$= \infty$。

(5) 有无限宽频带 $f_h=\infty$。

实际中的运算放大器比较接近于理想运算放大器的条件，因此在分析电路工作原理时，用理想运算放大器代替实际的运算放大器所引起的误差并不严重，在工程计算中是允许的。为了简化对它的分析，本项目此后所讨论运算放大器的各种应用，都是依据理想化的条件把实际的运算放大器作为理想运算放大器进行处理。

💡 **注意：** 开环电压放大倍数 $A_{uo}=\infty$、差模输入电阻 $R_{id}=\infty$ 在本项目讨论运算放大器各种应用电路中经常要涉及。

从图 7.2 中可看到，一个集成运算放大器有两个输入端和一个输出端。输入端和输出端的电压相位关系有以下 3 种。

(1) 当从"+"端输入信号 $u_+$时，输出端输出电压与输入信号同相位。"+"端称为同相输入端。

(2) 当从"−"端输入信号 $u_-$时，输出端输出电压与输入信号反相位。"−"端称为反相输入端。

(3) 当从"+"和"−"两端输入差模信号 $u_{id}=u_+-u_-$时，输出端输出的电压相位与输入差模信号相位相同。

图 7.2 中的"∞"表示理想运算放大器的开环电压放大倍数。

**2. 运算放大器的工作状态**

运算放大器在实际应用中有两种工作状态，分别是线性工作状态和非线性工作状态。因此在分析运算放大器工作原理时，首先要分析它在线性区工作还是在非线性区工作。

1) 线性工作状态

运算放大器在线性区工作时，其输出信号电压 $u_o$ 与输入信号电压$(u_+-u_-)$之间应该满足线性放大关系，即

$$u_o = A_{uo}(u_+ - u_-) \tag{7-1}$$

由于开环电压放大倍数 $A_{uo}=\infty$，而输出电压 $u_o$ 是一个有限值，因此有

$$(u_+ - u_-) = \frac{u_o}{A_{uo}} \approx 0 \tag{7-2}$$

得

$$u_+ = u_- \tag{7-3}$$

式(7-3)表明，运算放大器在线性区工作时，其同相输入端与反相输出端的电位相等。

根据式(7-2)，运算放大器两输入端的电压为零，但两输入端又没有短路，通常称为"虚短"。由于运算放大器的差模输入电阻 $R_{id}=\infty$，而且 $u_+=u_-$，所以有

$$i_+ = i_- = 0 \tag{7-4}$$

式(7-4)表明，运算放大器在线性区工作时，流进运算放大器两输入端的电流为零。运算放大器两输入端不取电流(没有电流)，但又没有开路，通常称为"虚断"。

👉 **提示：** $u_+=u_-$和$i_+=i_-=0$是判定和分析运算放大器是否在线性区工作的两条重要依据。

2) 非线性工作状态

当运算放大器的工作范围超出了线性区,进入非线性的饱和区时,输出电压与输入电压之间就不能满足式(7-1)的放大关系。由于运算放大器电压放大倍数 $A_{uo}=\infty$,只要输入端加入很小的电压,都会使运算放大器进入非线性饱和区,输出端输出的是饱和电压 $U_{o(sat)}$。此时输入差模电压 $u_{id}\neq0$,即 $u_+ \neq u_-$,它有以下两种可能。

当 $u_+ > u_-$时,$U_o = +U_{o(sat)}$;

当 $u_+ < u_-$时,$U_o = -U_{o(sat)}$。

饱和电压$+U_{o(sat)}$ 或$-U_{o(sat)}$ 在数值上接近于运算放大器上供电的电源电压。

💡 **注意:** 运算放大器工作在饱和区时,虽然输入端有电压加入,即 $u_+\neq u_-$,由于运算放大器 $A_{uo}=\infty$,两个输入端的输入电流也是等于零,即 $i_+ = i_- =0$。

运算放大器的两个工作状态,可用其输出电压与输入电压之间的关系曲线来表示,此曲线称为运算放大器的电压传输特性,如图 7.3 所示。运算放大器在线性区工作时,输出电压与输入电压成正比;运算放大器在非线性区工作时,输出电压为$\pm U_{o(sat)}$。

**【例 7.1】** CF747CD 运算放大器如图 7.4 所示,电源电压$\pm18$V,开环电压放大倍数(增益)$A_{uo}=200$V/mV,最大输出电压 $U_{omax} =\pm14$V$(R_L\geq10$k$\Omega)$。求:

(1) 输入端允许最大的信号电压差。

(2) 当①$u_+=10\mu$V,$u_-=-15\mu$V;②$u_+ = -15\mu$V,$u_- =10\mu$V;③$u_+=1$mV,$u_- = 0$V 时的输出电压和极性。

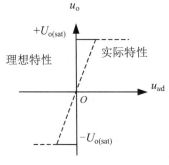

图 7.3 电压传输特性

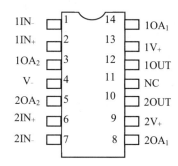

图 7.4 例 7.1 中 CF747CD 管脚排列

**解** (1) 求开环电压放大倍数为

$$A_{uo} =200\text{V/mV}=\frac{200}{10^{-3}} = 2\times10^5(\text{倍})$$

允许最大的输信号电压差值为

$$u_+ - u_-=\frac{u_o}{A_{uo}} =\frac{\pm14}{2\times10^5}\text{V}=\pm70\mu\text{V}$$

(2) 求输出电压和极性。

① $u_o=( u_+ - u_-) A_{uo} = (10+15)\times2\times10^5\mu\text{V}=50\times10^5\mu\text{V}=5\text{V}$

② $u_o=( u_+ - u_-) A_{uo} = (-15-10)\times2\times10^5\mu\text{V}=-5\text{V}$

③ 因为$( u_+ - u_-) = (1\text{mV}-0)= 1\text{mV}>>|\pm70\mu\text{V}|$,运算放大器工作在饱和区,所以输出

电压 $u_o$=+14V 同相输出。

如果 $u_+ = 0V$，$u_- = 1mV$，则 $u_o$=-14V。

# 7.2　基本运算电路

集成运算放大器的应用电路很多，从实现的功能来看，有信号运算、信号处理和信号产生等。信号运算包括比例、加、减、积分、微分和指数等运算；信号处理包括取样/保持、电压比较、有源滤波和精密整流等应用；信号产生包括正弦波和非正弦波(方波、锯齿波等)。

用集成运算放大器实现输出量以反映输入量的某种运算结果的电路，称为运算电路。本节先介绍基本的运算电路。

## 7.2.1　比例运算电路

### 1. 反相比例运算电路

输入信号从集成运算放大器的反相输入端加入的运算电路称为反相运算电路，如图 7.5 所示。

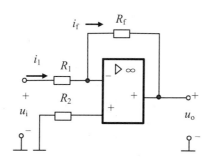

**图 7.5　反相比例运算电路**

输入信号 $u_i$ 通过电阻 $R_1$ 接到运算放大器的反相输入端，而同相输入端经电阻 $R_2$ 接地。由于开环电压放大倍数 $A_{uo} = \infty$，为使运算放大器工作在线性区，把输出电压 $u_o$ 通过电阻 $R_f$ 引回到反相输入端，形成电压并联负反馈。

依据运算放大器在线性区工作的条件，由式(7-4) $i_- = i_+ = 0$，则有 $i_f = i_1$；再由式(7-3) $u_- = u_+$，而 $u_+ = i_+ R_2 = 0$，得 $u_- = u_+ = 0$，有

$$i_1 = \frac{u_i}{R_1}$$

电压并联负反馈的反馈电流为

$$i_f = -\frac{u_o}{R_f}$$

所以，$i_f = i_1$ 可写成

$$-\frac{u_{\mathrm{o}}}{R_{\mathrm{f}}}=\frac{u_{\mathrm{i}}}{R_{1}}$$

整理得

$$u_{\mathrm{o}}=-\frac{R_{\mathrm{f}}}{R_{1}}u_{\mathrm{i}} \tag{7-5}$$

式(7-5)表明，输出电压 $u_{\mathrm{o}}$ 与输入电压 $u_{\mathrm{i}}$ 是反相比例运算关系，其比例系数为 $\frac{R_{\mathrm{f}}}{R_{1}}$，与集成运算放大器的参数无关。只要改变 $R_{\mathrm{f}}$ 和 $R_{1}$ 的阻值，便可获得不同比例的输出电压，从而完成比例运算。

从式(7-5)可获得反相比例运算电路的闭环电压放大倍数为

$$A_{uf}=-\frac{R_{\mathrm{f}}}{R_{1}} \tag{7-6}$$

如果选择 $R_{\mathrm{f}}=R_{1}$，那么 $u_{\mathrm{o}}=-u_{\mathrm{i}}$，$A_{uf}=-1$，这时反相比例运算电路就是一个反相器。

在实际电路中，为了保证运算电路两个输入端处于平衡状态，保持反相输入端和同相输入端对地的电阻相等，避免输入偏置电流产生附加的差动输入电压，通常选取电阻 $R_{2}=R_{1}//R_{\mathrm{f}}$。$R_{2}$ 称为平衡电阻。

**2. 同相比例运算电路**

如图 7.6 所示，从集成运算放大器的同相输入端加入输入信号的运算电路，称为同相比例运算电路。

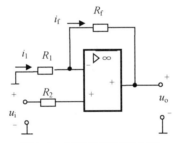

图 7.6　同相比例运算电路

输入信号 $u_{\mathrm{i}}$ 通过电阻 $R_{2}$ 接到运算放大器的同相输入端，而反相输入端经电阻 $R_{1}$ 接地。为使运算放大器工作在线性区，把输出电压 $u_{\mathrm{o}}$ 通过电阻 $R_{\mathrm{f}}$ 引回到反相输入端，形成电压串联负反馈。

依据式(7-3)和式(7-4)，运算放大器在线性区工作的条件为

$$u_{-}=u_{+},\ i_{+}=i_{-}=0$$

所以

$$u_{-}=u_{+}=u_{\mathrm{i}}$$

而

$$i_{\mathrm{f}}=i_{1}$$
$$i_{1}=-\frac{u_{-}}{R_{1}}=-\frac{u_{\mathrm{i}}}{R_{1}}$$

和

$$i_f = \frac{u_- - u_o}{R_f} = \frac{u_i - u_o}{R_f}$$

所以有

$$\frac{u_i - u_o}{R_f} = -\frac{u_i}{R_1}$$

整理得

$$u_o = \left(1 + \frac{R_f}{R_1}\right)u_i \qquad (7\text{-}7)$$

式(7-7)表明，该运算电路的输出电压 $u_o$ 与输入电压 $u_i$ 是同相比例关系，比例系数为 $\left(1 + \dfrac{R_f}{R_1}\right)$，仅由电阻 $R_1$ 和 $R_f$ 决定，而与集成运算放大器的参数无关。从式(7-7)中还可获得同相比例运算电路的闭环电压放大倍数为

$$A_{uf} = 1 + \frac{R_f}{R_1} \qquad (7\text{-}8)$$

从式(7-8)可看出，同相比例运算电路的闭环电压放大倍数 $A_{uf} \geqslant 1$。

如果让 $R_1$ 开路或 $R_f = 0$，即电阻短路，则 $A_{uf} = 1$。这时输出电压 $u_o$ 等于输入电压 $u_i$ 而且同相位，所以 $R_f = 0$ 的同相比例运算电路就是一个电压跟随器，如图 7.7 所示。

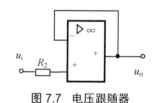

图 7.7　电压跟随器

与反相比例运算电路一样，为了保证两个输入端平衡，保持反相输入端和同相输入端对地的电阻相等，避免输入偏置电流产生附加的差动输入电压，也应选取电阻 $R_2 = R_1 // R_f$。

### 7.2.2　加、减法运算电路

#### 1. 加法(求和)运算电路

电路的输出量能反映多个输入量相加结果的电路称为加法运算电路。在集成运算放大器的反相输入端加入若干个求和的输入信号，就组成了反相加法运算电路，图 7.8 所示为 3 个信号的反相加法电路。

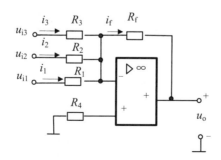

图 7.8　反相加法运算电路

在理想条件下，由于电路存在虚短，$u_- = u_+ = 0$，并且流入运算放大器的电流 $i_- = 0$，所以

$$i_f = i_1 + i_2 + i_3$$

$$-\frac{u_o}{R_f} = \frac{u_{i1}}{R_1} + \frac{u_{i2}}{R_2} + \frac{u_{i3}}{R_3}$$

整理得

$$u_o = -\left( \frac{R_f}{R_1} u_{i1} + \frac{R_f}{R_2} u_{i2} + \frac{R_f}{R_3} u_{i3} \right) \tag{7-9}$$

式(7-9)表明，输出端的电压是各输入端电压不同比例之和的相反数。只要选取不同的 $\frac{R_f}{R_1}$、$\frac{R_f}{R_2}$ 和 $\frac{R_f}{R_3}$ 比例值，就可将输入信号按不同比例进行加法运算。而且与集成运算放大器本身的参数无关，只要选取足够精确的电阻就能保证运算的精度和稳定性。

当选取 $R = R_1 = R_2 = R_3$ 时，得

$$u_o = -\frac{R_f}{R} (u_{i1} + u_{i2} + u_{i3}) \tag{7-10}$$

如果再选取 $R = R_f$，则

$$u_o = -(u_{i1} + u_{i2} + u_{i3}) \tag{7-11}$$

式(7-10)和式(7-11)表明，输出端的电压是输入端电压之和的相反数。如果再接入一级反相电路，就可以实现完全符合常规的算术加法。

为了使运算放大器两个输入端对称，通常选取 $R_4 = R_1 // R_2 // R_3 // R_f$。

图 7.9 所示为 3 个信号同相加法电路，在理想条件下，$i_- = i_+ = 0$。

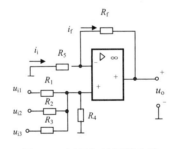

图 7.9　同相加法运算电路

因为

$$\frac{u_+}{R_4} = \frac{u_{i1} - u_+}{R_1} + \frac{u_{i2} - u_+}{R_2} + \frac{u_{i2} - u_+}{R_3}$$

设

$$R = R_1 // R_2 // R_3 // R_4$$

整理得

$$u_+ = R \left( \frac{u_{i1}}{R_1} + \frac{u_{i2}}{R_2} + \frac{u_{i3}}{R_3} \right)$$

又因为

$$i_1 = i_f$$

$$-\frac{u_-}{R_5}=-\frac{u_\text{o}-u_-}{R_\text{f}}$$

可求出

$$u_-=\frac{u_\text{o}}{R_\text{f}(R_5/\!/R_\text{f})}$$

而 $u_+=u_-$，所以得

$$u_\text{o}=\left(1+\frac{R_\text{f}}{R_5}\right)R\left(\frac{u_\text{i1}}{R_1}+\frac{u_\text{i2}}{R_2}+\frac{u_\text{i3}}{R_3}\right)$$

输出端的电压是输入端电压的函数和，由于等效电阻 $R$ 与输入端的各个电阻都有关系，调整时比较麻烦。

**【例 7.2】** 如图 7.8 所示的电路，已知 $R_\text{f}=150\text{k}\Omega$，要实现 $u_\text{o}=-(u_\text{i1}+3u_\text{i2}+5u_\text{i3})$ 的加法运算，应如何选择各输入端的电阻和平衡电阻。

**解**  根据式(7-9)可得

$$u_\text{o}=-\left(\frac{R_\text{f}}{R_1}u_\text{i1}+\frac{R_\text{f}}{R_2}u_\text{i2}+\frac{R_\text{f}}{R_3}u_\text{i3}\right)$$

要实现 $u_\text{o}=-(u_\text{i1}+3u_\text{i2}+5u_\text{i3})$ 的加法运算，应满足

$$\frac{R_\text{f}}{R_1}=1,\ R_1=R_\text{f}=150(\text{k}\Omega)$$

$$\frac{R_\text{f}}{R_2}=3,\ R_2=R_\text{f}/3=150/3=50(\text{k}\Omega)$$

$$\frac{R_\text{f}}{R_3}=5,\ R_3=R_\text{f}/5=150/5=30(\text{k}\Omega)$$

平衡电阻 $R_4=R_1/\!/R_2/\!/R_3/\!/R_\text{f}=150/\!/50/\!/30/\!/150=15(\text{k}\Omega)$。

### 2. 减法运算电路

在集成运算放大器的两个输入端同时都加上输入信号，利用其同相和反相的输出关系实现减法运算。图 7.10 所示为两信号进行减法运算的电路。减数信号 $u_\text{i1}$ 通过电阻 $R_1$ 加到运算放大器的反相输入端，被减数信号 $u_\text{i2}$ 通过电阻 $R_2$ 加到运算放大器的同相输入端。

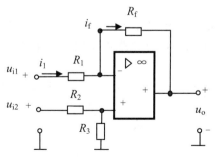

图 7.10  减法运算电路

在理想条件下，有

$$i_1 = i_f = \frac{u_- - u_o}{R_f}$$

而

$$u_+ = \frac{R_3}{R_2 + R_3} u_{i2}$$

$$u_- = u_{i1} - i_1 R_1$$

因为

$$u_+ = u_-$$

所以

$$\frac{R_3}{R_2 + R_3} u_{i2} = u_{i1} - R_1 \frac{u_- - u_o}{R_f}$$

整理得

$$u_o = \left(1 + \frac{R_f}{R_1}\right) \frac{R_3}{R_2 + R_3} u_{i2} - \frac{R_f}{R_1} u_{i1}$$

如果选择 $R_1 = R_2$，$R_3 = R_f$，上式可简化成

$$u_o = \frac{R_f}{R_1}(u_{i2} - u_{i1}) \tag{7-12}$$

式(7-12)说明了输出电压与输入电压的差值成正比。减法运算电路的差模电压放大倍数为

$$A_{uf} = \frac{u_o}{u_{i2} - u_{i1}} = \frac{R_f}{R_1} \tag{7-13}$$

若又让 $R_1 = R_f$，则得

$$u_o = u_{i2} - u_{i1} \tag{7-14}$$

由此可见，输出电压等于两输入电压的差，直接进行减法运算。

### 7.2.3　微、积分运算电路

#### 1. 积分运算电路

积分运算是指运算放大器的输出电压与输入电压成积分比例的运算。图 7.11(a)所示为反相积分运算电路。它与反相比例运算电路相比较，仅是把反相比例运算电路中的反馈电阻 $R_f$ 改成电容 $C_f$。

在理想条件下，集成运算放大器的 $i_- = i_+ = 0$，$u_+ = u_- = 0$，所以 $i_1 = i_f$，有

$$\frac{u_i}{R_1} = -C \frac{du_o}{dt}$$

则

$$u_o = -u_C = -\frac{1}{R_1 C_f} \int u_i dt \tag{7-15}$$

式(7-15)反映出输出电压与输入电压的积分关系，负号表示输出电压与输入电压反相。

当输入是一个正向阶跃电压 $u_i=E$ 时，式(7-15)可简化为

$$u_o = -\frac{E}{R_1 C_f}t = -\frac{E}{\tau}t \qquad\qquad (7\text{-}16)$$

式中，$\tau = R_1 C_f$ 称为积分时间常数。从式(7-16)可看出，输入电压 $E$ 将以近似于恒流的方式对电容充电，输出电压随时间线性变化，如图 7.11(b)所示。

当 $t \to \tau$，$-u_o \to E$。

当 $t > \tau$，$-u_o \to U_{o(sat)}$。

这里，当 $-u_o = U_{o(sat)}$，即输出的最大电压值受到供电电源电压的限制，使运算放大器进入饱和状态时，$u_o$ 保持不变，积分停止。

积分运算电路是模拟计算机中的基本运算单元，也是测量与控制电路系统中的重要运算单元，同时可以利用它充放电的过程实现定时、延时和产生各种波形。

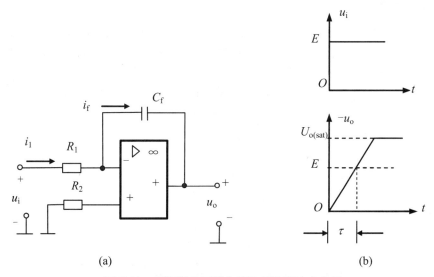

(a)　　　　　　　　　　　　　　　　　(b)

**图 7.11　反相积分运算电路及其阶跃响应曲线**

【**例 7.3**】图 7.11 所示为反相积分运算电路，设集成运算放大器是理想的。已知 $R_1=10\text{k}\Omega$，$C_f=5000\text{pF}$，$u_C(0_-)=0$，输入电压如图 7.12(a)所示。试求出电压的稳态值和波形。

**解**　电路的初始状态 $t=0$ 时，$u_C(0_-)=0$，$u_o(0)=0$，当 $t_1=50\mu\text{s}$ 时，有

$$u_o(t_1) = -\frac{E}{R_1 C_f}t = -\frac{-5\times 50\times 10^{-6}}{10\times 10^3 \times 5000\times 10^{-12}} = 5(\text{V})$$

当 $t_2=100\mu\text{s}$ 时，有

$$u_o(t_2) = u_o(t_1) - \frac{E}{R_1 C_f}(t_2 - t_1) = 5 - \frac{5\times 50\times 10^{-6}}{10\times 10^3 \times 5000\times 10^{-12}} = 0$$

输出电压波形如图 7.12(b)所示。

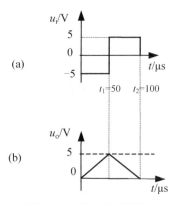

图 7.12　例 7.3 的波形

### 2. 微分运算电路

微分运算是积分的逆运算，微分运算电路就是积分运算电路的逆运算电路。把图 7.11 所示积分运算电路中的电阻 $R_1$ 和电容 $C_f$ 的位置相互对换，即可组成简单的微分运算电路，如图 7.13 所示。在理想条件下，有

$$i_- = i_+ = 0$$
$$u_+ = u_- = 0$$

而

$$i_1 = C\frac{\mathrm{d}u_C}{\mathrm{d}t} = C\frac{\mathrm{d}u_i}{\mathrm{d}t}$$
$$u_o = -R_f i_f = -R_f i_1$$

所以

$$u_o = -CR_f\frac{\mathrm{d}u_i}{\mathrm{d}t} \tag{7-17}$$

式(7-17)表明了输出电压与输入电压对时间的微分成正比。

当输入电压为一个正向阶跃电压 $u_i = E$ 时，由于电源都有一定的内阻，在 $t=0$ 时，输出电压 $u_o$ 为一个有限值，随着电容 $C$ 的充电，输出电压 $u_o$ 逐渐衰减，直至趋近于零，如图 7.14 所示。

如图 7.13 所示的电路虽然简单，但在工作时稳定性不好，实际中多采用其他改进型的微分电路。

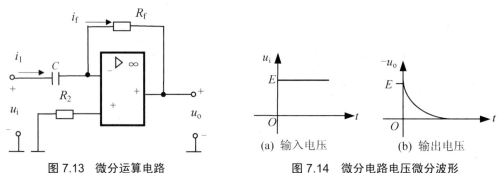

图 7.13　微分运算电路　　　　　图 7.14　微分电路电压微分波形

# 7.3　信号处理电路

## 7.3.1　电压比较器

电压比较器是一种用来比较输入信号电压 $u_i$ 和参考电压 $U_{REF}$ 的电路。在两者的电压幅度不相等的时候，输出电压将产生跃变，运算放大器进入非线性的饱和区工作。输出的电压有高电平和低电平两种状态。从电路结构上看，集成运算放大器通常是在开环状态下工作。

💡 **注意：**　运算放大器电路在非线性饱和区工作，两输入端间 $i_+ = i_- = 0$，但 $u_+$ 和 $u_-$ 不一定相等。

电压比较器的输出电压从一个电平跳到另一个电平时，相应的输入电压值 $u_i$ 称为门限电压或称为阈值电压 $U_T$。只有一个门限电压的电压比较器称为单门限电压比较器。如果参考电压 $U_{REF}$ 为零，则该电压比较器称为过零比较器。

### 1. 单门限电压比较器

图 7.15 所示为单门限电压比较器的电路。参考电压 $U_{REF}$ 加在同相输入端，输入电压 $u_i$ 加在反相输入端，集成运算放大器在开环状态下工作，电压放大倍数很高。当输入电压 $u_i$ 与参考电压 $U_{REF}$ 有微小的差值时，运算放大器就会进入饱和区工作，即

$u_i < U_{REF}$ 时，输出电压 $u_o = U_{o(sat)}$ 为高电平。

$u_i > U_{REF}$ 时，输出电压 $u_o = -U_{o(sat)}$ 为低电平。

输出电压与输入电压的传输特性曲线如图 7.16 所示。

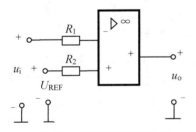

图 7.15　单门限电压比较器

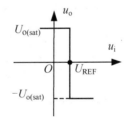

图 7.16　传输特性

当参考电压 $U_{REF} = 0$ 时，输入电压 $u_i$ 则与零电压相比较，过零比较器的工作过程如图 7.17 所示。

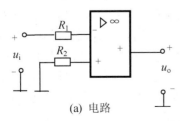

(a) 电路

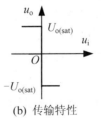

(b) 传输特性

图 7.17　过零比较器

上述比较器的输入信号电压是从反相端接入，参考电压接在同相端，称为反相单门限电压比较器。如果输入信号电压是从同相端接入，参考电压接在反相端，则称为同相单门限电压比较器。

【例 7.4】如图 7.18(a)所示的比较器电路，正弦输入电压 $u_i$ 加在运算放大器的同相端，画出电路中 $u_o$、$u_C$ 和 $u_L$ 的波形。

**解** 这是一个过零比较器，运算放大器的电压传输特性如图 7.18(b)所示。

(1) 正弦输入电压 $u_i$ 的每一次过零如图 7.19(a)所示，比较器都输出有正负极性的方波 $\pm u_o$，如图 7.19(b)所示。

(2) 经过 RC 组成的微分电路，由于 $RC \ll T/2$，充放电很快，在电阻 R 上产生正负周期的尖脉冲，如图 7.19(c)所示。

(3) 二极管单向导通，把负尖脉冲消去，负载上得到正极性的单向脉冲，如图 7.19(d)所示。

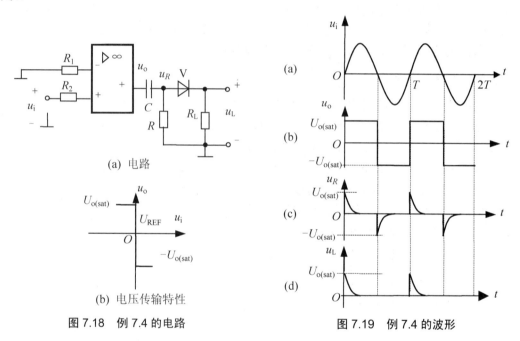

图 7.18 例 7.4 的电路

图 7.19 例 7.4 的波形

## 2. 双门限电压比较电路

为了判定输入信号是否位于指定的两个电压范围之内，用设立两个门限电压进行比较的电路称为双门限电压比较电路，也称为窗口比较电路，如图 7.20 所示。

电源通过电阻 $R_2$ 和 $R_3$，提供 $A$ 点和 $B$ 点两个电位 $U_{REF1}$ 和 $U_{REF2}$。设 $U_A > U_B$，$U_A$ 为高门限电压，$U_B$ 为低门限电压。当输入电压 $u_i > U_{REF1}$ 时，$VD_1$ 截止，$VD_2$ 导通，输入电压 $u_i$ 加在同相输入端上，$u_i$ 为正值，输出电压 $u_o$ 为 $U_{o(sat)}$ 高电平。当输入电压 $u_i < U_{REF2}$ 时，$VD_2$ 截止，$VD_1$ 导通，输入电压 $u_i$ 加在反相输入端上，$u_i$ 为负值，输出电压 $u_o$ 为 $U_{o(sat)}$ 低电平。当输入电压 $U_{REF1} < u_i < U_{REF2}$ 时，$VD_1$ 和 $VD_2$ 导通，反相输入端的电位高于同相输入端，输出电压 $u_o$ 为 $-U_{o(sat)}$ 低电平，如图 7.21 所示。

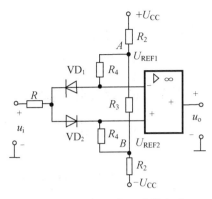

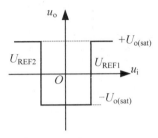

图 7.20　双门限电压比较电路　　　　图 7.21　双门限比较器传输特性

若 $R_4 >> R_2$，且 $R_4 >> R_3$，则

$$U_{REF1} \approx \frac{R_3}{2R_2 + R_3} U_{CC} \tag{7-18}$$

$$U_{REF2} \approx -\frac{R_3}{2R_2 + R_3} U_{CC} \tag{7-19}$$

如果改变电源电压 $U_{CC}$ 的大小和电阻 $R_2$、$R_3$ 的对称性，就可以调整 $U_{REF1}$ 和 $U_{REF2}$ 门限电压值。

### 3. 迟滞电压比较器

单门限电压比较器有电路简单、灵敏度高的特点，但抗干扰性能差。如果输入信号电压受到干涉，输入信号电压在比较器门限电压附近"抖动"时，就会造成输出电压不稳定。若用此输出电压控制电机，将会出现频繁地起停，这是不能允许的。要解决"抖动"的问题，应采用迟滞电压比较器。

图 7.22 所示为迟滞电压比较器电路。输入信号 $u_i$ 接在运算放大器的反相端，参考电压 $U_E$ 加在同相端的基础上，从运算放大器的输出端通过反馈电阻 $R_f$ 引入电压正反馈。这样就使得加在同相端门限电压 $U_{REF}$ 随输出电压 $u_o$ 而变。比较器在工作时输出电压 $u_o$ 有两个值，即高电位 $+U_{o(sat)}$ 和低电位 $-U_{o(sat)}$。所以门限电压 $U_{REF}$ 也有两个值。

当 $u_o = +U_{o(sat)}$ 时，有

$$U_{REF+} = \frac{R_f}{R_2 + R_f} U_E + \frac{R_2}{R_2 + R_f} U_{o(sat)}$$

当 $u_o = -U_{o(sat)}$ 时，有

$$U_{REF-} = \frac{R_f}{R_2 + R_f} U_E - \frac{R_2}{R_2 + R_f} U_{o(sat)}$$

门限电压差为

$$\Delta U_{REF} = \frac{R_2}{R_2 + R_f} 2U_{o(sat)}$$

下面讨论迟滞电压比较器的传输特性，如图 7.23 所示。

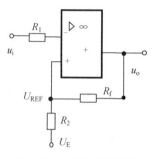

图 7.22　迟滞电压比较器

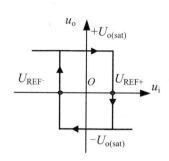

图 7.23　迟滞电压比较器的传输特性

(1)　输入信号电压 $u_i < U_{REF+}$ 时，输出电压为高电位 $+U_{o(sat)}$。

(2)　$u_i$ 一旦大过 $U_{REF+}$，输出电压就从高电位 $+U_{o(sat)}$ 下跳到低电位 $-U_{o(sat)}$。与此同时，门限电压也从 $U_{REF+}$ 下跳到 $U_{REF-}$，而输出电压仍保持着低电位 $-U_{o(sat)}$ 不变。

(3)　当输入电压 $u_i$ 开始下降时，只要不低于门限电压 $U_{REF-}$，输出电压仍保持着低电位 $-U_{o(sat)}$ 不变。

(4)　当输入电压 $u_i < U_{REF+}$ 时，输出电压就从低电位 $-U_{o(sat)}$ 上跳到高电位 $+U_{o(sat)}$。

【例 7.5】如图 7.24 所示的迟滞电压比较器，已知 $R_1 = 20k\Omega$，$R_2 = R_f = 30k\Omega$，$R_3 = 1k\Omega$，$U_Z = \pm 6V$。求门限电压，并画出电压传输特性曲线。

**解**　由于输出电压受双向稳压管的限幅，输出电压的最大值为 $\pm U_{o(sat)} = \pm 6V$。

$$U_{REF+} = \frac{R_2}{R_2 + R_f} U_{o(sat)} = \frac{30}{30 + 30} \times 6 = 3(V)$$

$$U_{REF-} = -\frac{R_2}{R_2 + R_f} U_{o(sat)} = -\frac{30}{30 + 30} \times 6 = -3(V)$$

电压传输特性曲线如图 7.25 所示。

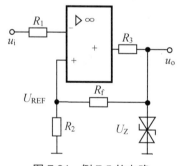

图 7.24　例 7.5 的电路

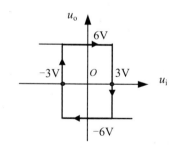

图 7.25　例 7.5 的电压传输特性曲线

### 7.3.2　有源滤波器

在自动控制系统中，除了常见的信号比较外，还有对信号中不同的频率进行选取。在含有许多频率的信号中，让一部分频率的信号顺利地通过而另一部分频率信号受到较大的衰减，从中选出需要的信号，而抑制不希望的信号，这样的电路称为滤波电路。滤波电路实际上是一个选频电路，如图 7.26 所示的幅频特性，它选取中间一段频率的信号，是一个带通滤波电路。

滤波电路按允许通过的频率范围不同来分，有低通、高通、带通和带阻等滤波电路。按组成的元件，滤波电路有无源滤波和有源滤波之分。由 RC 或 LC 组成的滤波电路称为无源滤波电路。由 RC 或 LC 无源滤波网络与运算放大器组成的滤波电路称为有源滤波器。图 7.27 所示为一个滤波电路的框图。图中 $\dot{U}_i(\omega)$ 为输入信号，$\dot{U}_o(\omega)$ 为输出信号。滤波电路是一个线性的时不变电路，其传递函数定义为

$$\dot{A}(\omega) = \frac{\dot{U}_o(\omega)}{\dot{U}_i(\omega)} \tag{7-20}$$

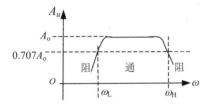

图 7.26　带通幅频特性

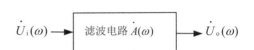

图 7.27　滤波电路的框图

### 1. 有源低通滤波器

图 7.28 所示是一个有源低通滤波器的电路，信号电压 $u_i$ 由电容与电阻的分压加在集成运算放大器的同相端，同相端电压用相量形式表示为

$$\dot{U}_+(\omega) = \dot{U}_C(\omega) = \frac{\frac{1}{j\omega C}}{R + \frac{1}{j\omega C}} \dot{U}_i(\omega) = \frac{\dot{U}_i(\omega)}{1 + j\omega RC} \tag{7-21}$$

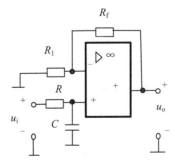

图 7.28　有源低通滤波器

根据同相比例运算电路的式(7-7)，输出和输入之间的电压比例关系为

$$\dot{U}_o(\omega) = \left(1 + \frac{R_f}{R_1}\right) \dot{U}_+(\omega)$$

用式(7-21)代入上式中，有

$$\dot{U}_{\mathrm{o}}(\omega)=\left(1+\frac{R_{\mathrm{f}}}{R_{1}}\right)\frac{\dot{U}_{\mathrm{i}}(\omega)}{1+\mathrm{j}\omega CR}$$

设 $\omega_{0}=\dfrac{1}{RC}$，并根据同相比例运算电路的闭环电压放大倍数 $A_{uf}$ 公式(见式(7-8))，所以该滤波电路的传递函数为

$$\dot{A}(\omega)=\frac{\dot{U}_{\mathrm{o}}(\omega)}{\dot{U}_{\mathrm{i}}(\omega)}=\frac{1+\dfrac{R_{\mathrm{f}}}{R_{1}}}{1+\mathrm{j}\dfrac{\omega}{\omega_{0}}}=\frac{A_{uf}}{1+\mathrm{j}\dfrac{\omega}{\omega_{0}}} \tag{7-22}$$

其模为

$$|\dot{A}(\omega)|=\frac{|A_{uf}|}{\sqrt{1+\left(\dfrac{\omega}{\omega_{0}}\right)^{2}}} \tag{7-23}$$

其辐角为

$$\phi(\omega)=-\arctan\frac{\omega}{\omega_{0}} \tag{7-24}$$

图 7.29 所示为式(7-23)的幅频特性曲线。

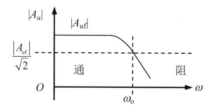

图 7.29　低通幅频特性

从图 7.29 中可见：

当 $\omega<\omega_{0}$ 时，$|\dot{A}(\omega)|=|A_{uf}|$ 基本保持不变。

当 $\omega=\omega_{0}$ 时，$|\dot{A}(\omega)|=\dfrac{|A_{uf}|}{\sqrt{2}}$。

当 $\omega>\omega_{0}$ 时，$|\dot{A}(\omega)|$ 衰减并趋向零。

频率点 $\omega_{0}$ 称为截止角频率。此电路具有允许低于 $\omega_{0}$ 频率的信号通过而对大于 $\omega_{0}$ 的高频率信号起到抑制的作用。

### 2. 高通滤波器

把低通滤波器电路中的电阻 $R$ 和电容 $C$ 对换位置，就是一个高通滤波器，如图 7.30 所示。信号电压 $u_{\mathrm{i}}$ 由电阻与电容的分压加在集成运算放大器的同相端，用相量形式表示为

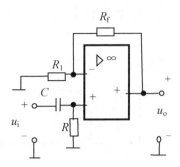

图 7.30　有源高通滤波器

$$\dot{U}_{+}(\omega) = \dot{U}_{R}(\omega) = \frac{R}{R + \dfrac{1}{j\omega C}} \dot{U}_{i}(\omega) = \frac{\dot{U}_{i}(\omega)}{1 + \dfrac{1}{j\omega RC}} \tag{7-25}$$

根据同相比例运算电路的式(7-7)，输出和输入之间的电压比例关系为

$$\dot{U}_{o}(\omega) = \left(1 + \frac{R_{f}}{R_{1}}\right)\dot{U}_{+}(\omega)$$

用式(7-25)代入上式中的 $\dot{U}_{+}(\omega)$，有

$$\dot{U}_{o}(\omega) = \left(1 + \frac{R_{f}}{R_{1}}\right) \frac{\dot{U}_{i}(\omega)}{1 + \dfrac{1}{j\omega RC}}$$

设 $\omega_{o} = \dfrac{1}{RC}$，并根据式(7-8)，该滤波电路的传递函数为

$$\dot{A}(\omega) = \frac{\dot{U}_{o}(\omega)}{\dot{U}_{i}(\omega)} = \frac{1 + \dfrac{R_{f}}{R_{1}}}{1 - j\dfrac{\omega_{o}}{\omega}} = \frac{A_{uf}}{1 - j\dfrac{\omega_{o}}{\omega}} \tag{7-26}$$

其模数为

$$|\dot{A}(\omega)| = \frac{|A_{uf}|}{\sqrt{1 + \left(\dfrac{\omega_{o}}{\omega}\right)^{2}}} \tag{7-27}$$

其辐角为

$$\phi(\omega) = \arctan \frac{\omega_{o}}{\omega} \tag{7-28}$$

图 7.31 所示为式(7-27)的幅频特性曲线。从图中可见：

当 $\omega > \omega_{o}$ 时，$|\dot{A}(\omega)| = |A_{uf}|$ 基本保持不变。

当 $\omega = \omega_{o}$ 时，$|\dot{A}(\omega)| = \dfrac{|A_{uf}|}{\sqrt{2}}$。

当 $\omega < \omega_{o}$ 时，$|\dot{A}(\omega)|$ 衰减并趋向零。

频率点 $\omega_o$ 称为截止角频率。此电路允许高于 $\omega_o$ 频率的信号通过，而对小于 $\omega_o$ 的低频率信号起到抑制的作用。

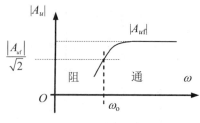

图 7.31　高通幅频特性

**【例 7.6】** 图 7.30 所示为同相比例运算放大器作为高通滤波器电路。求截止频率=3kHz、$A_{uf}$=3 时电路各个阻容值。

**解**　已知高通滤波器的截止频率 $f_o$=3kHz，因为 $\omega_o = \dfrac{1}{RC}$，可先选取电容 $C$=0.01μF。则

$$R = \frac{1}{2\pi f_o C} = \frac{1}{2 \times 3.14 \times 3 \times 10^3 \times 0.01 \times 10^{-6}} = 5.3(\text{k}\Omega)$$

根据同相比例运算放大器的闭环电压放大倍数公式(7-8)，有

$$A_{uf} = 1 + \frac{R_f}{R_1} = 3$$

即 $$R_f = 2R_1$$

为了使输入端的直流电阻平衡，常选取 $R=R_1//R_f=5.3\text{k}\Omega$。

取 $$R_1 = 8\text{k}\Omega$$

所以 $$R_f = 16\text{k}\Omega$$

### 3. 带通和带阻滤波器

允许某一段频率内的信号通过而对低于下截止频率 $\omega_L$ 和高于上截止频率 $\omega_H$ 的信号都能起到阻断作用的电路称为带通滤波器，如图 7.32 所示。带通滤波器常用于在许多信号中选取其中所需的信号。与之相反的是带阻滤波器，它不允许某频带内的频率信号通过而对于该频带以外其他频率的信号都能通过，如图 7.33 所示。带阻滤波器常用于抑制某一段不需要的信号，如某一段频率的干扰信号等。

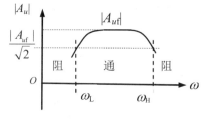

图 7.32　带通幅频特性

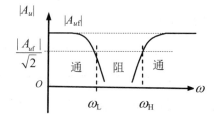

图 7.33　带阻幅频特性

为了获得带通或带阻的滤波器，可以将不同截止频率的低通滤波器和高通滤波器进行串、并联组合。如将低通滤波器和高通滤波器相串联可获得带通滤波器，这时低通滤波器

的截止频率作为带通滤波器的 $\omega_H$；而高通滤波器的截止频率作为带通滤波器的 $\omega_L$。将低通滤波器和高通滤波器相并联可获得带阻滤波器，这时低通滤波器截止频率作为带阻滤波器的 $\omega_L$；高通滤波器的截止频率作为带阻滤波器的 $\omega_H$。

# 7.4　信号产生电路

在电子技术领域，广泛运用各种波形的信号，如正弦信号和非正弦信号。本节对一些常用波形信号产生的基本原理和有关电路进行介绍。

## 7.4.1　正弦信号产生电路

### 1.　自激振荡

自激振荡是指电路在无输入信号下，输出端有一定频率和幅度的信号输出的现象。图 7.34 所示是正弦振荡电路原理框图。电路接成正反馈形式，当外接一个某一频率而且有一定幅度的正弦信号 $u_s$ 时，经基本放大电路放大后由反馈电路引回反馈信号 $u_f$ 到输入端。如果 $u_f$ 和 $u_i$ 在大小和相位上都一样，这时就可以除去 $u_s$ 而把 $u_f$ 直接接入输入端，这样不会影响输出电压 $u_o$，如图 7.35 所示。利用正反馈回来的信号维持放大器的输出，就是自激振荡。

在自激振荡情况下，由于 $u_i = u_f$ (相量形式 $\dot{U}_i = \dot{U}_f$ )，放大电路的电压放大倍数为

$$\dot{A}_{uf} = \frac{\dot{U}_o}{\dot{U}_i} = \frac{\dot{U}_o}{\dot{U}_f}$$

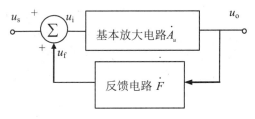

图 7.34　正反馈原理框图

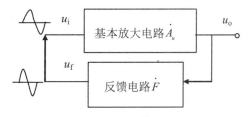

图 7.35　正弦振荡原理框图

正反馈系数为

$$\dot{F} = \frac{\dot{U}_f}{\dot{U}_o}$$

振荡的平衡条件为

$$\dot{A}_{uf}\,\dot{F} = 1 \tag{7-29}$$

用极坐标形式表示，即

$$\dot{A}_{uf} = A_{uf} \angle \phi_i, \quad \dot{F} = F \angle \phi_f$$

则

$$\dot{A}_{uf}\,\dot{F} = A_{uf}\,F \;\underline{/(\phi_i - \phi_f)} = 1$$

得振幅平衡条件为

$$A_{uf}\,F = 1 \tag{7-30}$$

相位平衡条件为

$$\phi_i - \phi_f = 2n\pi \qquad n=1,2,3\cdots \tag{7-31}$$

💡 **注意:** 电路要产生自激振荡应具备两个条件: ①必须是正反馈, 反馈电压与输入电压相位相同($\phi_i = \phi_f$), 称为相位平衡; ②反馈电压与输入电压大小相等, 反馈环路总的传输系数 $A_{uf}F = 1$, 以满足足够大的信号反馈量, 称为振幅平衡。

在无外加正弦信号的情况下, 只要电路与电源接通, 电路中就会产生各种频率的正弦和非正弦的扰动信号。这些信号都经过放大后被反馈电路引回到放大器的输入端。其中只有符合"电路频率特性"的某一频率的正弦信号, 满足自激振荡的两个条件, 则该正弦信号经放大后, 被反馈电路引回到放大器的输入端又被放大(其他频率的信号则被衰减)。如此自动循环, 输出电压的幅度越来越大, 最后受到电路中的非线性元件的限制, 输出电压的幅度趋向一个稳定数值, 到达一个稳态平衡, 实现了自激振荡。另外, 这里所指的"电路频率特性"实际上就是选频网络的频率特性。在众多的扰动信号中, 能满足自激振荡的只有某一个特定频率的信号, 能被选频网络选出, 产生自激振荡。

选频网络通常由电阻、电感和电容组成。由电阻 $R$ 和电容 $C$ 组成选频网络的振荡电路称为 RC 振荡电路; 由电容 $C$ 和电感 $L$ 组成选频网络的振荡电路称为 LC 振荡电路。RC 振荡电路一般是用来产生 1Hz~1MHz 的低频信号。LC 振荡电路一般是用来产生 1MHz 以上的高频信号。

### 2. RC 正弦振荡电路

用电阻 $R$、电容 $C$ 组成的正弦振荡电路有桥式振荡电路、双 T 型网络和移相式振荡电路等形式。电阻 $R$、电容 $C$ 组成的桥式正弦振荡电路, 如图 7.36 所示。振荡电路由两部分组成: 用运算放大器组成的同相比例运算电路和用电阻 $R$、电容 $C$ 组成的选频网络。RC 选频网络把输出电压反馈到同相输入端, 又起到正反馈网络的作用。

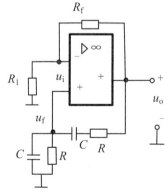

图 7.36　桥式正弦振荡电路

设串联 RC 的阻抗为

$$Z_1 = R + \frac{1}{j\omega C} = \frac{1 + j\omega RC}{j\omega C}$$

并联 RC 的阻抗为

$$Z_2 = \frac{\dfrac{R}{j\omega C}}{R + \dfrac{1}{j\omega C}} = \frac{R}{1 + j\omega RC}$$

而

$$u_i = u_f = \frac{Z_2}{Z_1 + Z_2} u_o$$

反馈系数写成相量形式为

$$\dot{F} = \frac{\dot{U}_f}{\dot{U}_o} = \frac{Z_2}{Z_1 + Z_2} = \frac{j\omega RC}{(1 - \omega^2 R^2 C^2) + 3j\omega RC}$$

使 $F_o = \dfrac{1}{2\pi RC}$，则

$$\dot{F} = \frac{1}{3 + j\left(\dfrac{f}{f_o} - \dfrac{f_o}{f}\right)} \tag{7-32}$$

由式(7-32)可得 RC 串并联选频网络的幅频特性和相频特性分别为

$$F = \frac{1}{\sqrt{3 + \left(\dfrac{f}{f_o} - \dfrac{f_o}{f}\right)^2}} \tag{7-33}$$

$$\phi_f = -\arctan \frac{\dfrac{f}{f_o} - \dfrac{f_o}{f}}{3} \tag{7-34}$$

当自激振荡时，$f = f_o$，则由式(7-33)得 $F = 1/3$。

而同相比例运算放大器的电压放大倍数，根据式(7-8)，并选取 $R_f = 2R_1$，有

$$A_{uf} = 1 + \frac{R_f}{R_1} = 3$$

所以得

$$A_{uf} F = 1 \tag{7-35}$$

而由式(7-34)得

$$\phi_f = 0° \tag{7-36}$$

由上分析可看出：

(1)　$\phi_f = 0°$，说明 $u_i$ 和 $u_f$ 同相位，即电阻 $R$、电容 $C$ 组成的网络具有选频和正反馈的作用。

(2)　振荡电路起振时放大器电压放大倍数满足 $A_{uf} \geqslant 3$，稳定振荡时应满足 $A_{uf} F = 1$。

(3) 如图 7.36 所示的由电阻 $R$、电容 $C$ 组成的选频网络，正弦振荡频率为 $f_o = \dfrac{1}{2\pi RC}$。只要通过改变 $R$ 和 $C$ 的数值，就可以实现对振荡频率的调整。

**【例 7.7】** 在图 7.37 中，已知 $R_{f2}=2\text{k}\Omega$，$R_{f1}=20\text{k}\Omega$，$C=0.01\mu\text{F}$，$R=10\text{k}\Omega$。试确定正弦振荡电路的频率和 $R_1$ 的阻值。

**解** 在图 7.37 所示正弦振荡电路中，在刚起振时输出电压 $u_o$ 很小，二极管 $VD_1$ 和 $VD_2$ 均不导通。要使电路能正常起振，必须满足

$$A_{uf} = 1 + \frac{R_{f1} + R_{f2}}{R_1} \geqslant 3$$

电路一旦正常振荡，输出电压 $u_o$ 较大，二极管 $VD_1$ 或 $VD_2$ 导通，二极管 $VD_1$、$VD_2$ 和电阻 $R_{f2}$ 并联后的电阻就下降，负反馈加深，电压放大倍数下降，使输出电压 $u_o$ 下降，最终使电路稳定振荡。若二极管导通的电阻约为 $2\text{k}\Omega$，则

$$1 + \frac{R_{f1} + R_{f2}}{R_1} = 1 + \frac{20 + \dfrac{2 \times 2}{2 + 2}}{R_1} = 3$$

得 $$R_1 = 10.5\text{k}\Omega$$

电路的振荡频率为

$$f_o = \frac{1}{2\pi RC} = \frac{1}{2 \times 3.14 \times 10 \times 10^3 \times 0.01 \times 10^{-6}} = 1590(\text{Hz})$$

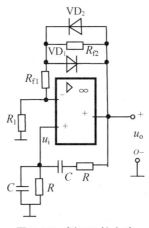

图 7.37 例 7.7 的电路

### 7.4.2 方波产生电路

方波产生电路是一种能够直接产生方波和矩形波的非正弦信号发生电路。由于方波和矩形波是由许多正弦谐波所组成，故方波产生电路又称为多谐振荡电路。

图 7.38(a)所示为一方波产生电路。该电路由一个迟滞电压比较器和具有延时作用的 $RC$ 反馈网络组成。双向稳压管使输出电压幅度被限制在 $\pm U_Z$ 电压上。

方波产生的过程如下所述。波形如图 7.38(b)所示。

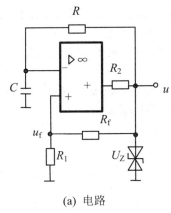

(a) 电路

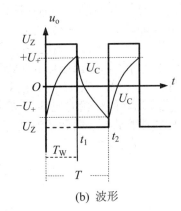

(b) 波形

图 7.38　方波产生电路

(1)　在电源接通的瞬间，电容 $C$ 上的电压不能突变。而电路中的扰动信号经放大从输出端输出，由 $R_f$ 和 $R_1$ 分压反馈到运算放大器的同相输入端，正反馈放大。运算放大器饱和输出的电压被双向稳压管限幅在 $+U_Z$ 上。由图 7.38(a)所示电路可知

$$u_+ = u_f = \frac{R_1}{R_1 + R_f} U_Z \tag{7-37}$$

(2)　与此同时，输出端电压 $+U_Z$ 通过电阻 $R$ 向电容 $C$ 充电，电容 $C$ 上电压 $u_C$ 按指数曲线上升。当 $u_-\ (=u_C) \geqslant u_+$ 时，运算放大器发生翻转，输出电压为 $-U_Z$。这时，$u_C$ 高于 $-U_Z$，电容上所充的电压又经过电阻 $R$ 放电，电容上电压 $u_C (=u_-)$ 按指数曲线下降。当 $u_- \leqslant u_+$，运算放大器又发生翻转，输出电压为 $+U_Z$。输出端电压 $+U_Z$ 通过电阻 $R$ 又向电容 $C$ 充电，开始新的一个周期充放电过程。

(3)　电容的充放电，使运算放大器不断发生翻转，输出一系列的方波，电容的充放电时间常数 $\tau = 1/RC$。

通常将矩形波高电平的持续时间 $T_W$ 与振荡周期 $T$ 的比称为占空比。对称方波 $T_W = T/2$，占空比为 50%。如果需要非对称的矩形波，应适当调整电容充电和放电回路的时间常数。图 7.39 所示为一个占空比可调的方波产生电路，通过调整可变电阻 $R_P$ 改变占空比。

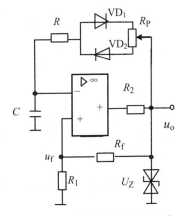

图 7.39　不对称方波产生电路

### 7.4.3　锯齿波产生电路

和正弦波、方波一样，锯齿波也是一个基本的测试信号。图 7.40(a)所示是一个锯齿波产生电路，该电路是由起开关作用的同相输入迟滞比较电路 $A_1$ 和充放电时间不等、起延时作用的积分电路 $A_2$ 两部分共同组成。

设同相输入迟滞比较电路上、下门限电压分别为 $U_{REF1}$ 和 $U_{REF2}$，锯齿波产生过程参见图 7.40(b)。

(1)　在 $t=0$ 时接通电源，若 $u_{o1}(0)=-U_Z$，通过二极管 $VD_2$ 和 $R_{P2}$(下部分)对电容 $C$ 充电。$u_o=u_C$，输出电压 $u_o$ 按 $u_C$ 线性增长。

(2) $u_0$ 上升，使 $U_{+1} = U_{REF1}$ 时比较器翻转，输出电压 $u_{o1} = U_Z$，门限电压下跳到 $U_{REF2}$。比较器翻转后，电容 $C$ 上电压通过二极管 $VD_1$ 和 $R_{P1}$(上部分)放电(或反向充电)，$u_0$ 按 $u_C$ 线性下降。如果选择的电阻 $R_{P1} < R_{P2}$，则电容的放电时间常数小于电容的充电时间常数，电容电压下降快，输出电压 $u_0$ 迅速下降。

输出电压 $u_0$ 下降，当 $U_{+1} = U_{REF2}$ 时，比较器翻转，输出电压 $u_{o1} = -U_Z$，门限电压上跳到 $U_{REF1}$。又开始新的一轮对电容 $C$ 充电，如此循环，产生锯齿波。

锯齿波主要用于显示器和示波器等设备中的扫描电路。

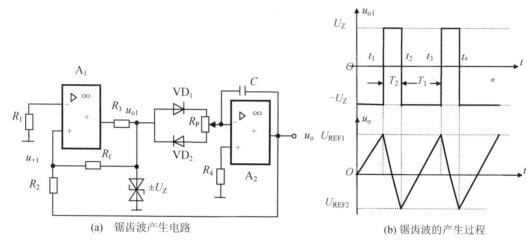

(a) 锯齿波产生电路　　　　　　　　　　　(b) 锯齿波的产生过程

**图 7.40　锯齿波产生电路及其波形**

# *7.5　集成运算放大电路的分类与选择

随着集成工艺水平和电路设计技术的不断提高，集成运算电路的种类越来越多，应用也越来越广，集成电路越来越得到人们的青睐。在采用运算放大器设计电子电路时，要达到设计要求，必须首先理解说明书所介绍的运算放大器性能指标、有关参数和使用注意事项，这样才能按照设计要求正确选择运算放大器，并且在使用中避免损坏运算放大器。

## 7.5.1　集成运算放大器的分类

了解运算放大器的分类是选择运算放大器的基础。

### 1. 依据特性分类

由于还不能制造出理想的运算放大器，因此只能够依据其特定参数，将运算放大器进行分类。

1) 通用型运算放大器

具有什么样性能的运算放大器才是通用型的呢？一般认为，不要求有突出参数的运算放大器是通用型运算放大器。习惯上把下列类型的运算放大器称为通用型，即 LM741、LM301、LM358、RC4558、LM324、TL081 等。

2) 特殊型(高性能型)运算放大器

与通用型运算放大器相比较，有部分性能指标优良的产品称为特殊型(高性能型)运算放大器。对于"部分性能指标优良"这一点没有严格的区分标准。厂商制造的运算放大器，在分类时仅按其厂商的标准划分成通用型和特殊型。不同厂商分类标准不同，划分通用型和特殊型也有不同。一般运算放大器手册上的参数，未用同一标准进行比较，因此在选用时有必要进行对比。特殊型运算放大器按性能可分为下列类型。

(1) 低输入偏流型。运算放大器的输入偏流是指运算放大器两个输入的基极电流的平均值，其值越小越好。构造不同其偏流值也不同。在环境温度为 25℃时，双极型运算放大器为 25nA～1μA；场效应管输入型运算放大器为 1～50pA；MOS 和 CMOS 输入型运算放大器为 0.1pA。

(2) 低输入失调电压型。在环境温度为 25℃时，输入失调电压小于 1mV。

(3) 低漂移型。温度漂移用每 1℃的增量引起的输入失调电压变化量表示。输入失调电压最大温漂小于 5μV/℃，称为低漂移型运算放大器。

(4) 高速型、宽带型。高速型是指运算放大器输入端变化时，输出端跟随能力快，常用转换速率的大小表示。转换速率在 5V/μs 以上称为高速型运算放大器。

(5) 高精度型。高精度型运算放大器是指：为了在测量仪器中使用在其工作温度范围内，运算放大器能够保证的输入失调电压、输入失调电流、输入偏流、共模抑制比和电源电压抑制比等一系列参数的最大和最小值。

(6) 高输出电流型。一般的集成运算放大器输出电流为 10～20mA；输出电流大于 50mA 为高输出电流型。

(7) 高电源电压型。电源工作电压为±15V 的为通用型；电源工作电压为±15V 以上者为高电源电压型。

(8) 低功耗型(微功耗型)。一般的运算放大器静态功率大于 50mW。而低功耗型(微功耗型)运算放大器，在电源电压为±15V 工作下，静态功率小于 5mW；在电源电压低于±3V 工作下，静态功率小于 1mW。

(9) 单电源型。

(10) 低噪型。输入换算噪声电压小于 2μV$_{P-P}$。

(11) 可编程序型。

### 2. 依据构造分类

(1) 双极型运算放大器。集成电路中的输入差分放大级采用双极型晶体管的运算放大器，一般称为双极型运算放大器。

(2) 结型场效应管输入运算放大器。这种运算放大器基本上由双极型晶体管构成，但只在输入级采用了结型场效应管。因此，输入阻抗高，输入偏流小，但温漂大。

(3) MOS 场效应管输入运算放大器。这种运算放大器输入差分放大级是采用 MOS 场效应管制成的。因此，输入阻抗几乎无限大。

(4) CMOS 型运算放大器。这种运算放大器完全采用 CMOS 型场效应管制成。因此，输入阻抗高，静态电流小，工作速度高。

## 7.5.2　参数与管脚

集成运算放大器的类型和参数，可依据 7.5.1 小节分类和 7.1.2 小节的参数进行比较和选取。

在选取集成运算放大器时，还应了解集成运算放大器的封装方式。

💡 **注意：** 集成运算放大器的类型和型号非常多，而每一种集成运算放大器的参数和管脚数都不一样，且每一个管脚的作用也不同。因此，在选用和使用前应详细查看有关的资料说明，了解和掌握其使用方法。

集成运算放大器分为金属封装、双列直插式和贴片封装等方式。金属封装的集成运算放大器的管脚排列顺序为：把金属管脚朝向自己，从管键处顺时针第一个管脚起，依次为管脚 1、2、3、…。管键所对应的一般是该集成运算放大器的最后一个管脚，如图 7.41(a) 所示。对于双列直插式封装的集成运算放大器，可以缺口作为标志。把封装正面向上，缺口向左平放。双列管脚中靠近人体一侧的左边第一脚，逆时针方向依次为管脚 1、2、3、…，如图 7.41(b) 所示。

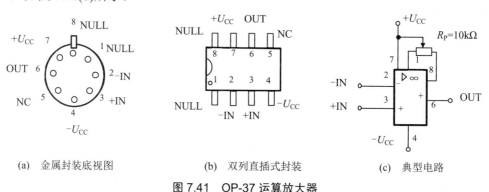

(a) 金属封装底视图　　　　(b) 双列直插式封装　　　　(c) 典型电路

**图 7.41　OP-37 运算放大器**

一片集成运算放大器中，往往不是只封装一个运算放大器。按照每一片中封装运算放大器的个数可分成单运算放大器、双运算放大器和四运算放大器等，如 μA741 为单运算放大器、LM358 为双运算放大器、TL084 为四运算放大器。运算放大器的资料常提供其典型电路，供使用者参考。OP-37 的典型电路如图 7.41(c) 所示。

### 7.5.3　消振与调零

**1. 消振**

集成运算放大器中的晶体管，其内部存在极间电容和其他寄生电容，很容易产生自激振荡。许多运算放大器内部虽然已设置了消除自激振荡的补偿网络，在使用时通常仍要注意消振。常用的消振措施，是在电路上外接消振补偿网络。图 7.42 所示为 CF725 集成运算放大器外接消振补偿电路。

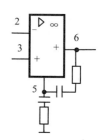

**图 7.42　消振电路**

**2. 调零**

由于加工的原因，运算放大器中内部的参数不可能完全对称，因此在使用时输入信号虽然为零，输出端仍有输出信号。为了要求零输入时为零输出，往往需在外电路加接调零电路。常用的方法有以下两种。

(1) 利用运算放大器上的专用的调零引脚，用调零电位器进行调整，如图 7.43 所示电

路中的电阻 $R_\mathrm{P}$。

(2) 当运算放大器上无专用的调零引脚时，可在同相或反相输入端上外接电阻以保持平衡，如图 7.44 所示。

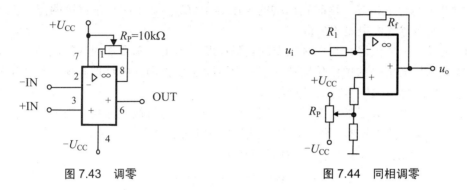

图 7.43　调零　　　　　　　　　　图 7.44　同相调零

## 7.5.4　保护

### 1. 输入端的保护

当运算放大器输入端的共模或差模输入的信号电压过大时，会损坏运算放大器输入级。通常是在运算放大器的两个输入端之间反向并联两个二极管，起到对输入信号电压的限幅作用，如图 7.45 所示。

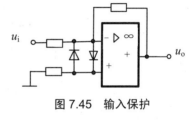

图 7.45　输入保护

### 2. CMOS 电路的静电防护

CMOS 型的运算放大器电路，虽然在输入端已经设置了保护电路，但由于保护二极管和限流电阻的几何尺寸有限，所受的静电电压和脉冲功率均有一定的限制。在储存、运输、组装和使用中，难免会接触到某些带静电的高压，会造成输入电路损坏，因此要做好防护，应注意以下几点。

(1) 在储存、运输中，最好使用金属屏蔽层作为包装材料。

(2) 在组装和使用中，电烙铁、仪表、工作台应有良好的接地。

(3) 操作人员的手套和工作服应选用抗静电的原料制作。

# 小　　结

(1) 集成运算放大器是一种高增益、高输入电阻和低输出电阻的多级直接耦合的放大电路，而且种类繁多。在实际选择和使用中，都应该事先详细了解其参数和管脚的功能。

(2) 在实际使用中，依据集成放大器的理想条件，将其开环电压放大倍数视为无穷大，输入电阻视为无穷大，输出电阻视为零。这样的假设简化了对集成运算放大器的分析，由此引出的误差在工程上是允许的。

(3) 集成运算放大器可以工作在两个区域，即线性区和饱和区。

集成运算放大器工作在线性区的依据条件是：两个输入端的输入电流为零(虚断)和两个输入端间的电压相等(虚短)，即 $i_+ = i_- \approx 0$，$u_+ = u_-$。

集成运算放大电器工作在饱和区的依据条件是：两个输入端的输入电流为零和两个输入端间的电压不一定相等。这时输出端的电压等于 $\pm U_{o(sat)}$。了解和掌握这两点，就可以简化对各种集成运算放大电路的分析。

(4) 集成运算放大器在线性区工作的实际电路应用中，都要加很深的电压负反馈。因此，集成运算放大电路的电压传输特性基本上取决于反馈网络的特性和输入端的结构与参数，而与集成运算放大器本身的参数基本无关。

(5) 集成运算放大器的用途很广，同样的一个集成运算放大器只要改变输入回路中的元件类型、连接方式和反馈网络的结构，就可以实现不同的运算和作用。

(6) 表 7.1 列出了本章中基本集成运算放大器的应用电路。

表 7.1　集成运算放大器的应用电路

| 电路名称 | 应用的电路 | 电压传输关系式 |
|---|---|---|
| 反相比例<br>运算电路 | | $u_o = -\dfrac{R_f}{R_1} u_i$ |
| 同相比例<br>运算电路 | | $u_o = \left(1 + \dfrac{R_f}{R_1}\right) u_i$ |
| 电压跟随器 | | $A_{uf} = 1$ |
| 反相加法<br>运算电路 | | $u_o = -\dfrac{R_f}{R_1}(u_{i1} + u_{i2})$ |
| 同相加法<br>运算电路 | | $u_o = \left(1 + \dfrac{R_f}{R_5}\right) R \left(\dfrac{u_{i1}}{R_1} + \dfrac{u_{i2}}{R_2} + \dfrac{u_{i3}}{R_3}\right)$ |

续表

| 电路名称 | 应用的电路 | 电压传输关系式 |
|---|---|---|
| 减法运算<br>电路 | | $u_o = -\dfrac{R_f}{R_1}(u_{i2} - u_{i1})$ |
| 积分运算<br>电路 | | $u_o = -\dfrac{1}{R_1 C_f}\int u_i \mathrm{d}t$ |
| 微分运算<br>电路 | | $u_o = -R_f C \dfrac{\mathrm{d}u_i}{\mathrm{d}t}$ |
| 过零比较器 | | $u_i > 0,\quad u_o = -U_{o(sat)}$<br>$u_i < 0,\quad u_o = +U_{o(sat)}$ |
| 迟滞比较器 | | $u_i > U_{REF1}$<br>$u_o = -U_{o(sat)}$<br>$u_i < U_{REF2}$<br>$u_o = +U_{o(sat)}$ |
| RC 振荡器 | | $f_o = \dfrac{1}{2\pi RC}$ |

# 习　题

## 1. 填空题

(1) 运算放大器可以作为＿＿＿＿放大器使用，也可以作为＿＿＿＿放大器使用。

(2) 集成运算放大器的输入级是采用三极管或场效应管组成的＿＿＿＿放大电路。

(3) 集成运算放大器有两个输入端，分别是＿＿＿＿输入端和＿＿＿＿输入端。

(4) 集成运算放大器输入信号为零时，两个输入端静态基极电流的平均值称为

_____。

(5) 集成运算放大器输入电压为零时，输出端的输出电压不为零，称为 _____。

(6) 运算放大器电压放大倍数为100，等于 _____ 分贝(dB)。

(7) 集成运算放大器的两种工作状态分别是_____。

(8) 集成运算放大器线性放大的条件是 _____。

(9) 运算放大器在非线性区工作时，输出端输出的电压等于 _____。

(10) 反相比例运算电路的闭环电压放大倍数 $A_{uf}=$ _____。

(11) 比较器的输出电压发生翻转时相应的输入电压值 $u_i$ 称为 _____。

(12) 滤波电路实际上是一个 _____ 电路。

## 2. 问答题

(1) 集成运算放大器的内部由几部分电路组成？

(2) 什么是输入失调电流 $I_{IO}$？

(3) 理想运算放大器的主要条件是什么？

(4) 运算放大器在线性工作状态和非线性工作状态的条件有何区别？

(5) 微分运算电路和积分运算电路有何区别？为什么？

(6) 从电路结构上看信号运算电路和信号处理电路有何区别？为什么？

(7) 什么是滤波器？什么是有源滤波器？

(8) 什么是自激振荡？电路产生自激振荡的条件是什么？

(9) 如果把金属封装的集成运算放大器的顶部朝向自己，管脚顺序又是怎么排列的？

(10) 为什么说运算放大器在线性区工作时的电压传输特性与它本身的参数基本无关？

## 3. 选择题

(1) "虚短"是指运算放大器两输入端的电压 _____。

    A. $u_-=0$      B. $u_+=0$      C. $u_+=u_-$      D. $u_+=u_-=0$

(2) 输出电压 $u_o$ 与输入电压 $u_i$ 是 _____ 的同相比例运算电路称为电压跟随器。

    A. 反相位      B. 同相位      C. 正反馈      D. 电压不相等

(3) 要求输入阻抗高，静态电流小，工作速度高的运算放大器应该选择 _____。

    A. 双极型运算放大器          B. 结型场效应管输入运算放大器

    C. MOS 场效应管输入运算放大器    D. CMOS 型运算放大器

(4) 带阻滤波器可用 _____ 组成。

    A. 低通和高通串联          B. 低通和高通并联

    C. 低通和低通串联          D. 高通和高通并联

## 4. 判断题

(1) 运算放大器开环电压放大倍数可以是无穷大。                  (     )

(2) 反相加法运算电路的输出电压等于输入信号电压相减。     (     )

(3) 电压比较器中的运算放大器是处在线性区工作。          (     )

(4) 减法运算是差模信号电压比例放大。                 (     )

(5) RC 正弦振荡电路起振时必须满足 $A_{uf}F=1$。         (     )

## 5. 计算题

(1) 如图 7.46 所示电路，已知 $R_f$=150kΩ，要实现 $u_o = -(u_1 + 2u_2 + 4u_3 + 8u_4)$ 加法运算，应如何选择各输入端的电阻和平衡电阻？

(2) 图 7.47 所示为一加减法运算电路，已知：$R_1$=20kΩ，$R_2$=10kΩ，$R_3$=25kΩ，$R_4$=40kΩ，$R_5$=30kΩ，$R_f$=50kΩ。求输出电压 $u_o$。

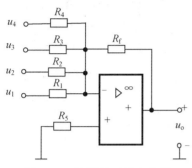

图 7.46　计算题(1)的电路图

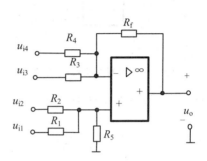

图 7.47　计算题(2)的电路图

(3) 如图 7.48(a)所示的反相积分电路，已知：$R_1$=25kΩ，$C_f$=1000pF。$u_C(0_-)=0$，在 $t$=0 时，加入输入电压 $u_i$。试画出输出电压 $u_o$ 的波形。如果把 $C_f$ 加大到 2000pF，输出电压 $u_o$ 的波形又是如何？

(4) 判定图 7.49 所示电路是什么类型的滤波器，试写出传递函数。

(5) 如图 7.50 所示电路中，已知 $R_1$=$R_2$=10kΩ，$U_2$=±9V。试求：

① $R_f$ 开路时的门限电压；

② $R_f$=20kΩ 时的门限电压。

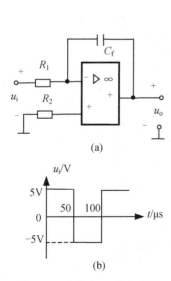

图 7.48　计算题(3)的电路图

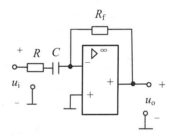

图 7.49　计算题(4)的电路图

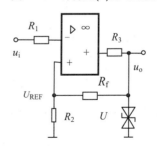

图 7.50　计算题(5)的电路图

(6) 求图 7.51 所示电路中反相比列运算电路的电压传输关系式。

(7) 求图7.52所示电路中电压跟随器的输出电压$u_o$。

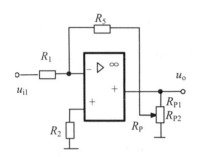

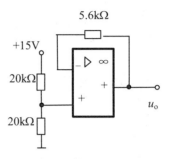

图7.51 计算题(6)的电路图　　　　　　图7.52 计算题(7)的电路图

(8) 求图7.53所示电路中当$u_i$=1V时，运算放大电路的输出电压$u_o$和电阻$R$。

(9) 图7.54所示为带通滤波器的电路，已知$R_f$=50kΩ，要求$F_L$=300Hz，$F_H$=3000Hz
每级的$A_{uf}$=6倍。试求各电阻值。

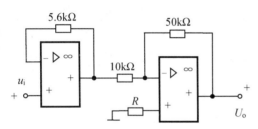

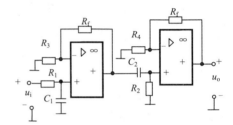

图7.53 计算题(8)的电路图　　　　　图7.54 计算题(9)的电路图

(提示：电容可取标称值，如0.1μF、0.047μF、0.033μF、0.022μF、0.01μF等)。

(10) 分析图7.55所示放大器中有几种反馈类型。

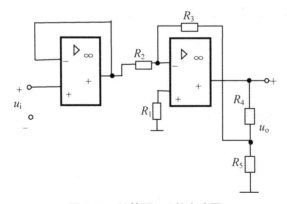

图7.55 计算题(10)的电路图

(11) 求图7.56所示电路中的运算反馈放大器的输出电压$u_o$。

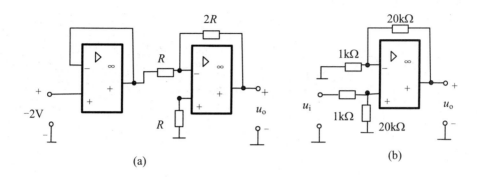

(a)　　　　　　　　　　　　　　　　(b)

图 7.56　计算题(11)的电路图

# 项目 8

## 直流稳压电路

**教学提示：**

直流稳压电源是电子设备不可缺少的一部分，其性能的优劣会直接影响到电子设备的工作与稳定。而直流稳压电源又涉及前面所学习到的元器件和放大电路原理。本项目是一个小综合的项目。

**教学目标：**

● 掌握整流电路的工作原理。
● 了解滤波电路的作用。
● 了解并联型稳压电路的工作过程。
● 掌握串联型稳压电路的工作原理。
● 掌握基本的三端稳压器的使用。
● 了解调脉宽串联式开关稳压电路的原理。

电源电路是向电子设备提供能源的电路。对于复杂的电子设备、显示器等设备，往往需要多种不同电压的直流电源，其范围从几伏到几十伏，甚至高达万伏以上。这些直流电源一般是从供电电网的 50Hz 的单相 220V、三相 380V 交流电源或 400Hz 的中频电源变换而来的。目前应用较多的稳压电源有：调整式稳压电源、开关稳压电源和调相位的可控硅稳压电源。稳压电源电路的结构框图如图 8.1 所示，具体功能如下。

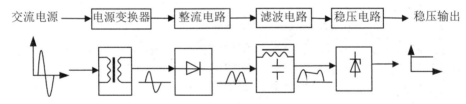

图 8.1　稳压电源结构框图

(1) 电源变换器：根据直流电源所要求的输出电压，将交流电网中的交流电压变换成符合整流要求的交流电压。

(2) 整流电路：将交流电压转换成单向脉动电压。

(3) 滤波电路：减小脉动电压中波动的成分。

(4) 稳压电路：滤波电路所得到的直流电压(电流)是不稳定的，它容易受到电网电压波动或负载大小变动的影响，这对于大多数的电子设备来说都是不允许的。因此，必须进一步“稳压”，以便向电子设备提供稳定的电压。

本项目将讨论在弱电系统中常见的调整式稳压电源和开关稳压电源的工作原理。

# 8.1　整 流 电 路

整流电路的主要任务是利用单向导电元件将输入的交流电压变换成单向脉动电压。常见的整流电路有半波整流、全波整流和桥式整流。

## 8.1.1　半波整流

图 8.2(a)所示为一个由整流变压器 B、整流二极管 VD 和电阻负载 $R_L$ 这 3 个部分组成的纯电阻负载的单相半波整流电路。对于理想的整流电路，变压器 B 的线间电阻和整流二极管的内阻可以忽略不计，并认为整流二极管的反向电阻无穷大。

变压器 B 的初级端加入交流电压 $u$，在其次级绕组中产生感应电动势 $u_i$，设为

$$u_i = \sqrt{2}\, U_i \sin \omega t$$

当 $u_i$ 在正半周($0 \sim \pi$)时，整流二极管 VD 承受正电压而导通，电流 $i_o$ 流过负载电阻，$i_o$ 是正半波。因此，在负载电阻上得到与交流电压正半周相同大小的半波电压。当 $u_i$ 在负半周($\pi \sim 2\pi$)时，整流二极管 VD 承受反向电压并截止，负载电阻上没有电流流过，$u_o = 0$，如图 8.2(b)所示。

在负载电阻上所得到的半波电压 $u_o$ 虽然是单方向的，但其大小仍是变化的，即单相脉动电压。其最大值为

$$U_{om} = \sqrt{2}\, U_i \tag{8-1}$$

常用一个周期的平均值来说明单相脉动电压大小，半波电压的平均值为

$$U_o = \frac{1}{2\pi} \int_0^\pi \sqrt{2} U_i \sin \omega t \, \mathrm{d}(\omega t) = \frac{\sqrt{2}}{\pi} U_i \tag{8-2}$$

即 $U_o = 0.45\, U_i$，如图 8.2(c)所示。由此可得出半波整流电路的电流平均值为

$$I_o = \frac{\sqrt{2}}{\pi R_L} U_i = 0.45 \frac{U_i}{R_L} \tag{8-3}$$

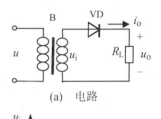

(a)　电路

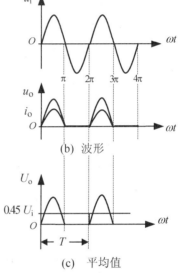

(b)　波形

(c)　平均值

图 8.2　半波整流

由于半波整流电路中负半周时整流二极管 VD 截止，它所承受的最大反向电压为 $\sqrt{2}\, U_i$，在选择整流二极管时，除了注意流过二极管的电流平均值 $I_o$ 外，还要注意它承受的最大反向电压为 $\sqrt{2}\, U_i$。

## 8.1.2　单相全波整流

单相全波整流电路(简称全波整流电路)常有以下两种形式。

### 1. 全波整流电路

图 8.3 所示是一个单相全波整流电路。它实际上是由两个半波整流电路组成。图中变压器的中心点把次级分成上下两个半绕组，每个半绕组的电压均为

$$u_i = \sqrt{2}\, U_i \sin \omega t$$

在正半周(0～π)时，上半绕组的电压 $u_i$ 使整流二极管 $VD_1$ 承受正电压并导通，电流 $i_o$ 流过负载电阻 $R_L$，在负载电阻 $R_L$ 上得到上正下负的半波电压。而这时下半绕组的反向电压 $u_i$ 加在整流二极管 $VD_2$ 上，$VD_2$ 截止。在负半周(π～2π)，下半绕组的电压 $u_i$ 使整流二极管 $VD_2$ 承受正电压并导通，电流 $i_o$ 流过负载电阻 $R_L$，在负载电阻 $R_L$ 上得到仍然是上正下负的半波电压。而这时下半绕组的反向电压 $u_i$ 加在整流二极管 $VD_1$ 上，$VD_1$ 截止。在一个周期内两个二极管轮流导通，在负载电阻 $R_L$ 上得到的两个半周期的正波形，如图 8.4 所示。

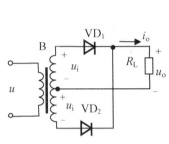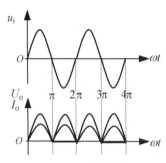

图 8.3　单相全波整流电路　　　　图 8.4　全波整流波形

该单相全波整流电路中，整流二极管在截止时的反向电压的最大值，是变压器半绕组的最大电压 $\sqrt{2}\,U_i$。所以在选择整流二极管的耐压时应满足

$$U_{RM} > \sqrt{2}\,U_i$$

### 2. 桥式全波整流电路

图 8.5(a)所示是一个单相桥式全波整流电路。电源变压器没有中心抽头，采用 4 个二极管接成电桥形式。在电源 $u_i$ 的正半周(0～π)，电源变压器的次级极性为上正下负，使二极管 $VD_1$ 和 $VD_3$ 导通，$VD_2$ 和 $VD_4$ 截止，在负载电阻 $R_L$ 上得到上正下负的半波电压，如图 8.5(b)所示。在 $u_i$ 的负半周(π～2π)，电源变压器的次级极性为上负下正，使二极管 $VD_2$ 和 $VD_4$ 导通，$VD_1$ 和 $VD_3$ 截止，在负载电阻 $R_L$ 上仍然得到上正下负的半波电压，如图 8.5(c)所示。在一个周期里负载电阻 $R_L$ 所得到电压两个半周期的正波形，与全波整流电路的波形一样，参见图 8.4。

单相桥式全波整流中，负载电阻 $R_L$ 上电压平均值为

$$U_o = \frac{1}{\pi}\int_0^\pi \sqrt{2}U_i \sin\omega t\, d(\omega t) = \frac{2\sqrt{2}}{\pi}U_i = 0.9\,U_i \tag{8-4}$$

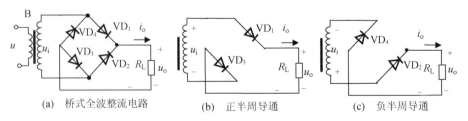

(a)　桥式全波整流电路　　　　(b)　正半周导通　　　　(c)　负半周导通

图 8.5　桥式全波整流电路

负载电阻 $R_L$ 上的电流平均值为

$$I_\mathrm{o} = \frac{0.9U_\mathrm{i}}{R_\mathrm{L}} \tag{8-5}$$

流过每个整流二极管的正向电流为 $\frac{1}{2}I_\mathrm{o}$。

桥式全波整流中，每一个整流二极管在截止时的反向电压的最大值仍然是 $\sqrt{2}\,U_\mathrm{i}$。从图 8.6 中可看出，在负半周($\pi\sim2\pi$)时，二极管 $VD_2$ 和 $VD_4$ 导通(忽略正向压降)，$VD_1$ 和 $VD_3$ 截止，电源变压器次级电压 $u_\mathrm{i}$ 反向加在并联的 $VD_1$ 和 $VD_3$ 上，每一个二极管所承受的反向电压为电源电压的最大值 $\sqrt{2}\,U_\mathrm{i}$。所以，选择整流二极管的耐压时应满足 $U_\mathrm{RM} > \sqrt{2}\,U_\mathrm{i}$。

桥式全波整流电路中的 4 个二极管常封装成一个整体，称为整流桥，这给使用者带来极大的方便。常见的封装形式有双列形、圆桥形、条形和方块形等。图 8.7(a)所示的是条形封装形式整流桥。它有 4 个引脚，其中标有"$\sim$"符号者为交流输入端，标有"$+$"和"$-$"为负载端，表示整流桥的正负电压输出极性。整流桥常用其简化图表示，如图 8.7(b)所示。

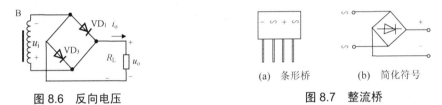

图 8.6　反向电压　　　　　　　　　　图 8.7　整流桥

【例 8.1】图 8.5(a)所示为单相桥式全波整流电路，若在 8Ω 的负载电阻输出 3A 电流。求：(1) 电源变压器次级电压 $U_\mathrm{i}$；(2) 二极管应如何选择？

**解**　(1) 因为　　　　　　　　　　$U_\mathrm{o} = 3\mathrm{A} \times 8\Omega = 24\mathrm{V}$

而　　$U_\mathrm{o} = 0.9\,U_\mathrm{i}$，所以

$$U_\mathrm{i} = \frac{U_\mathrm{o}}{0.9} = \frac{24}{0.9} = 26.7(\mathrm{V})$$

**提示：**　在选择电源变压器实际的次级电压时，考虑到电源变压器次级绕组本身电阻的压降和二极管导通时的压降，电源变压器实际的次级电压要高于上述的计算值，通常取 $1.1\,U_\mathrm{i} = 1.1 \times 26.7 \approx 30(\mathrm{V})$。

(2) 应选择二极管的电流和电压为

$$I_\mathrm{F} > \frac{1}{2}I_\mathrm{o} = 1.5\mathrm{A}, \quad U_\mathrm{RM} > \sqrt{2}\,U_\mathrm{i} = 1.41 \times 26.7 = 37.7(\mathrm{V})$$

# 8.2　滤　波　电　路

从上述分析中可看到，整流电路输出的是单向脉动的电压。由于脉动使输出电压不稳定，这在许多设备中是不允许的。因此，整流电路中都要加接滤波器，以改善输出电压的脉动程度。

常用的滤波器一般由电抗元件组成。由于电容元件在电路中具有储能作用，在电源电

压升高时，能把部分能量储存起来，在电源电压下降时则把能量释放出来，使负载电压比较平滑。电感元件在电路中也具有储能作用，在电源电流增加时，能把部分能量储存起来，在电源电流下降时把能量释放出来，使负载电流比较平滑。滤波器一般的结构如图 8.8 所示。

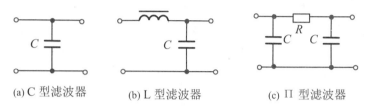

(a) C 型滤波器　　　　(b) L 型滤波器　　　　(c) Ⅱ 型滤波器

**图 8.8　滤波器的基本结构**

### 8.2.1　电容滤波器(C 型滤波器)

图 8.9(a)所示是桥式整流电路，在负载上并接一个足够大的电容 $C$，形成电容滤波的桥式整流电路。电容 $C$ 将起到减小输出电压脉动的作用。

交流电源电压 $u_i$ 的正半周时 $VD_1$ 和 $VD_3$ 导通，在向负载提供电流的同时，向电容 $C$ 充电，电容电压为 $u_C$。当交流电源电压 $u_i$ 到达正半周最大值后，$u_i$ 按正弦规律开始下降，当下降至 $u_i < u_C$ 时，$VD_1$ 和 $VD_3$ 被反向偏置而截止，电容向负载电阻 $R_L$ 放电。电容放电一直持续到负半周期($\pi \sim 2\pi$)中交流电源电压 $u_i$ 大过电容上的电压值时，$VD_2$ 和 $VD_4$ 开始导通，交流电源电压又向电容开始新的一轮充电。负载上得到如图 8.9(b)所示的平滑波形。电容向负载电阻 $R_L$ 放电的时间常数越大，输出电压的脉动也就越小。一般要求

$$R_L C \geqslant (3 \sim 5)\frac{T}{2} \qquad 或 \qquad C \geqslant (3 \sim 5)\frac{T}{2R_L} \tag{8-6}$$

式中的 $T$ 为电源 $u_i$ 的周期。

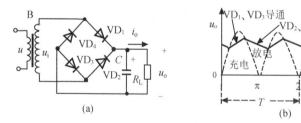

**图 8.9　桥式整流、电容滤波电路**

电容滤波桥式整流电路中，当电容 $C$ 值一定，若把负载电阻开路，即空载下，电容无放电回路，电容 $C$ 上的电压为 $U_C = \sqrt{2}\, U_i = 1.4 U_i$。这时 $U_o = U_C = 1.4 U_i$；当接有负载电阻，而不加电容 $C$ 时，即桥式整流电路，由式(8-4)知 $U_o = 0.9 U_i$。因此，电容滤波的桥式整流电路其输出电压 $U_o$ 为$(0.9 \sim 1.4)U_i$。在桥式整流电路的内阻不太大(几欧)和放电常数满足式(8-5)的情况下，电容滤波的桥式整流电路的输出电压为

$$U_o = (1.1 \sim 1.2)U_i \tag{8-7}$$

**【例 8.2】** 如图 8.9(a)所示的桥式整流电路，使用电网 50Hz、220V 供电。要求输出电压 $U_o$ 为 24V，输出电流 $I_o$ 为 1A。试选择整流管和滤波电容。

**解**　据式(8-6)，选取 $U_o = 1.2U_i$

得　　　　　　　　　　$U_i = U_o / 1.2 = 24/1.2 = 20(V)$

选择二极管　　　　　　$I_f > \dfrac{1}{2}I_o = 1/2 = 0.5(A)$

及　　　　　　　　　　$U_{RM} > \sqrt{2}\,U_i = 1.41 \times 20 = 28.2(V)$

据式(8-5)，现选取 $C = 5\dfrac{T}{2R_L}$，有

$$R_L = \frac{U_o}{I_o} = \frac{24}{1} = 24(\Omega)$$

$$C = 5\frac{T}{2R_L} = \frac{5 \times \dfrac{1}{50}}{2 \times 24} = 0.0021(F)$$

选取标称值　　　　　　$C = 2200\mu F$

选择整流管的参数 $I_f = 1A$，$U_{RM} = 50V$。

### 8.2.2　电感电容滤波器(LC 滤波器)

如图 8.10 所示的电路，在滤波电容前串接一个铁芯电感线圈，这就组成了电感电容滤波器，它将会进一步减少输出电压的脉动。

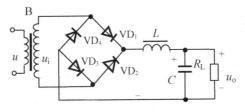

**图 8.10　电感电容滤波电路**

当流过电感线圈的电流增加时，电感线圈中产生的感应电动势阻碍电流的增大，同时将部分的电能转换成磁能储存起来。当流过电感线圈的电流减小时，电感线圈中产生感应电动势，阻碍电流的减小，同时将储存在线圈中的磁能转换成电能释放出来。因此，使负载电流平滑，输出电压的脉动进一步减小。频率越高，电感量越大，即 $\omega L$ 比负载越大，滤波效果越好。但是，电感量越大，势必使线圈电阻增加，因而就会使电感线圈上的直流电阻增大，引起输出电压的下降。电感线圈的电感量一般选取在几亨到几十亨，并且多采用铁芯来提高电感量。

电感电容滤波器多用于大电流和要求输出电压脉动很小的直流电源中。

# 8.3　直流稳压电路

输入交流电压经过整流滤波后，电压脉动虽然得到了很大的改善，但仍然存在起伏的波动。而且输入交流电压的波动和负载电流的变化，仍会造成输出电压的变化。电压不稳定会引起测量和计算误差，导致控制系统不稳定，甚至不能正常工作。因此，必须进一步

对电压采取稳定措施，以保证输出电压可靠和稳定。直流稳压电路的功能就是在整流滤波电路之后实现稳压作用。

直流稳压电路按照其稳压的工作方式，可分成线性直流稳压电路和开关直流稳压电路。如按照电压调整器件与输出电压的连接方式，可分成串联直流稳压电路和并联直流稳压电路。现在，随着稳压集成电路种类的增多，集成直流稳压电路的应用日益普及。

### 8.3.1 稳压管稳压电路

用稳压管组成的稳压电路是最简单的直流稳压电路，如图 8.11 所示。稳压管 $VD_Z$ 与负载电阻 $R_L$ 相并联，$R$ 是稳压管的限流电阻，用来确定稳压管的工作电流。

在负载电阻 $R_L$ 一定的情况下，若电压 $U_1$ 上升，稳压管将起到稳定输出电压的作用。具体过程为

$$U_1 \uparrow \rightarrow U_o \uparrow \rightarrow I_Z \uparrow \rightarrow I_R \uparrow \rightarrow U_R \uparrow \rightarrow U_o \downarrow$$

在电压 $U_1$ 一定的情况下，负载电阻 $R_L$ 加大，稳压管稳定输出电压的具体过程为

$$R_L \uparrow \rightarrow I_o \downarrow \rightarrow I_R \downarrow \rightarrow U_R \downarrow \rightarrow U_o \uparrow \rightarrow I_Z \uparrow \rightarrow I_R \uparrow \rightarrow U_R \uparrow \rightarrow U_o \downarrow$$

为了使稳压管电压稳定，必须满足稳压管动态的工作电流范围，即能使稳压管稳压的最小工作电流 $I_{Zmin}$ 和最大的工作电流 $I_{Zmax}$，如图 8.12 所示。稳压管的工作电流高过 $I_{Zmin}$，稳压管将起不到稳压作用；稳压管的工作电流低于 $I_{Zmax}$，管耗就会超过允许值而烧毁。因此必须合理选择稳压管的限流电阻 $R$。

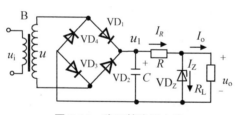

图 8.11　稳压管稳压电路

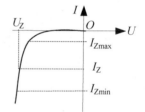

图 8.12　稳压管的稳压特性

设输入电压的变化范围为 $U_{1min} \sim U_{1max}$，那么稳压管工作电流 $I_Z$ 和负载上输出电流之间的关系，应满足

$$I_Z > I_{Zmin} + I_o = \frac{U_{1min} - U_o}{R}$$

$$I_Z < I_{Zmax} = \frac{U_{1max} - U_o}{R}$$

即限流电阻 $R$ 的选择应满足

$$\frac{U_{1max} - U_o}{I_{Zmax}} < R < \frac{U_{1min} - U_o}{I_{Zmin} + I_o} \tag{8-8}$$

在工程上对输入电压 $U_1$ 可按 $U_1 = 2U_o$ 进行估算。

使用稳压管必须防止限流电阻 $R$ 短路，避免烧毁稳压管。式(8-8)中参数 $I_{Zmin}$、$I_{Zmax}$ 和 $U_Z$，在稳压管手册中均可查到。

【例 8.3】在图 8.11 所示电路中，设电网电压的波动为 $\pm 10\%$，输出电压 $U_o=8V$，负载

电阻 $R_L=800\Omega$。试确定稳压管的参数和稳压电路的限流电阻 $R$。

**解**　根据题意可求得负载电流为

$$I_o = \frac{U_o}{R_L} = \frac{8\text{V}}{800\Omega} = 10\text{mA}$$

根据输出电压 $U_o=8\text{V}$，$I_o=10\text{mA}$，查手册选择 2CW1，参数为

$$U_Z = 7 \sim 8.5\text{V}, \quad r_Z = 6\Omega, \quad I_{Z\min} = 5\text{mA}, \quad I_{Z\max} = 33\text{mA}$$

因此流过限流电阻 $R$ 上的电流必须满足

$$I_R \geqslant I_o + I_{Z\min} = 10 + 5 = 15(\text{mA})$$

可取 $I_R = 20$ mA，$I_{Z\max} = 30\text{mA}$。

又取输入电压　　　　　　$U_1 = 2U_o = 2 \times 8\text{V} = 16\text{V}$

而电网电压的波动为 $\pm 10\%$，所以

$$U_{1\min} = 0.9\,U_1 = 0.9 \times 16 = 14.4(\text{V})$$

$$U_{1\max} = 1.1\,U_1 = 1.1 \times 16\text{V} = 17.6(\text{V})$$

根据式(8-8)，得

$$\frac{U_{1\min} - U_o}{I_{Z\max} + I_o} \geqslant R \geqslant \frac{U_{1\min} - U_o}{I_{Z\max}}$$

$$\frac{14.4 - 8}{15 \times 10^{-3}} \geqslant R \geqslant \frac{17.6 - 8}{30 \times 10^{-3}}$$

$$426\Omega \geqslant R \geqslant 320\Omega$$

取限流电阻 $R = 390\Omega$。

## 8.3.2　串联型稳压电路

### 1. 基本工作原理

在图 8.13 所示电路中，当输入电压 $U_i$ 升高时，输出电压 $U_o$ 也会上升。由稳压管 $VD_Z$ 的稳定电压 $U_Z$ 不变，使得三极管 VT 的发射结的偏置电压 $U_{BE} = U_Z - U_o$ 变小，则基极电流减小，导致三极管 VT 的管压降 $U_{CE}$ 增大，这样就使输出电压 $U_o(=U_i -$

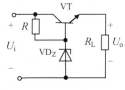

图 8.13　稳压原理电路

$U_{CE}$)减小，输出电压 $U_o$ 得以相对稳定。由此可看出，稳压电路的稳压是将输出电压与一个基准电压进行比较，比较后出现变化的电压用来调整三极管的管压降，使输出电压保持稳定。通常称三极管为调整管。由于调整管工作在线性放大区，故把这种稳压电路称为线性稳压电路。

如果将上述稳压电路中的输出电压 $U_o$ 和基准电压 $U_Z$ 比较后出现的变化差进行放大，然后再去控制调整管的基极，那么稳压电路的稳压性能将会进一步提高。在图 8.14 所示电路中，若有某种原因造成输出电压 $U_o$ 的下降，经电阻 $R_1$ 和 $R_2$ 的分压后，$VT_2$ 管的基极电压下降，稳压管的基准电压 $U_Z$ 不变，$VT_2$ 管的偏置电压 $U_{BE2}$ 减小，基极电流 $I_{B2}$ 减小，集电极电流 $I_{C2}$ 减小，使得 $VT_2$ 管的集电极电位 $U_{C2}$ 升高，即 $VT_1$ 管的 $U_{B1}$ 升高，$VT_1$ 管的发射结正向偏置电压 $U_{BE}$ 加大，导致 $VT_1$ 管的基极电流 $I_{B1}$ 增大，$VT_1$ 管的管压降 $U_{CE1}$ 减小，输出电压($U_o = U_i - U_{CE1}$)上升，抑制了输出电压 $U_o$ 的下降。

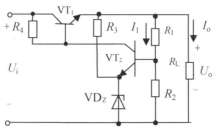

图 8.14　串联式稳压电路

由于调整管是与负载串联，所以稳压电路称为串联稳压电路。稳压电路由 4 个部分组成。

(1) 取样部分。取样是由电阻 $R_1$ 和 $R_2$ 组成，它与负载电阻并联，通过电阻 $R_1$ 和 $R_2$ 分压，把输出电压 $U_o$ 的变化取出，反馈到三极管 $VT_2$ 的基极上。反馈电压为

$$U_f = U_{B2} = \frac{R_2}{R_1 + R_2} U_o \tag{8-9}$$

(2) 基准部分。基准部分是由限流电阻 $R_3$ 和稳压管 $VD_Z$ 组成，稳压管的稳压值 $U_Z$ 作为稳压电路进行电压自动调整的电压基准。

(3) 比较放大部分。放大部分是由三极管 $VT_2$ 和负载电阻 $R_4$ 组成($R_1$、$R_2$ 也是其偏置电路电阻)。由取样所得的反馈电压 $U_f$ 与基准电压 $U_Z$ 进行比较后的结果加在放大管 $VT_2$ 的输入端，即 $U_{BE2} = U_f - U_Z$，经三极管 $VT_2$ 放大，在其负载上产生压降，改变集电极电位 $U_{C2}$，即改变了调整管 $VT_1$ 的基极电位 $U_{B1}$。

(4) 调整部分。调整部分的核心部件是调整三极管 $VT_1$，电路中的 $R_4$ 也是其偏置电阻。反映输出电压变化的电压信号加到了调整管 $VT_1$ 的基极，经调整管放大自动稳定输出电压。

串联稳压电路的组成可用图 8.15 所示的框图表示。由图可以看出，稳压电路实际上是一种反馈控制电路，它利用了负反馈原理达到稳定输出电压的目的。

根据式(8-9)有

$$U_{B2} = \frac{R_2}{R_1 + R_2} U_o = U_Z + U_{BE}$$

忽略 $U_{BE2}$ 时，可得

$$U_o = \frac{R_1 + R_2}{R_2} U_Z \tag{8-10}$$

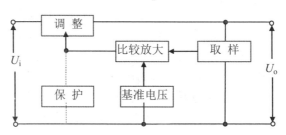

图 8.15　串联式稳压器的结构框图

串联稳压电路的输出电压由基准电压和取样电阻的分压确定。为了更方便地调整输出电压，取样电阻往往采用电位器。

在选择电源的输出电压值时，可依据下列关系进行估算。

流过取样电阻的电流为

$$I_1 < 0.1\, I_o$$

基准电压为

$$U_Z = \frac{R_2}{R_1 + R_2} U_o$$

调整管的工作压降为

$$U_{CE} \geqslant 3 \sim 5V$$

### 2. 使用运算放大器的稳压电源

集成运算放大器是一个开环放大倍数很高的理想放大电路，适合于在各种负反馈电路中使用，也无例外地适合于稳压电路中的负反馈控制。在图 8.16 所示电路中，运算放大器接成比较放大电路。由限流电阻 $R_3$ 和稳压管 $VD_Z$ 组成的稳压电路，所提供的基准电压 $U_Z$ 接到运算放大器的同相端。电阻 $R_1$ 和 $R_2$ 构成取样反馈网络，提取输出电压加在运算放大器的反相端。

输入电压 $U_i$ 增加，引起输出电压 $U_o$ 上升，导致反馈电压 $U_f = \dfrac{R_2}{R_1 + R_2} U_o$ 增加。反馈电压 $U_f$ 与基准电压 $U_Z$ 相比较，其差值电压经放大，使调整管 VT 的基极电位 $U_B$ 变小，基极电流 $I_B$ 减小，调整管 VT 的管压降加大，使得输出电压 $U_o$ 下降，维持输出电压的稳定。

图 8.16 所示电路属于电压串联负反馈，调整管 VT 连接成电压跟随器。所以有

$$U_o \approx U_B = A_u(U_Z - U_f)$$
$$= A_u \left( U_o - \frac{R_2}{R_1 + R_2} U_o \right)$$

整理得

$$U_o = U_Z \frac{A_u}{1 + F_V A_u} \tag{8-11}$$

式中，$F_V$ 为反馈系数，有

$$F_V = \frac{R_2}{R_1 + R_2}$$

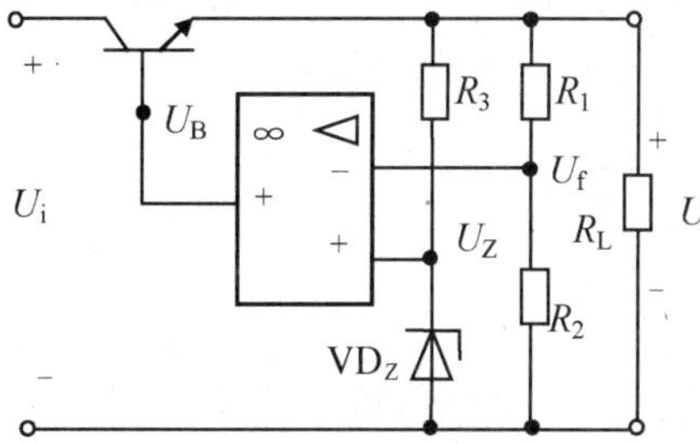

**图 8.16　应用运算放大器的稳压电源**

# 8.4 三端集成稳压器

近 20 年来，随着模拟集成电路的发展，集成稳压器也得到迅速发展。集成稳压器的内部结构以串联型稳压电路为基础，把取样、比较放大、调整和保护等功能集成在一起。现在各种集成稳压器的品种已有数百种之多，它具有输出电流大、体积小、可靠性高、安装调试方便、使用灵活、价格低廉等优点，大量地运用在各种电子仪器设备中。

集成稳压器有各种不同的分类方式。

### 1. 按制作工艺分类

(1) 单片式集成稳压器。把稳压器的全部元件制作在同一块芯片上，其特点是可靠性好、精度高，适合于大规模生产，但散热困难，输出电流小。

(2) 混合式集成稳压器。它是将单片式集成稳压器中发热大的调整管从电路中分离出来，把它与单晶硅芯片按设计封装在同一管壳，其特点是输出电流大，但制作困难，成本高。

### 2. 按调整管的工作状态(开关状态和放大状态)和调整管与负载的连接方式分类

(1) 串联型稳压器。在放大区工作的调整管与负载相串联，调整其管压降的大小，以稳定输出电压。大多数的集成稳压器属于此类。

(2) 并联型稳压器。在放大区工作的调整管与负载相并联，利用并联元件等效电阻的变化，来保持输出电压稳定。串联型稳压器和并联型稳压器又称为线性稳压器。

(3) 开关稳压器。调整管工作在开关状态，通过改变其导通和截止的时间，来保持输出电压的稳定。

### 3. 按稳压器引出端(脚)的数量分类

(1) 三端式稳压器。只有 3 个引脚，有的管壳算一个管脚。

(2) 多端式稳压器。有效管脚为 4 个或 4 个以上。

### 4. 按稳压器输出电压是否可调整分类

(1) 固定输出电压稳压器。其输出电压在其内部已调整好，使用时不能再调整。

(2) 输出电压可调稳压器。其输出电压可通过外接的元件进行调整，输出电压有较大的调整范围。

### 5. 根据稳压器输出端的电位分类

稳压器输出端的电位高于公共端(零电位)，则为正电压输出稳压器；稳压器输出端的电位低于公共端(零电位)，则为负电压输出稳压器。

## 8.4.1 固定输出式三端稳压器

### 1. 外形和典型应用电路

常见的固定输出式三端稳压器有正电压输出的 CW78××和负电压输出的 CW79××(78 或 79 前面的字母是表示生产的国家或厂家，CW 为中国标识)，其外形和管脚功能如

图 8.17 所示。

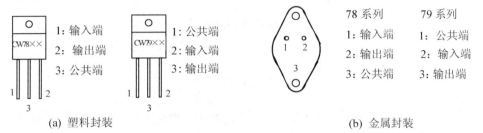

(a) 塑料封装　　　　　　　　　　　　　(b) 金属封装

图 8.17　固定输出式三端稳压器

固定输出式三端稳压器 78×× 和 79××，其中×× 为输出电压，常见为 05、06、09、12、15、18 和 24 等电压值(V)。图 8.18(a)、(b)分别是 78 和 79 系列三端稳压器的典型应用电路。图中的两个电容是用来防止稳压器可能产生的高频自激振荡和抑制由输入电路引入的高频干扰。由于固定输出式三端稳压器是工作在线性放大区，必须满足一定的动态工作电压 $U_{CE}$，即管压降，通常控制为 3～5V。如果输入电压太高，$U_{CE} = U_i - U_o$，在调整管上电压降增加，造成调整管的功耗增加，对散热和稳定工作不利。对于具体的三端稳压器，输入电压与输出电压之间最小的电压差可查说明手册。

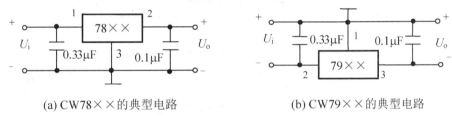

(a) CW78×× 的典型电路　　　　　　　(b) CW79×× 的典型电路

图 8.18　CW78/79×× 的典型电路

### 2. 提高输出电压

固定输出式三端稳压器除了按其规定的电压 $U$ 输出外，还可以提高输出电压，如图 8.19 所示。若稳压管的稳压值为 $U_Z$，则稳压器的输出电压为

$$U_o = U + U_Z \tag{8-12}$$

### 3. 提高输出电流

固定输出式三端稳压器除了按其规定的电流输出外，也可以外接功率管扩大输出电流，如图 8.20 所示。稳压器的输出电流为

$$I_o = I_C + I_2 = I_C + I_1$$

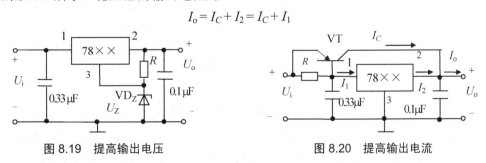

图 8.19　提高输出电压　　　　　　　　图 8.20　提高输出电流

$I_2(\approx I_1)$ 为三端稳压器额定输出电流。而三极管 VT 集电极电流为

$$I_C = \beta I_B = \beta\left(I_1 - \frac{U_{EB}}{R}\right)$$

所以

$$I_o = I_2 + \beta\left(I_2 - \frac{U_{EB}}{R}\right) \tag{8-13}$$

如果三端稳压器输出电流为 1A，三极管的 $\beta=10$，$R=0.6\Omega$，$U_{BE}=-0.3$V，则稳压器输出电流为

$$I_o = 1 + 10 \times \left(1 - \frac{0.3}{0.6}\right) = 6(A)$$

**4. 正负电压输出电路**

图 8.21 所示为正负输出稳压电路，采用 7812 和 7912 三端稳压器。

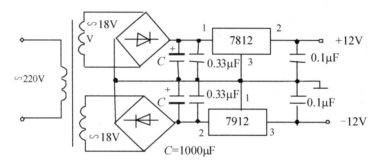

图 8.21　正负电压输出电路

## 8.4.2　可调输出式三端稳压器

可调输出式三端稳压器最常见的是输出电流为 1.5A 的 CW317(可调正电压输出)和 CW337(可调负电压输出)，其外形与管脚如图 8.22 所示。此外，还有可调正电压输出、输出电流为 3A 的 CW350 和 5A 的 CW338，其外形与管脚如图 8.22(b)所示。这些输出可调三端稳压器电压的输出范围为 1.25～37V。图 8.23 所示为 CW317 典型电路。在输入电压允许的情况下，通过调整电位器 $R_P$，可得到 1.2～37V 连续可调的输出电压。

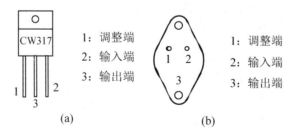

图 8.22　CW317 的外形与管脚

集成稳压器输出端和调整端之间有一个固有的参考电压 1.25V，此电压加在电阻 $R_1$ 的两端，在忽略 CW317 调整脚电流下，参考式(8-9)，可得输出电压的表达式为

$$U_o = 1.25 \times \left(1 + \frac{R_P}{R_1}\right)$$

由于 CW317 最小的负载电流为 5mA，所以，电阻 $R_1$ 的最大值为 1.25V/5mA=240Ω。

实际上电阻 $R_1$ 常取值为 120～240Ω。在图 8.24 所示的稳压电路中，为了方便调整输出电压，$R_P$ 多采用精密电位器，与其并联一个电容，可进一步减小输出电压的纹波。二极管 $VD_2$ 是为了防止输出端与地短路时，电容 $C_1$ 的放电损坏稳压器而接入的。二极管 $VD_1$ 是为了防止输入端与地短路时，电容 $C_1$ 的放电损坏稳压器而接入的。同样，上述过程也适用于 CW337 的负电压输出稳压电路。图 8.25 所示为 CW337 的外形与管脚，图 8.26 所示为 CW337 的稳压电路。CW337 是负电压输出，它除了与 CW317 的管脚分布不同外，电路中的电源极性和有极性的元件接法都必须注意不要接反。

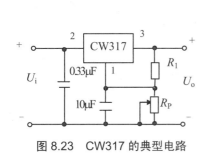

图 8.23　CW317 的典型电路

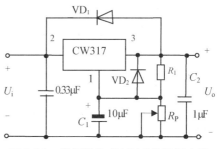

图 8.24　带保护的 CW317 的稳压电路

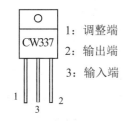

图 8.25　CW337 的外形与管脚

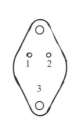

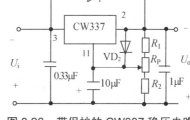

图 8.26　带保护的 CW337 稳压电路

💡 **注意：** 负电压输出的稳压电路，与正电压输出稳压电路的管脚分布不同，电路中的电源极性和有极性的元件接法都必须注意，不要接反；否则会烧毁元件。

# 8.5　开关稳压电源

上述的线性稳压电路，具有电路简单、稳定度高、工作可靠等优点，在电子设备中得到广泛的应用。但是，线性稳压电路中的调整管是在放大状态(线性区)下工作的，必须保证调整管有一定的工作电压(管压降)。在负载电流较大时，调整管就会有较大的消耗功率，这不仅降低了稳压电路的效率(一般只为 40%～60%)，而且还要解决调整管功耗大的散热问题，通常是采用散热器和风机散热，这就增大了面积，导致电源本身体积和重量的增加，也会使电子设备的可靠性下降。

要降低调整管功耗，可使调整管工作在开关状态，即调整管主要工作在饱和导通和截止两种状态。由于管子饱和导通时管压降 $U_{CE(sat)}$ 小、管子截止时电流 $I_{CEO}$ 小，这样管子的功耗主要发生在状态的转换过程中，电源的效率可提高到 80%～90%。

调整管工作在开关状态，通过控制调整管的导通时间 $T_1$ 来实现输出电压的调整，直流输出电压为

$$U_o = \frac{T_1}{T} U_i = \delta U_i$$

式中：$T$ 为开关管的导通和截止的周期；$T_1$ 为导通时间；$\delta$ 为占空系数，$\delta = T_1/T$ (占空比)。

开关稳压电源具有体积小、效率高等优点，在各类电子产品中得到广泛应用。但开关稳压电源中控制电路要比线性稳压电路复杂，对元器件性能要求高，因此价格比较高。由于调整管处在开与关不断的变换中，最突出的是输出电压纹波大，而且这种高频开关信号对电子设备会造成干扰。这是开关稳压电源的不足之处。

开关稳压电路的输出电流一般都较大，即输出功率大，通常都加有散热装置。

开关电源按换能元件的连接方式分为串联型和并联型两种；开关电源按控制方式分为脉宽调制方式和频率控制方式。本节仅介绍脉宽调制式串联型开关稳压电路。

### 1. 基本原理

串联型开关稳压器的工作原理如图 8.27 所示。在图中 $U_i$ 为输入电压，VT 为开关管(饱和导通时管压降视为零)，VD 为续流二极管(导通时管压降视为零)，$L$ 为储能电感(电感 $L$ 大，直流电阻忽略不计)，$C$ 为滤波电容(电容值大)，$R_L$ 为负载电阻，$U_o$ 为输出电压。

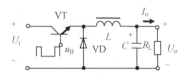

图 8.27　串联型开关稳压器原理

如图 8.28(a)所示，在 $T_1$ 的时间里，开关管加上正脉冲 $u_B$，开关管 VT 饱和导通，开关管 VT 的输出电压等于输入电压 $U_i$，使二极管反偏而截止，如图 8.29 所示。输入电压 $U_i$ 通过电感 $L$ 向电容 $C$ 和负载电阻 $R_L$ 流过一个锯齿形上升的电流 $i_L$，电流的增加量为

$$\Delta i_L(+) = (U_i - U_o) \times \delta \times \frac{T}{L}$$

上升的电感在对电容 $C$ 充电的同时向负载提供功率。这时，随着电感电流 $i_L$ 的增加，电感上以磁能的形式储存能量，故称为储能电感。上述过程电流 $i_L$ 的波形如图 8.28(b)所示。

在 $T_2$ 的时间里，开关管加上低电平脉冲(零电平)时开关管 VT 截止，等于开路，如图 8.30 所示。由于电感中的电流 $i_L$ 不能突变，在电感两端感应出右正左负的感应电动势，使二极管 VD 正偏而导通。电感中的电流 $i_L$ 必须以换路时瞬间的大小和方向为初始值，向电容和负载电阻释放能量。二极管 VD 使电感中的电流 $i_L$ 形成回路而继续流通，故二极管 VD 又称为续流二极管。随着能量的释放，电流 $i_L$ 线性下降，如图 8.28(c)所示。电流的减少为

$$\Delta i_L(-) = \frac{(1-\delta)T}{L} U_o$$

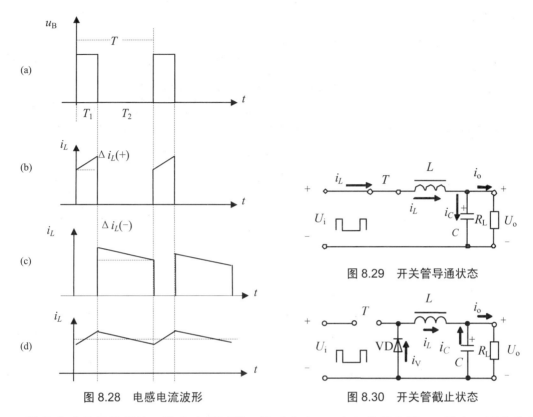

图 8.28  电感电流波形

图 8.29  开关管导通状态

图 8.30  开关管截止状态

随着电感能量的释放，输出电压下降，这时电容 $C$ 也向负载电阻 $R_L$ 放电，因此负载 $R_L$ 上保持连续的输出电压。

在一个周期内，电感上流过的电流 $i_L$ 如图 8.28(d)所示。以后周而复始地重复上述过程，向负载提供相对平稳的电压。

由图 8.27 所示电路可知，储能电感 $L$、负载 $R_L$ 和输入电压是依次串联的，所以称此电路为串联型开关稳压电路。

在开关稳压电路达到稳态输出时，开关管的导通期间电感中电流的增量与开关管的截止期间电感中电流的减少相等，即 $\Delta i_L(+)=\Delta i_L(-)$。则

$$(U_i-U_o)\times\delta\times\frac{T}{L} = \frac{(1-\delta)T}{L}U_o$$

由此可求得

$$\delta = \frac{U_o}{U_i} \tag{8-14}$$

由此可见，只要控制占空比 $\delta$(即导通时间)就可以调整和稳定输出电压。因此，该电路称为脉宽调制(PWM)式开关稳压电路。

开关稳压器的原理结构如图 8.31 所示。图中"取样电路"将输出电压取出，反馈到"比较电路"，与"基准电压"相比较，将比较结果放大后用以调整"开关驱动"电路的矩形波导通或截止时间，以此来驱动调整管的通、断开关信号。

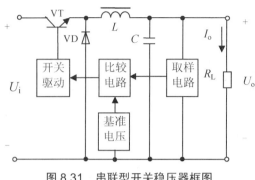

图 8.31 串联型开关稳压器框图

**2. 集成开关稳压电路的应用**

1) 基本指标

LM2575(HV)/LM2576(HV)降压型单片开关稳压电路,基本指标如下。

最大输出电流:分别是 1A 和 3A。

输入电压:LM2575/LM2576 为标准电压产品,LM2575HV/LM2576HV 是其高电压输入产品。

LM2575/LM2576 的输入电压范围为 4.75~40V。

LM2575HV/LM2576HV 的输入电压范围为 4.75~60V。

5 种输出电压:分别为 3.3V、5V、12V、15V 和 ADJ 可调输出。

最大稳压误差:±4%。

转换效率:73%~88%。

工作温度范围:LM2575(HV) / LM2576(HV)为−55~+150℃。

2) 封装与电路结构

LM2575(HV) / LM2576(HV)采用 TO-220 和 TO-263 等多种封装方式,分别用后缀 T、S 表示。应用最多的是 TO-220,如图 8.32 所示。

LM2575(HV)/LM2576(HV)的内部电路结构基本相同,都包含有 52kHz 的振荡器、基准电路、过热关断保护电路、过流保护电路、开关调整管驱动控制电路等,如图 8.33 所示。

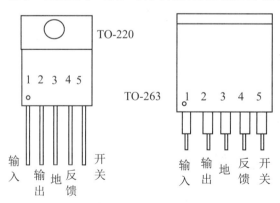

图 8.32 封装方式

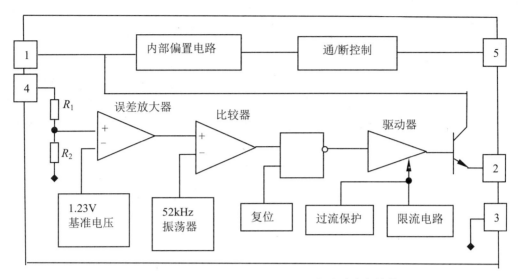

图 8.33  LM2575(HV) / LM2576(HV)的电路内部结构

3) 应用电路

LM2575(HV)/LM2576(HV)适用于降压开关稳压电路。固定输出电压(5V)的应用电路如图 8.34 所示，可调输出电压的应用电路如图 8.35 所示。

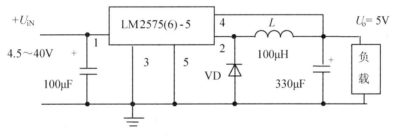

图 8.34  LM2575-5 / LM2576-5 应用电路

在图 8.35 所示电路中，当 $U_o= 5V$ 时，应适当选择 $R_1$ 和 $R_2$ 的阻值，具体关系式为

$$U_o = U_{REF} \quad (1 + R_1 /R_2 )$$
$$R_1 = R_2 (U_o /U_{REF} - 1)$$
$$U_{REF} = 1.23V \quad ; \quad R_2 = 1 \sim 5k\Omega$$

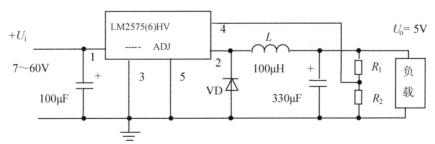

图 8.35  LM2575(HV) / LM2576(HV) 应用电路

4) 注意事项

(1) 电感的选择。电感的大小应根据输出电压的大小、最大输入电压和最大负载电流等参数来选择，可参照图 8.36 中的曲线来查找所需的电感值。

(2) 电容的选择。输入端的电容应大于 47μF，并且应尽量与电路靠近。而输出端的电容推荐使用容量 100～470μF。

(3) 二极管的选择。为安全起见，选择二极管的额定电流应大于最大负载电流的 1.5 倍以上，其反向耐压也应大于输入最大电压的 1.5 倍以上。

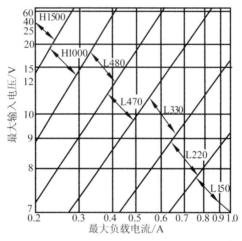

图 8.36　电感曲线

# 小　结

(1) 直流稳压电源由电源变换器、整流电路、滤波电路和稳压电路 4 个部分组成。

(2) 电源变换器将交流电网中的交流电压变换为符合整流要求的交流电压。多数情况下采用电源变压器进行降压，当然还可以通过其他方式来变换电压。

(3) 整流电路将交流电压转换成单向脉动电压。单相全波整流电路和桥式全波整流电路是常用的两种整流电路。单相桥式全波整流中，负载电阻 $R_L$ 上电压平均值为 $U_o = \dfrac{2\sqrt{2}}{\pi} U = 0.9U$；负载电阻 $R_L$ 上电流平均值为 $I_o = \dfrac{0.9U}{R_L}$；流过每个整流二极管的正向电流为 $\dfrac{1}{2} I_o$；整流二极管的耐压时应满足 $U_{RM} > \sqrt{2}\, U$。

(4) 电容滤波将起到减小整流输出电压脉动的作用，一般取 $C \geqslant (3 \sim 5) \dfrac{T}{2R_L}$。

对于桥式整流的电容滤波电路，输出电压可提升为 $U_o = (1.1 \sim 1.2) U_i$。

(5) 直流稳压电源有两种：线性调整电源和开关调整电源。其功能都是在整流滤波电路之后进一步实现稳压作用。

线性调整电源中由稳压管组成的稳压电路是用在小电流负载下的直流稳压。

线性调整电源中最具有代表性的是串联稳压电路，它由 4 个部分组成：①取样部分；

②基准部分；③比较放大部分；④调整部分。

串联稳压电源常由集成稳压电路组成。通过集成稳压电路能实现定电压输出、提高电压输出或可调电压输出，也能实现扩大输出电流。

(6) 开关电源多应用于大电流状态，一般采用控制脉冲的占空系数(调脉宽)实现稳压。

# 习　　题

## 1. 填空题

(1) 在半波整流中，输出电压 $U_o$ 的平均值是_____。

(2) 单相桥式全波整流中，输出电压的平均值是_____。

(3) 单相桥式全波整流中，如果有一个二极管开路，输出电压的平均值是_____。

(4) 串联稳压电路中基准电压提高 2V，输出电压将提高_____ V。

(5) 电容滤波的桥式整流电路，输出电压 $U_o$ 为输入电压的_____。

## 2. 判断题

(1) 整流电路将交流电压转换成直流脉动电压。　　　　　　　　　　　　　　(　　)

(2) 半波整流电路中整流二极管所承受电压是最大输入电压的一半。　　　　　(　　)

(3) 单相全波整流电路中，整流二极管在截止时所承受的反向电压的最大值，是变压器次级绕组的最大电压 $\sqrt{2}\ U_i$。　　　　　　　　　　　　　　　　　　　　　　(　　)

(4) 桥式整流电容滤波电路能提高输出电压。　　　　　　　　　　　　　　　(　　)

(5) 串联稳压电源工作在开关状态。　　　　　　　　　　　　　　　　　　　(　　)

## 3. 问答题

(1) 在桥式全波整流电路中，如何选择整流管的电压和电流？

(2) 利用 CW7805 三端稳压块，如何实现 8V 输出？

(3) 可调输出式三端稳压器 CW317 输出电压为 3V 时，如何选择调整电阻？

(4) 试说明串联型开关稳压器中储能电感的作用。

(5) 试说明串联稳压电路是如何稳定输出电压的。

## 4. 计算题

(1) 试画出图 8.37 所示电路中的整流输出电压波形。

(2) 在图 8.38 所示电路中，$u_1=10\sim12V$，$I_{Zmin}=10mA$，$I_{Zmin}=50mA$。要输出 5V 的电压，输出电流为 10mA，如何选择电阻 $R$？

(3) 在图 8.14 所示电路中，要使输出电压为 6V，如何选择基准电压和取样电阻？

(4) 请画出用 CW7806 的三端稳压块输出 10V 电压的稳压电路。

(5) 利用城市电网，试设计一个输出电压为±5V、输出电流为 1A 的直流电源。

(6) 用 CW317 三端稳压电路，设计输出电压为 3～24V 连续可调的直流稳压电源。

(7) 在图 8.23 所示电路中，$R_1=200\Omega$，要连续输出电压 6～18V，应如何选择可调电阻 $R_P$？

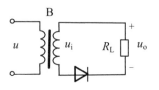

图 8.37　计算题(1)的电路图

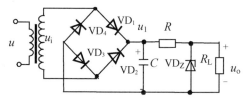

图 8.38　计算题(2)的电路图

# 项目 9

门电路和组合逻辑电路

**教学提示:**

从本项目起的以后两个项目将介绍数字电路及其分析方法。数字电路是实践性很强的技术基础课程。数字电路是处理数字信号的电路,研究的是输入信号状态和输出信号状态之间的逻辑关系。数字信号只有 0 和 1 两个状态。数字电路采用"逻辑代数"这一数学工具来分析和描述,完全区别于模拟电路的分析、设计方法。在学习数字电路这一内容时,除了要掌握基本原理、基本方法以外,更要灵活应用。

**教学目标:**

- 掌握与门、或门、非门、与非门、或非门的逻辑功能。
- 了解 TTL 与非门的主要参数、电压传输特性和 CMOS 门电路的工作特点。
- 掌握逻辑函数的表示方法,能用逻辑代数的运算规则和卡诺图简化函数表达式。
- 理解加法器、编码器、译码器、比较器和数据选择器等组合逻辑电路的工作原理。
- 能够分析和设计简单的组合逻辑电路。

在前面几个项目中,讨论了随时间连续变化的模拟信号在电路中被放大的工作原理,放大电路中起核心放大作用的晶体管都是在线性状态下工作,这样的电路通常称为模拟电路。从本项目起,将讨论与模拟电路完全不同的电路,即数字电路。模拟电路和数字电路都是电子技术的重要基础。数字电路是一种开关电路,数字电路中的开关元件一般都是工作在通、断两种状态。因此数字电路有以下特点。

(1) 数字电路中基本的工作信号是开关信号,在时间和数值上是不连续的,反映在电路上是低电平和高电平,这两种状态用"0"和"1"表示。

(2) 数字电路中所关心的是输入信号状态(0 或 1)与输出信号状态(0 或 1)之间的逻辑关系。一个数字电路所具有的逻辑关系称为该数字电路的逻辑功能,可用逻辑函数表示。逻辑函数常用的表示法有真值表、函数表达式、卡诺图和逻辑图。

(3) 对数字电路进行逻辑分析和逻辑设计的主要工具是逻辑代数。

(4) 数字电路会按照设计者所设计的逻辑功能进行逻辑推理和逻辑判断,还可具备一定的"逻辑思维"的能力。

数字电路在通信、自动控制系统、数字测量仪器和计算机中都有广泛的应用。

# 9.1 基本逻辑运算

逻辑代数又称为布尔代数或开关代数,是英国数学家乔治·布尔(George Boole)在 19 世纪中叶创立的。逻辑代数与普通代数有着根本的不同,逻辑代数所表示的不是数量上的大小关系,而是一种逻辑上的关系。和普通代数相比,它仅取 0 和 1,没有具体数值的意义,也不能比较其大小。它是把矛盾的双方分别假设为"1"和"0",如高电平表示为 1,低电平表示为 0;有表示为 1,无表示为 0;成立表示为 1,不成立表示为 0 等。这就把这些矛盾的概念数学化,0 和 1 是表示矛盾的数学描述,称为逻辑量。逻辑代数和普通代数的共同点是都用字母表示变量,但又比普通代数简单得多,逻辑代数中的变量仅取 0

和 1。因此这些变量称为逻辑变量。利用逻辑代数中的已知条件和定理对问题做数学上的运算，便可得出合乎逻辑的推理结果。逻辑代数的运算也完全不同于普通代数，它只有 3 个基本的逻辑运算：与运算、或运算和非运算。数字电路中实现基本运算的电路就是逻辑电路。

### 9.1.1　与逻辑运算

如图 9.1(a)所示，电源通过串联的两个开关 $A$ 和 $B$ 与灯泡 $Y$ 相连接。只有在两个开关 $A$ 和 $B$ 同时闭合的条件下，灯泡 $Y$ 才会亮。所以对灯泡 $Y$ 来说，任何一个开关 $A$ 或 $B$ 的闭合，灯泡 $Y$ 都不会亮。开关 $A$ 和 $B$ 与灯泡 $Y$ 亮之间的关系称为逻辑"与"关系。用逻辑代数的表示式可写成

$$Y = A \cdot B \tag{9-1}$$

式中的"·"表示"与"运算，式(9-1)读成 $Y$ 等于 $A$ 与 $B$。式(9-1)可简写成 $Y = AB$。

如果开关合上为"1"，打开为"0"，灯亮为"1"，灯灭为"0"，把开关的状态视为自变量，灯的状态(亮或灭)视为因变量，它们之间存在 4 种因果逻辑关系，如图 9.1(b)所示。由表格中可看出，只有 $A$ 和 $B$ 都为 1 时，$Y$ 才为 1。换言之，当决定一件事情的所有条件全部具备时，该事件才发生；否则，该事件不会发生。这样的因果关系称为与逻辑关系，与逻辑运算又称为逻辑乘运算。

实现与逻辑关系运算的电路称为与门电路，其电路符号如图 9.1(c)所示。图中 $A$、$B$ 为输入信号，也可有多于两个的输入信号；$Y$ 为输出信号，输出信号只能有一个。

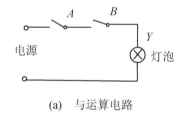

| $A$ | $B$ | $Y$ |
|---|---|---|
| 0 | 0 | 0 |
| 0 | 1 | 0 |
| 1 | 0 | 0 |
| 1 | 1 | 1 |

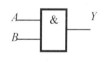

(a)　与运算电路　　　　(b)　与逻辑表　　　　(c)　与门电路符号

**图 9.1　与逻辑关系运算**

在门电路中，输入和输出信号都是用高、低电平来表示，即用 0 和 1 这两种状态表示。当以 1 表示高电平、0 表示低电平时，称为正逻辑关系。当以 0 表示高电平、1 表示低电平时，称为负逻辑关系。本书采用的是正逻辑关系，简称为逻辑关系。

在数字电路中，常用晶体管的截止表示"1"，饱和表示"0"。上述的与门电路可用简单的二极管电路来实现，如图 9.2 所示。设输入信号 $A$ 和 $B$ 为 1 时的电平为

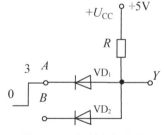

**图 9.2　二极管与门电路**

3V，为 0 时为零电平，二极管导通时其管压降很小(硅管为 0.7V，锗管为 0.3V)。从电路中可看出，不管输入信号 $A$ 和 $B$ 是 1 还是 0，电源$+U_{CC}$通过电阻 $R$ 均使二极管 $VD_1$ 和 $VD_2$ 导通。只有在输入信号 $A$ 和 $B$ 均为 1(即 3V)时，才有输出信号 $Y$ 为 1($Y$ 的输出电压约 3.7V，为高电平)；否则，若有一个二极管为 0(低电平)，输出信号 $Y$ 均为 0(输出的电平为

低电平，等于二极管导通时的管压降 0.7V)。该电路关系符合图 9.1(b)所示的与逻辑关系。

### 9.1.2 或逻辑运算

如图 9.3(a)所示，电源通过并联的两个开关 $A$ 和 $B$ 与灯泡 $Y$ 相连接。在两个开关 $A$ 和 $B$ 中至少有一个闭合的情况下，灯泡 $Y$ 就会亮。对灯泡 $Y$ 来说，开关 $A$ 和 $B$ 与灯泡 $Y$ 亮的关系称为逻辑"或"的关系。用逻辑代数的表示式可写成

$$Y = A + B \tag{9-2}$$

式中的"+"表示"或"运算，式(9-2)读成 $Y$ 等于 $A$ 或 $B$。

如果开关合上为"1"，打开为"0"，灯亮为"1"，灯灭为"0"，把开关的状态视为自变量，灯的状态(亮或灭)视为因变量，它们之间存在 4 种因果逻辑关系，如图 9.3(b)所示。或逻辑运算表明，在决定一事件的各个条件中，只要具备一个或一个以上的条件，该事件就会发生。或逻辑运算又称为逻辑加运算。

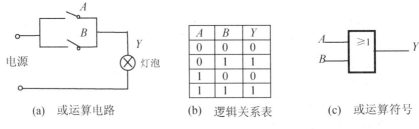

| $A$ | $B$ | $Y$ |
| --- | --- | --- |
| 0 | 0 | 0 |
| 0 | 1 | 1 |
| 1 | 0 | 0 |
| 1 | 1 | 1 |

(a) 或运算电路　　　　(b) 逻辑关系表　　　　(c) 或运算符号

**图 9.3　或逻辑关系运算**

实现或逻辑关系运算的电路称为或门电路，图 9.3(c)所示是或逻辑运算的或门符号。在数字电路中，或门电路可用简单的二极管电路来实现，如图 9.4 所示。当 $A$ 输入信号为 1 时(如高电平 3V)，则 $A$ 端的电平比 $B$ 端高，二极管 $VD_1$ 优先导通，$Y$ 输出端的电平为 2.3V，$Y$ 端为 1。此时，二极管 $VD_2$ 因承受反向电压而截止。当输入信号 $A$ 和 $B$ 均为 0 时，输出端 $Y$ 才为 0(−0.7V)。

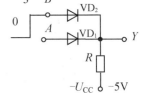

**图 9.4　二极管或电路**

📑 提示：　在数字电路中，人们常提到电平和电位，其实电平就是电位。高、低电平是表示电平的高低，高、低电平表示两种不同的状态，都表示了一定的电压范围，而不是某一固定不变的电压值。如 TTL 电路中，小于 0.8V 都算作低电平，2~5V 都算作高电平。

### 9.1.3 非逻辑运算

如图 9.5(a)所示，开关 $A$ 和灯泡 $Y$ 并联。开关 $A$ 不闭合，灯泡 $Y$ 亮。开关 $A$ 闭合，灯泡 $Y$ 则灭。对灯泡 $Y$ 来说，开关 $A$ 与灯泡 $Y$ 亮的关系称为逻辑"非"的关系。用逻辑代数的表示式可写成

$$Y = \overline{A} \tag{9-3}$$

上式中的 $\overline{A}$ 上面的"－"表示"非"运算，式(9-3)读成 $Y$ 等于 $A$ 非。非逻辑关系如

图 9.5(b)所示。$\overline{A}$ 也可读成 $A$ 反。

实现非逻辑关系运算的电路称为非门电路，图 9.5(c)所示是非逻辑运算的非门符号。在数字电路中，非门电路可用简单的三极管电路来实现，如图 9.6 所示。非门电路只有一个输入端 $A$。当 $A$ 为 1 时(高电平 3V)，三极管 VT 饱和导通，$Y$ 为 0 输出(电压 0.3V)；当 $A$ 为 0 时(零电平)，三极管 VT 截止，$Y$ 为 1 输出(输出电压高电平，接近 $U_{CC}$)。所以非门电路亦称为反相器。

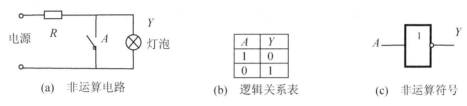

| $A$ | $Y$ |
| --- | --- |
| 1 | 0 |
| 0 | 1 |

(a)  非运算电路　　　　(b)  逻辑关系表　　　　(c)  非运算符号

**图 9.5　非逻辑关系运算**

信号的高、低电平表示"1"和"0"。"1"是"0"的反面，"0"也是"1"的反面。用逻辑关系可表示为

$$\overline{1} = 0 \,(或\, \overline{0} = 1) \tag{9-4}$$

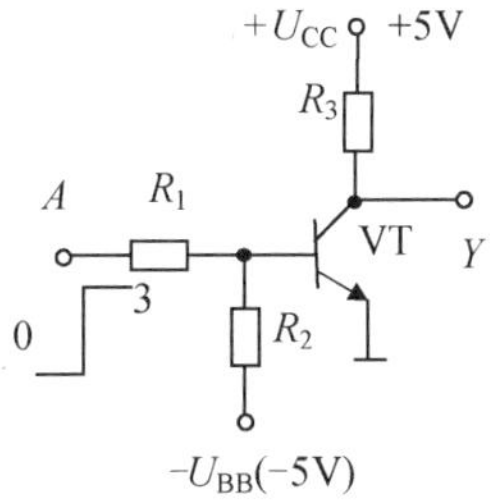

**图 9.6　三极管非门电路**

# 9.2　集成逻辑门电路

逻辑门电路是数字集成电路中的基本单元电路。逻辑门电路包括与门、或门、非门以及由它们组合成的与非、或非等门电路。常用的门电路有两种类型：TTL 门电路和 CMOS 门电路。

## 9.2.1　TTL 门电路

晶体管–晶体管逻辑门电路(Transistor-Transistor Logic)，简称 TTL 门电路。最有代表性的电路是与非门，其他各种门电路和触发器均由 TTL 与非门电路所组成，或者由 TTL 与非门的变形电路组成。

### 1. TTL 与非门电路的组成

图 9.7(a)所示是最常见的 TTL 与非门典型电路，图 9.7(b)所示是与非门电路符号。TTL 与非门典型电路由以下 3 个部分组成。

(1) 由多发射极晶体管 $VT_1$ 和电阻 $R_1$ 组成 TTL 电路的输入级。输入信号通过多发射极晶体管实现与逻辑。多发射极晶体管的集电结可以看成是一个二极管，多发射结可看成是几个并联的二极管，其等效电路如图 9.8 所示。由图可知，晶体管 $VT_1$ 所起的作用和二极管与门电路的作用相似。

(2) $VT_2$ 和电阻 $R_2$、$R_3$ 组成中间级。从它的集电极和发射极同时输出两个相位相反的信号，作为 $VT_3$、$VT_4$ 和 $VT_5$ 晶体管的驱动信号。

(3) $VT_3$、$VT_4$、$VT_5$ 晶体管和电阻 $R_4$ 构成推拉式输出级。

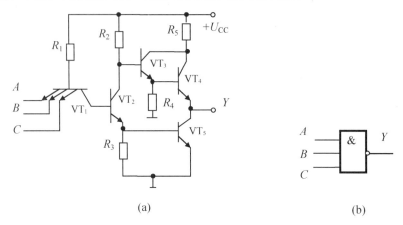

(a)                                              (b)

图 9.7　TTL 与非门电路

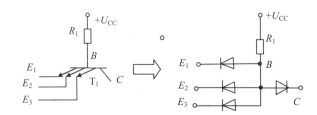

图 9.8　多发射极晶体管的等效电路

## 2. TTL 与非门电路的工作原理

如图 9.7 所示的 TTL 与非门电路的工作原理如下。

(1) 当 A、B、C 这 3 个输入端中有一个或一个以上为低电平(一般为 0.3V，0 态)时，接 0 态的发射结(二极管)处于正向偏置并导通，此时多射极晶体管 $VT_1$ 的基极电平约为 0.3V+0.7V=1V，晶体管 $VT_2$ 和 $VT_5$ 处于截止状态。晶体管 $VT_2$ 的集电极电平接近于电源电压 $U_{CC}$，使得 $VT_3$ 和 $VT_4$ 导通，输出端为高电平，即 $U_Y=U_{CC}-I_{B3}R_2-U_{BE3}-U_{BE4} \approx U_{CC}-U_{BE3}-U_{BE4}$，若 $U_{CC}=5V$，则 $U_Y=3.6V$。

(2) 当 A、B、C 这 3 个输入端全为 1 态时，电源 $U_{CC}$ 使 $VT_1$ 的集电结、$VT_2$ 的发射结、$VT_5$ 的发射结处于正向偏置并导通。3 个结电压降均为 0.7V，晶体管 $VT_1$ 的基极电平被钳制在 2.1V，$VT_1$ 的集电极电平为 1.4V，使晶体管 $VT_1$ 的所有发射结反向偏置并截止。此时

$$U_{B3} = U_{C2} = U_{CE2(sat)}+ U_{BE5} = 0.3V + 0.7V = 1V$$

该电压不足以同时驱动晶体管 $VT_3$、$VT_4$，$VT_3$、$VT_4$ 截止。$VT_2$ 的发射极向 $VT_5$ 提供足够的基极电流，$VT_5$ 处于饱和导通状态，$U_Y = U_{CE5(sat)} = 0.3V$，为低电平。

综上所述，只有当输入信号全为 1 时，输出为 0；只要输入信号中有一个不为 1，则输出为 1。逻辑关系式为

$$Y = \overline{A \cdot B \cdot C} \tag{9-5}$$

与非门的逻辑关系可归纳成如表 9.1 所示。

表 9.1 与非逻辑状态表

| A | B | C | Y |
|---|---|---|---|
| 0 | 0 | 0 | 1 |
| 0 | 0 | 1 | 1 |
| 0 | 1 | 0 | 1 |
| 0 | 1 | 1 | 1 |
| 1 | 0 | 0 | 1 |
| 1 | 0 | 1 | 1 |
| 1 | 1 | 0 | 1 |
| 1 | 1 | 1 | 0 |

### 3. TTL 与非门的主要特性

要合理和正确使用数字集成电路，就必须了解其有关特性。TTL 与非门的主要特性有电压传输特性、输入特性、输出特性和速度等。这里对一部分特性进行讨论，以便进一步了解 TTL 与非门的主要概念和特性。详细的参数说明可查阅有关的产品性能手册。

1) 电压传输特性

TTL 与非门电压传输特性是指：输出电压跟随输入电压变化的关系，可用一条曲线定量表示，如图 9.9 所示。电压传输特性曲线共分 4 段。

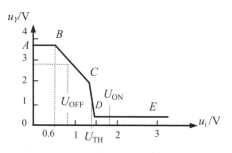

图 9.9 TTL 与非门的电压传输特性

(1) $AB$ 段。$u_i < 0.6V$，输出电压 $U_Y$ 保持着高电平 3.6V。在这一段，由于输出晶体管 $VT_5$ 截止，故称为截止区，通常称与非门处于截止状态。

(2) $BC$ 段。在 $0.6V \leqslant u_i \leqslant 1.3V$ 区间，输出电压 $U_Y$ 随着输入电压 $u_i$ 的增加而线性下降。在这一段中(参看如图 9.7 所示电路)，当 $U_{o1} > 0.6V$，晶体管 $VT_2$ 处于放大状态，$VT_5$ 仍然截止。由于 $U_{B2} < 1.4V$，$VT_4$ 仍处于射极输出状态。因此，输出电压 $U_Y$ 随着输入电压 $u_i$ 的增加而线性减小。所以把 $BC$ 段称为线性区。

(3) *CD* 段。该段是处在 $u_i$ =1.4V 左右。当 $u_i$＞1.3V 时，晶体管 $VT_3$ 和 $VT_4$ 趋向截止，$VT_2$、$VT_5$ 导通趋向饱和。当 $u_i$= 1.4V 时，输出电平迅速下降到 0.3V。这一段称为转折区。

(4) *DE* 段。当 $u_i$＞1.4V 时，输出电平在 0.3V，不随输入电压的变化而变化。在这段中，晶体管 $VT_3$ 和 $VT_4$ 已完全截止，$VT_5$ 饱和导通。故称此段为饱和区。通常称与非门处于饱和状态。

2) 几个主要特性参数

从电压传输特性曲线的分析中，可以反映出 TTL 与非门的主要特性参数。

(1) 输出高电平 $U_{oH}$ = 3.6V。

(2) 输出低电平 $U_{oL}$ = 0.3V。

(3) 开门电平和关门电平。在保证输出为额定低电平(0.3V)的条件下，允许输入高电平的最低值称为开门电平 $U_{ON}$。一般认为开门电平 $U_{ON}$≤1.8V。在保证输出为额定高电平(3V)的 90%条件下，即 2.7V，允许输入低电平的最高值称为关门电平 $U_{OFF}$。一般认为关门电平 $U_{OFF}$≥0.8V。

(4) 阈值电压(门槛电压)。阈值电压 $U_{TH}$ 是指：电压传输特性曲线的转折区所对应的输入电压。它既是晶体管 $VT_5$ 导通和截止的分界线，又是输出高、低电平的分界线。它又被形象地称为门槛电压。实际上这个转折区所对应的输入电压是一个区域范围，一般用转折区的中点所对应的输入值来表示，常取 $U_{TH}$ =1.4V。

(5) 扇出系数。用 TTL 与非门驱动同类门时，最大的电流发生在输出为低电平的状态，这时所带的每一个负载门向晶体管 $VT_5$ 灌入的电流为短路电流 $I_E$。如果能测出输出端允许灌入的最大负载电流 $I_{Omax}$，则扇出系数应为 $N_O = I_{Omax}/I_E$。因此，扇出系数 $N_O$ 是指一个 TTL 与非门正常工作时能驱动同类门的最大数目。一般地 $N_O$≥8。

(6) 传输延迟时间。在 TTL 与非门电路中，晶体管作为开关，从导通状态转换到截止状态，或从截止状态转换到导通状态，都存在着延迟时间、存储时间、上升时间和下降时间。这就使得输入信号电平发生变化到输出信号电平变化之间存在一段延迟(或滞后)时间，即存在导通延迟时间 $t_{PHL}$ 和截止延迟时间 $t_{PLH}$，如图 9.10 所示。传输延迟时间是通过平均传输延迟时间来体现的。平均传输延迟时间定义为

$$t_{pt} = \frac{1}{2}(t_{PHL} - t_{PLH})$$

平均传输延迟时间的大小反映了 TTL 与非门的开关特性，主要说明了它的工作速度。

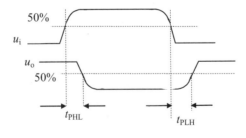

图 9.10 传输延迟特性

### 4. 其他类型的 TTL 门电路

在 TTL 门电路中除了常见的与门、或门、非门和与非门外，还有集电极开路的与非

门、三态门等形式的门电路。TTL 与门、或门、非门的电路和与非门的电路大同小异，只是在电路上稍做改动，它们的特性也与 TTL 与非门相似，在此不做叙述。下面要讨论的是常见的集电极开路的与非门和三态门电路。

1) 集电极开路的与非门(OC 门)

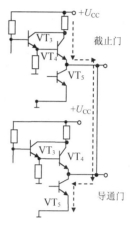

在数字系统中，常常要求将几个 TTL 与非门的输出并联在一起实现"与"的功能，即实现"线与"的逻辑。而上述的 TTL 与非门电路是不能并联使用的。因为当一个门电路输出高电平而另一个门电路输出低电平时，会产生一个很大的电流从截止门的 $VT_4$ 管流到导通门的 $VT_5$ 管。这个电流不仅会使输出电平抬高、逻辑混乱，还会使导通门功耗过大而损坏门电路，如图 9.11 所示。

利用集电极开路的与非门，就可以实现线与的逻辑关系。图 9.12(a)所示为与非门电路，因其输出管 $VT_5$ 的集电极是悬空的，故称为集电极开路与非门，简称 OC(Open Collector)门，使用时应外接一个电阻。OC 门的电路符号如图 9.12(b)所示。

图 9.11  TTL 与非门线与

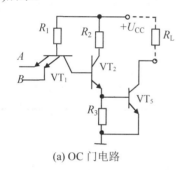

(a) OC 门电路

(b) 集电极开路与非门电路符号

图 9.12  集电极开路与非门

如图 9.13 所示，两个 OC 门并联，可实现"线与"的逻辑。该电路实现的逻辑功能为

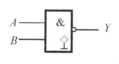

$$Y = \overline{AB \cdot CD} = \overline{AB + CD}$$

即利用 OC 门的线与可实现与或非的逻辑关系。OC 门也常用于驱动高电压、大电流的负载。

2) 三态 TTL 门

普通的门电路只能有两种状态：逻辑 1 和逻辑 0，这两种状态都是低阻输出。三态 TTL 门除了有逻辑 1 和逻辑 0 两种状态外，还可以出现第三种状态——高阻状态，这意味着输出端相当于悬空。三态 TTL 门逻辑状态如表 9.2 所示。

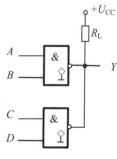

三态(Three State)TTL 门，简称为三态门，它是在普通的门电路上增加控制端和控制电路而组成的。在图 9.14(a)所示的电路中，当输入端 EN 为 0(低电平)时，即是 $VT_1$ 管相应的发射极信号，$VT_2$ 和 $VT_5$ 管截止。由于 $Z$ 点是低电平，二极管 VD 导通，$VT_2$ 管的集电极电平被钳位于 1V 左右，使得 $VT_3$ 和

图 9.13  OC 门并联

VT$_4$管截止。此时，VT$_5$和VT$_4$管都截止，输出端呈现高阻状态。当输入端EN为1(高电平)时，$Z$点为高电平，使得二极管VD截止不影响电路的工作。电路实现正常的与非门功能，即$Y=\overline{AB}$。三态门的电路符号如图9.14(b)所示。

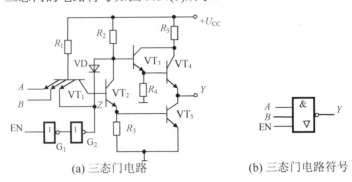

(a) 三态门电路　　　　　　　　　(b) 三态门电路符号

图9.14　三态TTL门

表9.2　三态TTL门逻辑状态表

| 控制信号 EN | 输　入 | | 输　出 |
|---|---|---|---|
| | $A$ | $B$ | |
| 1 | 0 | 0 | 1 |
| | 0 | 1 | 1 |
| | 1 | 0 | 1 |
| | 1 | 1 | 0 |
| 0 | 任意 | | 高阻 |

## 9.2.2　CMOS门电路

MOS集成电路是以金属-氧化物半导体场效应晶体管为基础的集成电路，具有制作工艺简单、功耗小、便于大规模集成、抗干扰能力强、工作电压宽等特点。尤其是由增强型PMOS管和增强型NMOS管构成的互补型MOS集成电路(简称CMOS集成门电路)，开关速度更快，应用广泛。在此介绍几种常见的CMOS门电路。

### 1. CMOS非门电路

图9.15所示为一个由两个不同类型的MOS管串联而成的CMOS非门电路。电路中采用增强型NMOS管作为驱动管VT$_1$，采用增强型PMOS管作为负载管VT$_2$，把它们制作在同一硅晶片上，并将两管栅极相连接，引出并作为输入端$A$；又把两管漏极相连接，引出并作为输出端$Y$。这样形成了两管互补对称的连接结构。

在使用CMOS非门电路时，将驱动管VT$_1$的源极接地，负载管VT$_2$的源极接正电源$U_{DD}$。CMOS非门电路能正常工作时，PMOS管VT$_2$的开启电压$U_{GS(th)P}<0$(典型值$U_{GS(th)P}=-2.4V$)；增强型NMOS管VT$_1$开启电压$U_{GS(th)N}>0$(典型值$U_{GS(th)N}=2.0V$)；而电源电压要取$U_{DD}>|U_{GS(th)P}|+|U_{GS(th)N}|$，一般取$U_{DD}=5V$。

当输入端$A$状态为0(低电平0V)时，NMOS驱动管VT$_1$的栅-源电压$U_{GS}=0$而截止，其源-漏极间相当于一个大于 $10^9\Omega$ 的截止电阻。此时作为负载管的 PMOS 管 VT$_2$ 导通，输出电压 $U_Y$=5V，高电平，输出端状态为 1。

当输入端 $A$ 状态为 1(高电平+5V)时，NMOS 驱动管 VT$_1$ 的栅-源电压 $U_{GS}$ = 5V 并导通，PMOS 管 VT$_2$ 的栅-源电压 $U_{GS}$ =0 并截止。因驱动管 VT$_1$ 导通，输出端输出低电平(约为 0V)，故输出端状态为 0。

逻辑关系为

$$Y = \overline{A}$$

### 2. CMOS 与非门电路

CMOS 与非门电路如图 9.16 所示。电路中由两只串联的增强型 NMOS 管 VT$_1$ 和 VT$_2$ 作为驱动管，两只并联的增强型 PMOS 管 VT$_3$ 和 VT$_4$ 作为负载管，而负载管和驱动管又相互串联。

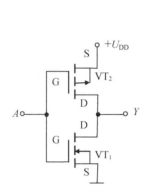

图 9.15　CMOS 非门电路

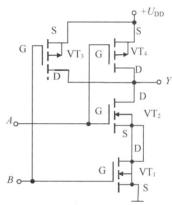

图 9.16　CMOS 与非门电路

当 $A$ 和 $B$ 两输入端的状态全为 1(高电平)时，驱动管 VT$_1$ 和 VT$_2$ 都导通，输出端与地之间的电阻很小，电压小；而此时，并联的负载管 VT$_3$ 和 VT$_4$ 不能开启，都处于截止状态，电源 $U_{DD}$ 到输出端 $Y$ 之间呈现出大电阻，电源 $U_{DD}$ 的电压主要都降落在负载管上。所以，输出端 $Y$ 的状态为 0(低电平)。

当 $A$ 和 $B$ 两输入端中有一个状态为 0(低电平)时，与之相连的驱动管就截止。两只串联的驱动管如有一个截止，输出端与地之间的电阻就非常大。此时，与之相连接的负载管导通。并联的负载管若有一只导通，电源 $U_{DD}$ 到输出端 $Y$ 之间就呈现出小的电阻。所以，电源 $U_{DD}$ 电压都降落在输出端与地之间，输出端 $Y$ 的状态为 1(高电平)。

由上得出 CMOS 与非门电路逻辑关系为

$$Y = \overline{AB}$$

### 3. CMOS 或非门电路

CMOS 或非门电路如图 9.17 所示。电路中由两只并联的增强型 NMOS 管 VT$_1$ 和 VT$_2$ 作为驱动管，两只串联的增强型 PMOS 管 VT$_3$ 和 VT$_4$ 作为负载管，而负载管和驱动管又相串联。

当 $A$ 和 $B$ 两输入端中有一个状态为 1(高电平)时，相应连接的负载管截止，呈现出大电阻。此时，与输入状态 1 端相连的驱动管导通。两只并联的驱动管如有一个导通，输出端与地之间的电阻就非常小，$Y$ 端为低电平。

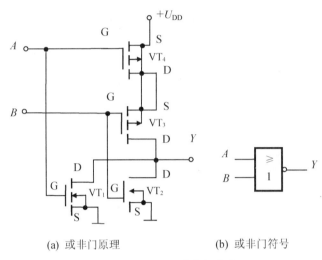

(a) 或非门原理          (b) 或非门符号

图 9.17  CMOS 或非门电路

当 $A$ 和 $B$ 两输入端的状态全为 0(低电平)时，驱动管 $VT_1$ 和 $VT_2$ 都截止，输出端与地之间的电阻很大；而此时，并联的负载管 $VT_3$ 和 $VT_4$ 则开启，都处于导通状态，电源 $U_{DD}$ 到输出端 $Y$ 之间呈现出小电阻，电源 $U_{DD}$ 的电压主要都降落在驱动管上。所以，输出端 $Y$ 的状态为 1(高电平)。

由上得出 CMOS 或非门电路的逻辑关系为

$$Y = \overline{A + B}$$

### 4. CMOS 传输门

CMOS 传输门是由 PMOS 管和 NMOS 管并联互补组成的，图 9.18 所示为 CMOS 传输门的电路基本形式和逻辑符号。PMOS 管 $VT_P$ 的源极和 NMOS 管 $VT_N$ 的漏极相连接，作为传输门输入(输出)端。PMOS 管 $VT_P$ 的漏极和 NMOS 管 $VT_N$ 的源极相连接，作为传输门输出(输入)端。两个栅极分别受一对控制信号 $C$ 和 $\overline{C}$ 的控制。由于 MOS 管的漏极和源极是两个对称的扩散区，信号可以双向传输。

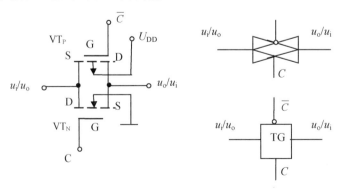

图 9.18  CMOS 传输门及其逻辑符号

设控制信号 $C$ 高电平为 $U_{DD}$，低电平为 0V，且电路中电源电压满足 $U_{DD}>|U_{GS(th)P}|+U_{GS(th)N}$。

当控制信号 $C=0V$，$\overline{C}=U_{DD}$ 时，NMOS 管和 PMOS 管都截止，输入和输出间呈现高阻抗(大于 $10^9\Omega$)，传输门截止。当控制信号 $C=U_{DD}$，$\overline{C}=0V$ 时，若输入信号电压 $u_i$ 接近于 $U_{DD}$，$VT_N$ 管的 $U_{GS}\approx0$ 并截止，$VT_P$ 管的 $U_{GS}=-U_{DD}$ 并导通；若输入信号电压 $u_i$ 接近于 0V，$VT_N$ 管的 $U_{GS}\approx5V$ 并导通，$VT_P$ 管的 $U_{GS}=0$ 并截止。若输入信号电压 $u_i$ 接近于 $U_{DD}/2$，$VT_N$ 管和 $VT_P$ 管都导通。因此，输入信号 $u_i$ 为 $0\sim U_{DD}$ 时，总有一个管子导通，使输出和输入之间呈现低阻抗(小于 $10^3\Omega$)，这时传输门导通。

# 9.3  逻 辑 函 数

无论是数字仪器还是计算机，都具有复杂的功能，但其内部通常都是由几种或十几种最基本的电子线路组成。在这些电子线路中，多数是数字逻辑电路。每个逻辑电路的输入输出间各自具有一定逻辑关系，而且都可以用逻辑代数来描述。逻辑代数是用来分析和设计逻辑电路的数学工具。

## 9.3.1  逻辑代数

逻辑代数和普通代数相比，它仅有 0 和 1，表示两个逻辑状态。逻辑代数虽然也是用字母表示变量，但又比代数简单得多，取值也仅有 0 和 1，没有第 3 种可能。逻辑 0 和 1，是表示两种状态的符号。逻辑代数的运算也完全不同于普通代数，它只有 3 个基本的运算，即与运算、或运算和非运算。这些运算必须按照逻辑规则来进行，逻辑规则就是逻辑代数的基本定律与法则，学习时必须注意。

### 1. 逻辑代数的基本定律

通过前面两节的学习，已经了解到最基本的逻辑关系只有与、或、非 3 种。因此在逻辑代数中基本的逻辑运算也只有 3 种：与运算(简称乘法运算)、或运算(简称加法运算)、非运算(简称求反运算)。根据这 3 种运算可以推导出逻辑运算的有关定律。

【基本运算定律】

(1) $A \cdot 0 = 0$

(2) $A \cdot 1 = 1$

(3) $A \cdot \overline{A} = 0$

(4) $A + 0 = A$

(5) $1 + A = 1$

(6) $A + \overline{A} = 1$

【还原律】

(7) $\overline{\overline{A}} = A$

【重叠律】

(8) $A \cdot A = A$

(9) $A + A = A$

【交换律】

(10) $A \cdot B = B \cdot A$

(11) $A + B = B + A$

【结合律】

(12) $A \cdot B \cdot C = (A \cdot B) \cdot C = A \cdot (B \cdot C)$

(13) $A + B + C = (A+B) + C = A + (B+C)$

【分配律】

(14) $A(B+C) = A \cdot B + A \cdot C$

(15) $A + B \cdot C = (A+B)(A+C)$

【吸收律】

(16) $A(A+B) = A$

(17) $A + AB = A$

(18) $A + \overline{A} B = A + B$

(19) $(A+B)(A+C) = A + BC$

【反演律】

(20) $\overline{ABC\cdots} = \overline{A} + \overline{B} + \overline{C} + \cdots$

(21) $\overline{A + B + C + \cdots} = \overline{A} \cdot \overline{B} \cdot \overline{C} \cdots$

【例 9.1】证明以下等式成立。

(1) $A + \overline{A} B = A + B$

(2) $AB + \overline{A} C + BC = AB + \overline{A} C$

(3) $AB + \overline{A} C = (A+C)(\overline{A}+B)$

(4) $A + BC = (A+B)(A+C)$

(5) $\overline{A\overline{B}} + \overline{AB} = \overline{A}\overline{B} + AB$

证明

(1) $A + \overline{A} B$

$= (A + \overline{A})(A+B)$

$= 1 \cdot (A+B) = A + B$

(2) $AB + \overline{A} C + BC$

$= AB + \overline{A} C + BC \cdot (A + \overline{A})$

$= AB + \overline{A} C + ABC + \overline{A} BC$

$= AB(1+C) + \overline{A} C(1+B) = AB + \overline{A} C$

(3) $(A+C)(\overline{A}+B)$

$= (A\overline{A} + \overline{A} C) + (AB + BC)$

$= \overline{A} C + (AB + BC) = AB + \overline{A} C$ ——根据本题中(2)结果

(4) $(A+B)(A+C)$

$= AA + AB + AC + BC$

$= A(1 + B + C) + BC = A + BC$

(5) $\overline{A\overline{B}} + \overline{AB} = \overline{A\overline{B} \cdot AB} = (\overline{A}+B)(A+\overline{B}) = \overline{A}A + \overline{A}\overline{B} + AB + B\overline{B} = \overline{A}\overline{B} + AB$

### 2. 三项基本法则

1) 代入规则

在任一逻辑等式中，如果等式两边所有出现某一变量的地方，都代之以一个逻辑数，则等式仍然成立，该规则称为代入规则。

如 $\overline{AB}=\overline{A}+\overline{B}$，若用 $AC$ 代入等式中两边的 $A$，根据代入规则等式仍然成立，则

$$\overline{ACB}=\overline{AC}+\overline{B}=\overline{A}+\overline{B}+\overline{C}$$

2) 反演规则

已知一逻辑函数 $Y$，如果将 $Y$ 中所有的"•"换成"+"，所有的"+"换成"•"，把所有"0"换成"1"，把所有的"1"换成"0"，把原变量换成反变量，把反变量换成原变量，就可得到原逻辑函数 $Y$ 的反函数 $\overline{Y}$，即反演规则。

如 $Y=\overline{A}\cdot\overline{B}+C\cdot D+0$，则其反函数 $\overline{Y}=(A+B)\cdot(\overline{C}+\overline{D})\cdot 1$

3) 对偶规则

若将逻辑函数表达式 $Y$ 中，所有的"+"换成"•"，所有的"•"换成"+"，把所有"0"换成"1"，把所有的"1"换成"0"，而保持变量不变，则可得到一个新的逻辑函数表达式 $Y'$。$Y'$称为 $Y$ 的对偶表达式。

例如：$Y=A(B+\overline{C})$，则 $Y'=A(B\cdot\overline{C})$

又如：$Y=(A+\overline{B})(A+C\cdot 1)$，则 $Y'=(A\cdot\overline{B})+A\cdot(C+0)$

## 9.3.2 逻辑函数表示法(1)——真值表

在处理和研究逻辑问题的时候，必须用逻辑函数来表示具体问题的逻辑关系。根据逻辑问题的不同特点，可用多种方法来表示逻辑函数。常用的有真值表、逻辑表达式、卡诺图和逻辑图等。这 4 种方法有各自的列、写、绘制特点，并且能进行相互转换。

描述逻辑函数中各个变量取值组合与之对应函数值的关系表格称为真值表。表 9.3 所示是逻辑函数 $Y=AB+BC+CA$ 的真值表。

表 9.3 逻辑真值表

| A | B | C | Y |
|---|---|---|---|
| 0 | 0 | 0 | 0 |
| 0 | 0 | 1 | 0 |
| 0 | 1 | 0 | 0 |
| 0 | 1 | 1 | 1 |
| 1 | 0 | 0 | 0 |
| 1 | 0 | 1 | 1 |
| 1 | 1 | 0 | 1 |
| 1 | 1 | 1 | 1 |

提示： 在写逻辑函数的真值表时，首先列出各变量的取值，然后分别代入逻辑函数的表示式进行运算，求出相应的逻辑函数值。为了不使输入变量的取值产生遗

漏和重复，变量的取值一般按照其二进制数递增的顺序排列。

**【例9.2】**一盏路灯，能从3个地点各自独立进行控制，试列出逻辑真值表。

**解** 用 $A$、$B$、$C$ 这3个变量代表三地点的控制开关。取值为0时，代表开关断开；取值为1时，代表开关闭合。用 $Y$ 表示路灯，$Y=0$ 时灯灭；$Y=1$ 时灯亮。以此列出其逻辑真值表，如表9.4所示。

表9.4 例9.2的逻辑真值表

| $A$ | $B$ | $C$ | $Y$ | 说　明 |
|-----|-----|-----|-----|--------|
| 0 | 0 | 0 | 0 | 灯灭 |
| 0 | 0 | 1 | 1 | 有一个开关闭合，灯亮 |
| 0 | 1 | 0 | 1 | 有一个开关闭合，灯亮 |
| 0 | 1 | 1 | 0 | 灯灭 |
| 1 | 0 | 0 | 1 | 有一个开关闭合，灯亮 |
| 1 | 0 | 1 | 0 | 灯灭 |
| 1 | 1 | 0 | 0 | 灯灭 |
| 1 | 1 | 1 | 1 | 开关全闭合，灯亮 |

逻辑真值表以数字表格的方式表示，输入和输出之间逻辑关系直观、明了。在数字电路设计中，首先就是要列出真值表。若要把一个实际的逻辑问题抽象成为数学关系式，利用真值表也最为方便。真值表的主要缺点是，若有 $N$ 个变量，则有 $2^N$ 种组合，在变量较多时，真值表过于繁琐。另外，真值表不能运用逻辑代数中的公式和定理进行简化运算。

## 9.3.3 逻辑函数表示法(2)——函数表达式

直接利用真值表所给出的逻辑函数关系来设计逻辑电路图，往往比较复杂。一般是先把真值表中的逻辑关系归纳成逻辑函数表达式，再经过化简求出其最简表达式。这样在实现时所需的元件比较少，而且也会提高可靠性。

### 1. 函数表达式

函数表达式就是用与、或、非等运算表示逻辑函数中各个变量间逻辑关系的表示式。在真值表中，使函数值为1的各变量与逻辑组合(乘积项)，其中变量值为1的用原变量表示，变量值为0的用反变量表示，然后将函数值为1的每一个组合的乘积项相加，即可得到函数标准的与或表达式。如例9.2对应的真值表(见表9.4)中，"灯亮"的4组组合，即函数值 $Y$ 为1的组合为001、010、100和111，用变量表示分别为 $\overline{A}\,\overline{B}C$、$\overline{A}B\overline{C}$、$A\overline{B}\,\overline{C}$ 和 $ABC$。

这些函数值为1的每一个组合(乘积项)之间都是"或"的关系，故可得

$$Y = \overline{A}\,\overline{B}C + \overline{A}B\overline{C} + A\overline{B}\,\overline{C} + ABC$$

这样得到的函数表达式，亦称为标准与或式。在表达式中每一个乘积项都具有标准的乘积项，为最小项。

### 2. 最小项

最小项是逻辑代数中一个重要的概念。

#### 1) 定义

最小项是一种与项，是组成逻辑函数表达式的基本单元。每一个变量以原变量或者反变量的形式在与项中作为一个因子出现一次，而且仅出现一次，如 $\overline{A}\,\overline{B}\,C$、$ABC$ 等。

#### 2) 最小项的特点

从例 9.2 中可以看出，最小项有以下特点：①使每一个最小项等于 1 的自变量取值是唯一的，如 $A\,\overline{B}\,\overline{C}$ 为 1 的取值仅有 100；②两个不同的最小项之积为 0；③全体最小项逻辑和恒为 1。

#### 3) 最小项的编号

为表达方便，要对最小项编号。通常是以最小项各变量取值后二进制数所对应的十进制数作为最小项编号。例如，例 9.2 中的逻辑表达式为

$$Y = \overline{A}\,\overline{B}\,C + \overline{A}\,B\,\overline{C} + A\,\overline{B}\,\overline{C} + ABC$$

式中的 $\overline{A}\,\overline{B}\,C$ 各变量取值后的二进制数 001，对应的十进制数是 "1"，最小项的编号为 1，记为 $m_1$；$A\,\overline{B}\,\overline{C}$ 各变量取值后的二进制数 100，对应的十进制数是 "4"，最小项的编号为 4，记为 $m_4$。同理，$\overline{A}\,B\,\overline{C}$ 记为 $m_2$，$ABC$ 记为 $m_7$。$Y$ 的逻辑表达式可写成

$$Y = m_1 + m_2 + m_4 + m_7 \quad \text{或} \quad Y = \sum(1,2,4,7)$$

### 3. 逻辑函数的化简

逻辑函数表达式通过与、或、非等逻辑运算把各个变量联系起来表达一个逻辑函数，其特点是：各个变量之间的逻辑关系在书写上方便，可以用逻辑代数的公式、定理、法则进行运算和变换，而且便于用逻辑电路图来实现函数。但是，在逻辑函数比较复杂的情况下，难以直接从变量中看出逻辑函数的结果，这一点不如真值表直观。

在直接从真值表中写出逻辑函数式并设计逻辑电路图之前，一般先需对逻辑函数式进行简化。逻辑函数的简化常用的有代数化简法和图解化简法(卡诺图法)。

📖 **提示：** 一个逻辑函数可能会有多种不同的表达形式，繁简不同，实现它的逻辑电路也不相同。如果取得比较简单的表达形式，实现它的逻辑电路也就比较简单。一般在对逻辑函数式进行化简时，首先应该使乘积项的个数最少，这意味着在实现电路时使用与门的个数较少；其次使乘积项中变量的个数最少，这意味着在实现电路时所使用与门的输入端个数较少。在简化过程中，任何一个表达式都不难把它展成与或的表达形式，从与或的表达式中可以比较容易得到与非、或非等类型的最简表达式。

下面讨论如何运用逻辑代数化简法(或称公式化简法)，将逻辑函数式简化为最简的与或表达式。公式化简法是利用逻辑代数的公式、定理、法则进行运算和变换，以达到简化的目的。公式化简法常用以下一些方法。

#### 1) 消去法

消去法常用公式 $Y = A + \overline{A}B = A + B$ 消去多余因子。

**【例 9.3】** 化简 $Y = AB + \overline{A}C + \overline{B}C$。

**解** $Y = AB + \bar{A}C + \bar{B}C = AB + (\bar{A} + \bar{B})C = AB + \overline{\overline{A}\ \overline{B}}C = AB + C$

【例 9.4】化简 $Y = A\bar{B} + \bar{A}B + ABCD + \bar{A}\bar{B}CD$。

**解** $Y = A\bar{B} + \bar{A}B + ABCD + \bar{A}\bar{B}CD$

$\qquad = (A\bar{B} + \bar{A}B) + (AB + \bar{A}\bar{B})CD$

$\qquad = (A\bar{B} + \bar{A}B) + (\overline{A\bar{B} + \bar{A}B})CD$

$\qquad = A\bar{B} + \bar{A}B + CD$

2) 合并项法

合并项法常用公式 $Y = AB + A\bar{B} = A$ 将两项合并成一项。

【例 9.5】化简 $Y = A(BC + \bar{B}\bar{C}) + A(B\bar{C} + \bar{B}C)$。

**解** $Y = A(BC + \bar{B}\bar{C}) + A(B\bar{C} + \bar{B}C)$

$\qquad = ABC + A\bar{B}\bar{C} + AB\bar{C} + A\bar{B}C$

$\qquad = AB(C + \bar{C}) + A\bar{B}(\bar{C} + C)$

$\qquad = AB + A\bar{B} = A(B + \bar{B})$

$\qquad = A$

3) 吸收法

吸收法常用公式 $Y = A + AB = A(1 + B) = A$ 和 $Y = AB + \bar{A}C + BC = AB + \bar{A}C$ 消去多余乘积项。

【例 9.6】化简 $Y = A\bar{B} + A\bar{B}CD(E + F)$。

**解** $Y = A\bar{B} + A\bar{B}CD(E + F) = A\bar{B}(1 + CD(E + F)) = A\bar{B}$

【例 9.7】化简 $Y = AC + A\bar{B}CD + ABC + \bar{A}B + BC$。

**解** $Y = AC + A\bar{B}CD + ABC + \bar{A}B + BC$

$\qquad = AC(1 + \bar{B}D + B) + \bar{A}B + BC$

$\qquad = AC + \bar{A}B + BC(A + \bar{A}) = AC + \bar{A}B$

4) 配项法

为了达到化简的目的，有时需要给某一项乘以 $(A + \bar{A})$ 或 $(A \cdot \bar{A})$ 等，以便将该项展开并与其他项进行合并，达到简化的目的。

【例 9.8】化简 $Y = A\bar{B} + B\bar{C} + \bar{B}C + \bar{A}B$。

**解** $Y = A\bar{B} + B\bar{C} + \bar{B}C + \bar{A}B = A\bar{B} + B\bar{C} + (A + \bar{A})\bar{B}C + \bar{A}B(C + \bar{C})$

$\qquad = A\bar{B} + B\bar{C} + A\bar{B}C + \bar{A}\bar{B}C + \bar{A}BC + \bar{A}B\bar{C}$

$\qquad = (A\bar{B} + A\bar{B}C) + (B\bar{C} + \bar{A}B\bar{C}) + (\bar{A}\bar{B}C + \bar{A}BC)$

$\qquad = A\bar{B} + B\bar{C} + \bar{A}C$

5) 综合法

逻辑代数式在简化过程中，一般都综合用到上述的规则和方法。

【例 9.9】化简 $Y = AD + A\bar{D} + AB + \bar{A}C + + BD + ACEF + \bar{B}EF + DEFG$。

**解** $Y = AD + A\bar{D} + AB + \bar{A}C + BD + ACEF + \bar{B}EF + DEFG$

$\qquad = A(D + \bar{D}) + AB + \bar{A}C + BD + ACEF + \bar{B}EF + DEFG(B + \bar{B})$

$\qquad = (A + AB + ACEF) + \bar{A}C + (BD + \bar{B}EF + BDEFG + \bar{B}DEFG)$

$\qquad = (A + \bar{A}C) + BD + \bar{B}EF$

$$= A + C + BD + \bar{B}EF$$

### 9.3.4　逻辑函数表示法(3)——逻辑电路图

根据表达式或真值表的逻辑关系，用基本的逻辑门单元电路及组合逻辑门电路的逻辑符号组成的数字电路图称为逻辑电路图，简称逻辑图。一般根据逻辑表达式来画出逻辑电路图。用各种门电路来表示逻辑表达式中的各个逻辑关系。逻辑乘用与门实现，求反用非门实现，逻辑加用或门实现。

**【例 9.10】** 试画出 $Y = AB + BC + AC$ 的逻辑电路图。

**解**　变量 $A$ 和 $B$、$B$ 和 $C$、$A$ 和 $C$ 都是与逻辑运算，可选择有两个输入端的与门，共 3 个；乘积项 $AB$、$BC$、$AC$ 之间是或运算，可选择一个三输入端的或门来实现，如图 9.19 所示电路。

**【例 9.11】** 在例 9.2 中，一盏路灯，能从 3 个地点各自独立进行控制，根据逻辑关系，试画出逻辑图。

**解**　根据表 9.4 所示真值表，列出逻辑表达式为

$$Y = \bar{A}\,\bar{B}C + \bar{A}B\bar{C} + A\bar{B}\,\bar{C} + ABC$$

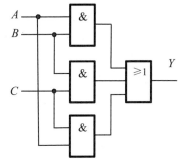

图 9.19　例 9.10 逻辑图

对应于 $\bar{A}$、$\bar{B}$、$\bar{C}$ 可选用 3 个非门；对应于 4 个乘积项，每一组乘积项均有 3 个变量与运算，可选择 3 输入端的与门 4 个；对应于 4 个乘积项进行的或运算，选择 1 个三输入端的或门。根据逻辑表达式把逻辑门连接成图 9.20 所示电路。

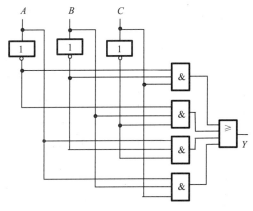

图 9.20　例 9.11 逻辑图

### 9.3.5　逻辑函数表示法(4)——卡诺图

一个逻辑函数可以用真值表来描述，但用真值表作为运算、化简的工具则显得十分不方便。若将真值表按照某一特定的规律进行排列，变换成方格图的形式，把构成函数的最小项填入相应的小方格，就是逻辑函数的卡诺图。利用卡诺图可以方便地对逻辑函数进行化简，称为图解法或卡诺图法。

**1. 变量卡诺图的排列**

卡诺图一般都画成正方形或矩形。对于变量为 $A$、$B$、$C$ 的函数,变量个数 $n=3$,变量卡诺图如图 9.21(a)所示。变量取值的顺序应按照变量循环码的编码排列。2 位变量循环码的顺序为 00、01、11、10;3 位变量循环码的顺序为 000、001、011、010、110、101、100。$n=4$ 时,变量卡诺图如图 9.21(b)所示。$n=5$ 时,变量卡诺图如图 9.21(c)所示。卡诺图中每一个方格的编号都与一组循环码的十进制数值相对应。图 9.21(a)所示小方格中的数,是该方格的编号,等于循环码的十进制数。若变量 $AB$ 和 $C$ 为 10 和 1,循环码的十进制数值为 6,即对应于编号为 6 的方格。

对于有 $n$ 个变量的卡诺图包含有 $2^n$ 个小方格,它分别对应 $2^n$ 个最小项。每一个小方格中填入逻辑函数的最小项 $m$,其注脚编号是最小项的编号,编号数值等于该最小项 $m$ 编码值的十进制数。如某最小项为 $A\bar{B}\bar{C}D$,二进制编码 1101,最小项编号 13。对应于卡诺图,应在 $m_{13}$ 的方格,如图 9.21(b)所示。亦可省略 $m$ 仅写注脚编号。

**2. 卡诺图表示逻辑函数的方法**

任意一个 $n$ 变量的逻辑函数,都能够用最小项之和的形式表示。而卡诺图 $2^n$ 个小方格包含了所有这些最小项,因此可以根据逻辑函数各最小项的编号找到卡诺图 $2^n$ 个小方格中相应的一个方格,填入"1"。如逻辑函数

$$Y = \bar{A}\,\bar{B}\,C + \bar{A}\,B\,\bar{C} + A\,\bar{B}\,\bar{C} + ABC$$
$$= \sum(1,2,4,7)$$

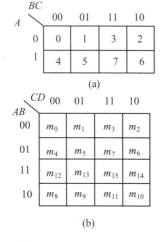

(a)

(b)

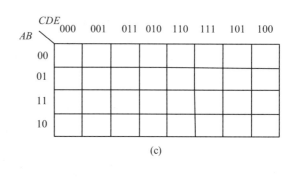

(c)

图 9.21  变量卡诺图的排列

在卡诺图编号为 1、2、4、7 的小方格中填 1,其余的小方格填 0,就得到逻辑函数的卡诺图,如图 9.22 所示。

对于已知的逻辑函数真值表,也能直接填入卡诺图中。只要把真值表中输出为 1 的最小项和卡诺图所对应的小方格填 1,其余方格填 0。

| $BC$ / $A$ | 00 | 01 | 11 | 10 |
|---|---|---|---|---|
| 0 | 0 | 1 | 0 | 1 |
| 1 | 1 | 0 | 1 | 0 |

图 9.22  函数卡诺图

### 3. 卡诺图化简逻辑函数的方法

1) 卡诺图中合并最小项的规律

在卡诺图中，两个相邻的小方格所代表的最小项只有一个变量不同。小方格"相邻"有两种情况：第一种是指卡诺图中位置相邻，如图 9.21(b)所示，$m_0$ 与 $m_1$ 相邻、$m_0$ 与 $m_4$ 相邻；第二种是指卡诺图首尾、左右边的小方格相邻，如 $m_0$ 与 $m_2$ 相邻、$m_3$ 与 $m_{11}$ 相邻。当两个相邻的小格都是 1 时，依据吸收律 $AB + A\bar{B} = A$(取其公因子)，可消去一个变量。图 9.23 中 $m_0$ 与 $m_1$ 相邻，$\bar{A}\bar{B}\bar{C} + \bar{A}\bar{B}C = \bar{A}\bar{B}$，则可以消去一个变量，剩下一项。

卡诺图中合并最小项时有以下规律。

(1) 2 个为 1 的相邻小方格，所对应的最小项可合并成一项，消去一个变量。

(2) 4 个为 1 的相邻小方格，所对应的最小项可合并成一项，消去两个变量。

(3) 8 个为 1 的相邻小方格，所对应的最小项可合并成一项，消去三个变量。

从图 9.23 中分别画出两个和 4 个最小项合并的卡诺图。其中：

由图 9.23(a)有 $AB\bar{C}D + ABCD = ABD$。

由图 9.23(b)有 $AB\bar{C}\bar{D} + AB\bar{C}D + ABCD + ABC\bar{D} = AB$。

由图 9.23(c)有 $\bar{A}B\bar{C}\bar{D} + \bar{A}BC\bar{D} + AB\bar{C}\bar{D} + ABC\bar{D} = B\bar{D}$。

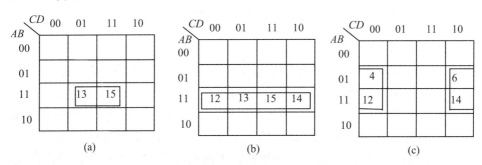

图 9.23　卡诺图简化最小项

2) 卡诺图的化简步骤

由上面的分析可以看出，用卡诺图对逻辑函数的化简，可归纳为 3 个步骤。

(1) 先画出逻辑函数的卡诺图。

(2) 画出相邻项的合并圈。

(3) 写出合并圈最简的与或表达式。

【例 9.12】用卡诺图化简 $Y = ABC + \bar{A}B\bar{C}\bar{D} + \bar{A}C\bar{D} + \bar{A}BC + \bar{A}BD + AC\bar{D} + A\bar{B}\bar{C}D$。

**解**　① 画出逻辑函数的卡诺图。

先把乘积项变换成最小项形式，有

$ABC = ABC\bar{D} + ABCD = \sum(14,15)$

$\bar{A}\bar{B}\bar{C}\bar{D} = \sum(0)$

$\bar{A}C\bar{D} = \bar{A}BC\bar{D} + \bar{A}\bar{B}C\bar{D} = \sum(6,2)$

$\bar{A}BC = \bar{A}BCD + \bar{A}BC\bar{D} = \sum(7,6)$

$$\overline{A}BD = \overline{A}BCD + \overline{A}B\overline{C}D = \sum(7,5)$$

$$AC\overline{D} = ABC\overline{D} + A\overline{B}C\overline{D} = \sum(14,10)$$

$$A\overline{B}\overline{C}D = \sum(9)$$

将最小项分别填入卡诺图。

② 合并最小项。

按相邻规律画成圈，按圈提取公因子，合并最小项。如由图 9.24 得

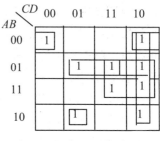

图 9.24　例 9.12 卡诺图

$$m_0\ (\overline{A}\ \overline{B}\ \overline{C}\ \overline{D})、m_2\ (\overline{A}\ \overline{B}C\overline{D}) \to \overline{A}\ \overline{B}\ \overline{D}$$

$$m_2\ (\overline{A}\ \overline{B}C\overline{D})、m_6\ (\overline{A}BC\overline{D})、m_{14}\ (ABC\overline{D})、$$

$$m_{10}\ (A\overline{B}C\overline{D}) \to C\overline{D}$$

$$m_5\ (\overline{A}B\overline{C}D)、m_7\ (\overline{A}BCD) \to \overline{A}BD$$

$$m_7\ (\overline{A}BCD)、m_6\ (\overline{A}BC\overline{D})、m_{14}\ (ABC\overline{D})、$$

$$m_{15}\ (ABCD) \to BC$$

$$m_9\ (A\overline{B}\overline{C}D) \to A\overline{B}\ \overline{C}D$$

③ 写出最简的与或表达式。

$$Y = \overline{A}\ \overline{B}\ \overline{D} + C\overline{D} + \overline{A}BD + BC + A\overline{B}\ \overline{C}D$$

### 4. 注意的问题

利用卡诺图合并最小项，求出最简的与或表达式，在画合并圈时应注意以下几点。

(1) 在卡诺图中，必须把组成函数的全部最小项都圈完。每一个圈应至少包含一个不同于其他合并圈的最小项。这样的圈称为卡诺圈。在每一个卡诺圈中最小项的公因子，就是合并后的乘积项。所有合并后乘积项相加，就得到该函数的最简与或表达式。

(2) 卡诺圈越大越好。在合并最小项时，所圈的最小项个数越多，消去的变量也越多，可得到由这些最小项公因子构成的越简单的乘积项。

(3) 卡诺圈数越少越好。这样合并最小项后所得到最后的与项就最少。

(4) 在一个卡诺图中，可画出不同的卡诺圈，合并后所得的乘积项也会不同，它们都可能是最简的与或表达式。

### 5. 具有约束条件的函数化简

约束是说明逻辑函数中各个变量之间相互制约的关系。在图 9.25 所示卡诺图中的"×"，表示不允许变量有这样的 3 种组合：$\overline{A}\ \overline{B}C$、$\overline{A}BC$ 和 $A\overline{B}C$。也就是说，$A$、$B$、$C$ 之间存在一定的制约关系，称为约束变量。由约束变量所决定的逻辑函数，叫作有约束的逻辑函数。

不会(不允许)出现的变量取值组合所对应的最小项称为约束项。在卡诺图中约束项总是用"×"来表示。由最小项的性质知道，只有(允许的)对应变量组合出现时其结果才为 1。而约束项对应的是不允许出现的变量组合，所以其结果总是为 0。

由所有约束项加起来构成的逻辑表达式称为约束条件。所以，约束条件是一个恒为 0

的条件等式。图 9.27 所示卡诺图中的约束条件可表示为

$$\overline{A}\,\overline{B}C + \overline{A}BC + A\overline{B}C = 0$$

简化为

$$\overline{A}\,C + \overline{B}\,C = 0$$

或

$$\sum(1,3,5) = 0$$

根据逻辑代数运算规则，在逻辑表达式中加上一个 0 或去掉一个 0，函数不会受到影响。约束条件总为 0，因此在要化简的函数加上约束条件(不影响函数的逻辑关系)，再利用逻辑代数中的公式进行简化，则会得到更为简单的结果。在图 9.25 所示的卡诺图中，逻辑函数为 $Y = ABC$，加上约束条件后，得

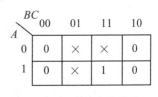

图 9.25　有约束卡诺图

$$Y = ABC + \overline{A}\,C + \overline{B}\,C = C(AB + \overline{A} + \overline{B}) = C(AB + \overline{AB}) = C$$

同理，在卡诺图中合并最小项，如果圈入约束项，也不会影响函数值。所以，在如图 9.25 所示卡诺图中可得

$$Y = m_1 + m_3 + m_5 + m_7 = C$$

提示：　对于具有约束条件的函数化简，合理利用约束项，常能使函数化简更加简单。

# 9.4　组合逻辑电路

常用的逻辑电路很多，按照逻辑电路功能的不同，可以分成组合逻辑电路和时序逻辑电路两大类型。组合逻辑电路主要有加法器、编码器、译码器、多路选择器、数值比较器和奇偶校验器等。时序逻辑电路又称时序电路，此内容在下一项目介绍。

## 9.4.1　组合逻辑电路的分析

在数字电路中，任一时刻的输出如果仅取决于该时刻输入信号的组合，而与电路原状态无关的逻辑电路称为组合逻辑电路。只有一个输出量的组合逻辑电路，称为单输出组合逻辑电路。不难看出，在前面几节所介绍的门电路和逻辑电路都是单输出组合逻辑电路。如果组合逻辑电路有多个输出量，称为多输出组合逻辑电路。

组合逻辑电路的分析，是指对给定的逻辑电路，求出输出和输入之间的逻辑关系或验证其逻辑功能的过程。分析的结果一般以逻辑函数表达式或真值表形式表示。组合逻辑电路的分析，一般有以下几个过程。

(1) 写出逻辑表达式。根据组合逻辑电路图的连接方式和逻辑门的功能，由输入到输出逐级进行推导，写出逻辑函数表达式。

(2) 化简逻辑函数表达式。在需要时，运用逻辑代数有关的定律和规则对所推导出的逻辑函数表达式进行简化。

(3) 列真值表。在需要时，将输入信号各种可能的状态，代入逻辑函数表达式进行计算，列出真值表。

(4) 分析逻辑功能。分析真值表，确定组合逻辑电路的具体逻辑功能。

【例 9.13】试分析图 9.26(a)所示逻辑电路的功能。

解　(1) 写出逻辑表达式。

从图中有

$$P = \overline{AB}$$

$$Q = \overline{A\,\overline{AB}}$$

$$R = \overline{B\,\overline{AB}}$$

得逻辑表达式

$$Y = \overline{\overline{A\,\overline{AB}}\ \ \overline{B\,\overline{AB}}}$$

(2) 化简逻辑函数表达式。

$$Y = \overline{\overline{A\,\overline{AB}}\ \ \overline{B\,\overline{AB}}}$$

$$= \overline{\overline{A\,\overline{AB}}} + \overline{\overline{B\,\overline{AB}}}$$

$$= A\,\overline{AB} + B\,\overline{AB} = A(\overline{A}+\overline{B}) + B(\overline{A}+\overline{B})$$

$$= A\overline{A} + A\overline{B} + \overline{A}B + B\overline{B} = A\overline{B} + \overline{A}B$$

(3) 列真值表。

逻辑表达式的真值表如表 9.5 所示。

表 9.5　例 9.13 的真值表

| A | B | Y |
|---|---|---|
| 0 | 0 | 0 |
| 0 | 1 | 1 |
| 1 | 0 | 1 |
| 1 | 1 | 0 |

(4) 分析逻辑功能。

从真值表中看出，只有当输入变量 $A$ 和 $B$ 状态不相同时，输出 $Y$ 状态才为 1。这种电路逻辑关系通常称为"异或"，其逻辑函数表达式可写成

$$Y = A\overline{B} + \overline{A}B = A \oplus B$$

这种数字逻辑电路称为异或门电路，电路符号如图 9.26(b)所示。

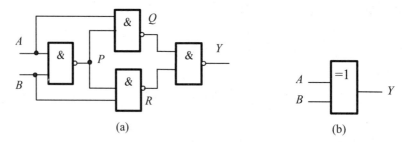

(a)　　　　　　　　　　(b)

图 9.26　例 9.13 逻辑图

【例 9.14】试写出图 9.27 所示电路的逻辑表达式。

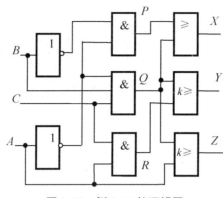

图 9.27　例 9.14 的逻辑图

【解】这是一个三(多)输出端的逻辑电路，应写出 3 个逻辑表达式。

从图中有
$$P = \overline{A}\ \overline{B}$$
$$Q = \overline{A}\ BC$$
$$R = AC$$

3 个输出端的逻辑表达式为
$$\begin{cases} X = \overline{A}\ \overline{B} + \overline{A}\ BC \\ Y = \overline{A}\ BC + AC \\ Z = \overline{A}\ BC + A \end{cases}$$

## 9.4.2　加法器

算术运算是数字系统的基本任务之一，而加、减、乘、除都是运用加法运算来完成的。所以，加法器就成为数字系统中最基本的运算单元电路。

### 1. 半加器

加法运算一般都会有进位，不考虑进位的加法，称为半加。能完成半加运算功能的电路称为半加器。在半加器进行加运算时，只求本位的和，不管低位送来的进位。半加器有两个加数输入端 $A$、$B$，有一个半加和的输出端 $Y$ 和一个向高位进位端 $C$。

半加器的逻辑关系是：当两个加数不同时为 0 或 1 时，半加和的输出为 1；当两个加数同时为 1 时，进位端为 1。半加器的逻辑真值表见表 9.6。其逻辑表达式为

$$Y = A\overline{B} + \overline{A}B = A \oplus B$$
$$C = AB$$

表 9.6　半加器的真值表

| $A$ | $B$ | $Y$ | $C$ |
| --- | --- | --- | --- |
| 0 | 0 | 0 | 0 |
| 0 | 1 | 1 | 0 |
| 1 | 0 | 1 | 0 |
| 1 | 1 | 0 | 1 |

半加器的框图逻辑电路和电路符号如图 9.28 所示。

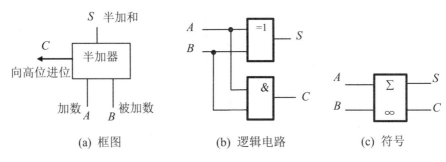

|  (a) 框图 | (b) 逻辑电路 | (c) 符号 |

图 9.28　半加器

### 2. 全加器

考虑到来自低位进位的加法称为全加，能完成全加运算功能的电路称为全加器。全加器框图如图 9.29 所示。由图可知，每一位全加器应有加数 $A$、被加数 $B$ 和来自低位的进位 $C_i$ 等 3 个输入端，有全加和 $S$ 和向高位进位 $C_0$ 两个输出端。根据二进制相加的规则，可列出一位全加器的逻辑真值表如表 9.7 所示。

表 9.7　全加器的真值表

| $A$ | $B$ | $C_i$ | $S$ | $C_0$ |
| --- | --- | --- | --- | --- |
| 0 | 0 | 0 | 0 | 0 |
| 0 | 0 | 1 | 1 | 0 |
| 0 | 1 | 0 | 1 | 0 |
| 0 | 1 | 1 | 0 | 1 |
| 1 | 0 | 0 | 1 | 0 |
| 1 | 0 | 1 | 0 | 1 |
| 1 | 1 | 0 | 0 | 1 |
| 1 | 1 | 1 | 1 | 1 |

实现全加器的方法有很多种，现以异或门和与非门为例。从逻辑真值表中可写出逻辑表达式为

$$S = \overline{A}\,\overline{B}\,C_i + \overline{A}B\overline{C_i} + A\overline{B}\,\overline{C_i} + ABC_i$$
$$= \overline{A}(\overline{B}\,C_i + B\overline{C_i}) + A(\overline{B}\,\overline{C_i} + BC_i)$$
$$= \overline{A}(B \oplus C_i) + A(\overline{B \oplus C_i})$$
$$= A \oplus B \oplus C_i$$

$$C_0 = \overline{A}BC_i + A\overline{B}\,C_i + AB\overline{C_i} + ABC_i$$
$$= (\overline{A}B + A\overline{B})\,C_i + AB$$
$$= (A \oplus B)\,C_i + AB$$
$$= \overline{\overline{AB} \cdot \overline{(A \oplus B)C_i}}$$

根据逻辑表达式，可得出全加器的逻辑电路图如图 9.30 所示。全加器的电路符号

如图 9.31 所示。

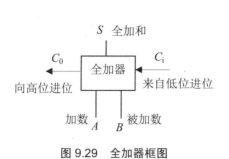

图 9.29　全加器框图

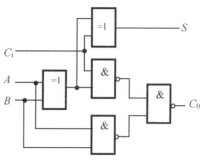

图 9.30　全加器逻辑电路

若用两个半加器及一个或门也能组成全加器，如图 9.32 所示。

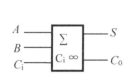

图 9.31　全加器电路符号

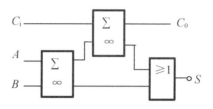

图 9.32　用半加器组成全加器

全加器是常用的二进制加法运算电路，能够实现多位二进制加法运算的电路称为多位加法器。4 位二进制加法器是一种常用的全加器。在一位加法器的基础上，组成多位加法器时，主要是考虑进位方式问题。进位方式有两种，即逐位进位(又称串联进位)和超前进位(又称并联进位)。逐位进位的 4 位加法全加器如图 9.33 所示，它由 4 个全加器串联组成。如输入的被加数 $A$ 为 0101，加数 $B$ 为 1101，得和数 $S$ 为($C_3$=1)0010。这种加法器在进行任一位加法运算时，都必须等到比它低位的加法运算结束送来进位时才能进行。运算的进位，是从低位向高位以串形方式逐位进位。这种串行加法器电路虽然简单，由于最高位的运算一定要等到所有的低位运算都完成并送来进位信号时才能进行，运算速度慢，一般用于对运算速度要求不高的设备中。要求提高运行速度，应尽量缩短高位形成的全加和的时间，可选取超前进位全加器。现有许多集成电路，如 74LS283、CC4008 等都是超前进位的全加器。

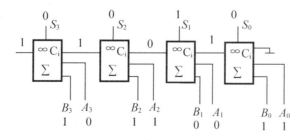

图 9.33　逐位进位 4 位全加器

### 9.4.3 编码器

一般来说,用文字、符号或数码表示特定对象的过程,都可以叫作编码,如给小孩起名字、运动员编号、地区的邮政编码等都是编码。文字和十进制数在电路上实现起来比较困难,在数字电路中一般不被采用。

二进制代码只有 0 和 1 两种状态,在电路中用高低电平就能容易实现。如果要求表示的对象多,可以增加二进制代码的位数。一位二进制代码有 0 和 1 两种,可以表示两个信号;两位二进制代码就有 00、01、10、11 等 4 种,即 $2^2$ 可以表示 4 个信号。那么,$n$ 位二进制代码就会有 $2^n$ 种,可以表示 $2^n$ 个信号。所以,当有 $N$ 个信号需要进行编码表示时,就可以根据 $2^n \geqslant N$ 关系式确定要使用二进制代码的位数 $n$。

用二进制代码表示特定信号的过程,叫作二进制编码。能实现编码操作的电路称为编码器。由于被编码的信号不同和编码的要求不同,实际中有许多编码器,如二进制编码器、二-十进制编码器、优先编码器等。

#### 1. 二进制编码器

用 $n$ 位二进制代码对 $N$ 个信号进行编码的电路称为二进制编码器。对 $N$ 个信号进行编码,就有 $N$ 个输入信号,编码器应有 $N$ 个输入端;用 $n$ 位二进制代码进行编码,编码器应有 $n$ 个编码的输出端。因此,编码器是一种多输入端和多输出端的组合逻辑电路。

【例 9.15】设计有 8 个输入信号($X_0 \sim X_7$)的二进制编码器。

**解** (1) 分析。8 个输入信号进行二进制编码,$2^n = N = 8$,则二进制代码位数 $n = 3$,有 3 位输出($Y_0, Y_1, Y_3$)。这种编码器应有 8 个输入端和 3 个输出端。称为 8/3 线编码。

(2) 列真值表。虽然有 8 个输入信号,但在某一时刻编码器只能对其中一个为 1 的输入信号进行编码,而且不允许有两个或两个以上信号同时为 1 的情况,即输入信号相互排斥。用 3 位二进制代码表示 8 个输入信号,原则上编码是随意的。但习惯上编码的方式是按二进制数的顺序编码,并以输入输出均为高电平有效。据此列出编码的真值表如表 9.8 所示。

表 9.8 8/3 线编码表

| 输　入 | | | | | | | | 输　出 | | |
|---|---|---|---|---|---|---|---|---|---|---|
| $X_7$ | $X_6$ | $X_5$ | $X_4$ | $X_3$ | $X_2$ | $X_1$ | $X_0$ | $Y_2$ | $Y_1$ | $Y_0$ |
| 0 | 0 | 0 | 0 | 0 | 0 | 0 | 1 | 0 | 0 | 0 |
| 0 | 0 | 0 | 0 | 0 | 0 | 1 | 0 | 0 | 0 | 1 |
| 0 | 0 | 0 | 0 | 0 | 1 | 0 | 0 | 0 | 1 | 0 |
| 0 | 0 | 0 | 0 | 1 | 0 | 0 | 0 | 0 | 1 | 1 |
| 0 | 0 | 0 | 1 | 0 | 0 | 0 | 0 | 1 | 0 | 0 |
| 0 | 0 | 1 | 0 | 0 | 0 | 0 | 0 | 1 | 0 | 1 |
| 0 | 1 | 0 | 0 | 0 | 0 | 0 | 0 | 1 | 1 | 0 |
| 1 | 0 | 0 | 0 | 0 | 0 | 0 | 0 | 1 | 1 | 1 |

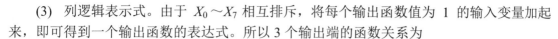

（3）列逻辑表示式。由于 $X_0 \sim X_7$ 相互排斥，将每个输出函数值为 1 的输入变量加起来，即可得到一个输出函数的表达式。所以 3 个输出端的函数关系为

$$Y_0 = X_1 + X_3 + X_5 + X_7$$
$$Y_1 = X_2 + X_3 + X_6 + X_7$$
$$Y_2 = X_4 + X_5 + X_6 + X_7$$

（4）画出逻辑电路图。从列逻辑表示式到逻辑电路图的过程与门电路的类型选择有关，这里采用与非门，需将上述与或表达式转换成与非表达式，即

$$Y_0 = \overline{X_1 + X_3 + X_5 + X_7} = \overline{\overline{X_1} \cdot \overline{X_3} \cdot \overline{X_5} \cdot \overline{X_7}}$$
$$Y_1 = \overline{X_2 + X_3 + X_6 + X_7} = \overline{\overline{X_2} \cdot \overline{X_3} \cdot \overline{X_5} \cdot \overline{X_7}}$$
$$Y_2 = \overline{X_4 + X_5 + X_6 + X_7} = \overline{\overline{X_4} \cdot \overline{X_5} \cdot \overline{X_6} \cdot \overline{X_7}}$$

根据与非表达式可画出 8/3 线编码器的逻辑电路图，如图 9.34 所示。

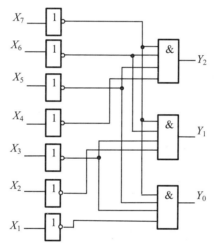

图 9.34　8/3 线编码器逻辑电路

### 2. 二–十进制编码器

二–十进制编码器是将十进制的 10 个数码 0、1、2、3、4、5、6、7、8、9 分别编成二进制代码的电路。输入一个十进制的数码时，输出一组对应的二进制代码，这种二进制代码又称为二–十进制码，简称 BCD 码。

编码的过程如下。

（1）确定二进制代码的位数。

十进制有 10 个数码，即 10 个输入信号。满足 $2^n \geqslant N$，取 $n=4$。二进制 4 位可对应十进制 $0 \sim 15$ 的数码，用其中 10 个数码可表示 10 个输入信号。这样 10 个信号输入，用 4 位二进制编码输出，这种编码器通常称为 10/4 线编码器。

（2）列出编码表。

和 8/3 线编码器一样，$0 \sim 9$ 这 10 个输入信号也是相互排斥的。在列编码表时，通常是取 4 位二进制编码的前 10 个编码对应十进制 $0 \sim 9$ 的数码。编码表如表 9.9 所示。

从表中可以看到，二进制代码中各位上的 1 代表的十进制数从高位到低位依次是 8、

4、2、1，称为"权"。如果要求出某一个二进制代码所表示的十进制数的数值，只要把每位二进制代码乘以该位的"权"并相加，即可得到其相应的十进制数。如二进制编码 1010，各位乘以"权"，有

$$1×8 + 0×4 + 1×2 + 0×1 = 10$$

就是代表十进制数 10。这样的编码表称为 8421 编码表。

表 9.9 8421 编码表

| 输 入 | 输 出 | | | |
|---|---|---|---|---|
| 十进制 | $Y_3$ | $Y_2$ | $Y_1$ | $Y_0$ |
| 0 ($X_0$) | 0 | 0 | 0 | 0 |
| 1 ($X_1$) | 0 | 0 | 0 | 1 |
| 2 ($X_2$) | 0 | 0 | 1 | 0 |
| 3 ($X_3$) | 0 | 0 | 1 | 1 |
| 4 ($X_4$) | 0 | 1 | 0 | 0 |
| 5 ($X_5$) | 0 | 1 | 0 | 1 |
| 6 ($X_6$) | 0 | 1 | 1 | 0 |
| 7 ($X_7$) | 0 | 1 | 1 | 1 |
| 8 ($X_8$) | 1 | 0 | 0 | 0 |
| 9 ($X_9$) | 1 | 0 | 0 | 1 |

(3) 列逻辑表达式。

$$Y_0 = X_1 + X_3 + X_5 + X_7 + X_9 = \overline{\overline{X_1} \cdot \overline{X_3} \cdot \overline{X_5} \cdot \overline{X_7} \cdot \overline{X_9}}$$

$$Y_1 = X_2 + X_3 + X_6 + X_7 = \overline{\overline{X_2} \cdot \overline{X_5} \cdot \overline{X_6} \cdot \overline{X_7}}$$

$$Y_2 = X_4 + X_5 + X_6 + X_7 = \overline{\overline{X_4} \cdot \overline{X_5} \cdot \overline{X_6} \cdot \overline{X_7}}$$

$$Y_3 = X_8 + X_9 = \overline{\overline{X_8} \cdot \overline{X_9}}$$

(4) 画出逻辑电路图，如图 9.35 所示。

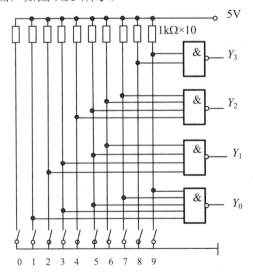

图 9.35 8421 编码器逻辑电路

### 3. 优先编码器

上述两种编码的输入信号相互排斥，每次只允许一个输入端上有信号。但在实际中，常常出现多个输入端上同时有信号的情况。这就要求编码器能自动识别这些输入信号的优先顺序(级别)，对优先级高的输入信号先进行编码，这样的编码电路称为优先编码器。

优先级的顺序完全是由设计人员根据具体情况人为设定的。在 8421 编码中，现设 $X_9$ 的优先级最高，$X_8$ 次之，依次类推，$X_0$ 最低。采用高电平有效，可列出优先编码器的 8421 编码表，如表 9.10 所示。

由于规定优先级别高的排斥级别低的，在编码表中，在输入信号"×"处，均表示被排斥的。当 $X_9=1$ 时，无论其他输入是 0 还是 1，输出只对 $X_9$ 有效，输出为 1001。当 $X_9=0$，$X_8=1$ 时，无论其他输入是 0 还是 1，输出只对 $X_8$ 有效，输出为 1000。依次类推。

表 9.10　优先编码表

| 输　入 | | | | | | | | | | 输　出 | | | |
|---|---|---|---|---|---|---|---|---|---|---|---|---|---|
| $X_9$ | $X_8$ | $X_7$ | $X_6$ | $X_5$ | $X_4$ | $X_3$ | $X_2$ | $X_1$ | $X_0$ | $Y_3$ | $Y_2$ | $Y_1$ | $Y_0$ |
| 0 | 0 | 0 | 0 | 0 | 0 | 0 | 0 | 0 | 1 | 0 | 0 | 0 | 0 |
| 0 | 0 | 0 | 0 | 0 | 0 | 0 | 0 | 1 | × | 0 | 0 | 0 | 1 |
| 0 | 0 | 0 | 0 | 0 | 0 | 0 | 1 | × | × | 0 | 0 | 1 | 0 |
| 0 | 0 | 0 | 0 | 0 | 0 | 1 | × | × | × | 0 | 0 | 1 | 1 |
| 0 | 0 | 0 | 0 | 0 | 1 | × | × | × | × | 0 | 1 | 0 | 0 |
| 0 | 0 | 0 | 0 | 1 | × | × | × | × | × | 0 | 1 | 0 | 1 |
| 0 | 0 | 0 | 1 | × | × | × | × | × | × | 0 | 1 | 1 | 0 |
| 0 | 0 | 1 | × | × | × | × | × | × | × | 0 | 1 | 1 | 1 |
| 0 | 1 | × | × | × | × | × | × | × | × | 1 | 0 | 0 | 0 |
| 1 | × | × | × | × | × | × | × | × | × | 1 | 0 | 0 | 1 |

## 9.4.4　译码器

译码是编码的逆运算。译码是将给定的输入代码翻译成相应的输出信号的过程。能完成译码的电路称为译码器。和编码器一样，它也是一种多输入端和多输出端的组合逻辑电路。

### 1. 二进制译码器

二进制译码器是将二进制代码翻译成相应的输出信号的电路。例如，要设计一个把 3 位二进制输入信号翻译成 8 个输出信号、正电平有效的译码器，其译码过程如下。

(1) 列出译码器的逻辑真值表，如表 9.11 所示。

表 9.11　二进制译码器真值表

| 输　入 | | | 输　出 | | | | | | | |
|:---:|:---:|:---:|:---:|:---:|:---:|:---:|:---:|:---:|:---:|:---:|
| $X_2$ | $X_1$ | $X_0$ | $Y_7$ | $Y_6$ | $Y_5$ | $Y_4$ | $Y_3$ | $Y_2$ | $Y_1$ | $Y_0$ |
| 0 | 0 | 0 | 0 | 0 | 0 | 0 | 0 | 0 | 0 | 1 |
| 0 | 0 | 1 | 0 | 0 | 0 | 0 | 0 | 0 | 1 | 0 |
| 0 | 1 | 0 | 0 | 0 | 0 | 0 | 0 | 1 | 0 | 0 |
| 0 | 1 | 1 | 0 | 0 | 0 | 0 | 1 | 0 | 0 | 0 |
| 1 | 0 | 0 | 0 | 0 | 0 | 1 | 0 | 0 | 0 | 0 |
| 1 | 0 | 1 | 0 | 0 | 1 | 0 | 0 | 0 | 0 | 0 |
| 1 | 1 | 0 | 0 | 1 | 0 | 0 | 0 | 0 | 0 | 0 |
| 1 | 1 | 1 | 1 | 0 | 0 | 0 | 0 | 0 | 0 | 0 |

(2)　写出逻辑表达式。

$$Y_0 = \overline{X_2}\,\overline{X_1}\,\overline{X_0}$$
$$Y_1 = \overline{X_2}\,\overline{X_1}\,X_0$$
$$Y_2 = \overline{X_2}\,X_1\,\overline{X_0}$$
$$Y_3 = \overline{X_2}\,X_1\,X_0$$
$$Y_4 = X_2\,\overline{X_1}\,\overline{X_0}$$
$$Y_5 = X_2\,\overline{X_1}\,X_0$$
$$Y_6 = X_2\,X_1\,\overline{X_0}$$
$$Y_7 = X_2\,X_1\,X_0$$

(3)　画出译码器的逻辑电路。

输出的 8 个信号采用高电平有效，即 $Y_0 \sim Y_7$，译码器电路如图 9.36 所示。如果采用低电平有效的话，输出电平即为 $\overline{Y_0} \sim \overline{Y_7}$，这时图 9.36 中的 8 个与门应改为与非门。

注意：　选用不同的元器件来实现组合逻辑电路，会有不同的电路形式。

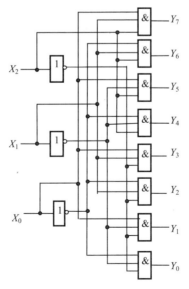

图 9.36　二进制译码器的逻辑电路

## 2. 集成译码器

集成电路的译码器很多。在集成电路的译码器中一般都增加了使能端和控制端，使译码的操作更加灵活方便。但不同的电路，这些功能端有的是逻辑 0 有效，有的是逻辑 1 有效，使用时必须注意。

1) 3/8 线译码器

常用的 3 位二进制译码器是 74LS138。输入 3 位二进制数，输出 8 个低电平信号，设为 $\overline{Y_0} \sim \overline{Y_7}$。它有一个使能端 $S_1$ 和两个控制端 $\overline{S_2}$、$\overline{S_3}$。$S_1$ 高电平有效，$S_1=1$ 时可以译码，$S_1=0$ 时，禁止译码，输出全 1。两个控制端 $\overline{S_2}$、$\overline{S_3}$ 低电平有效，均为 0 时可以译码；如果有一个为 1 或全为 1，则禁止译码，输出全为 1。74LS138 的译码真值表如表 9.12 所示。

表 9.12　74LS138 译码器真值表

| 使能端 | 控　制　端 | | 输　　入 | | | 输　　出 | | | | | | | |
|---|---|---|---|---|---|---|---|---|---|---|---|---|---|
| $S_1$ | $\overline{S_2}$ | $\overline{S_3}$ | $X_2$ | $X_1$ | $X_0$ | $\overline{Y_7}$ | $\overline{Y_6}$ | $\overline{Y_5}$ | $\overline{Y_4}$ | $\overline{Y_3}$ | $\overline{Y_2}$ | $\overline{Y_1}$ | $\overline{Y_0}$ |
| 0 | $\times$ | $\times$ | | | | | | | | | | | |
| $\times$ | 1 | $\times$ | $\times$ | $\times$ | $\times$ | 1 | 1 | 1 | 1 | 1 | 1 | 1 | 1 |
| $\times$ | $\times$ | 1 | | | | | | | | | | | |
| 1 | 0 | 0 | 0 | 0 | 0 | 1 | 1 | 1 | 1 | 1 | 1 | 1 | 0 |
| 1 | 0 | 0 | 0 | 0 | 1 | 1 | 1 | 1 | 1 | 1 | 1 | 0 | 1 |
| 1 | 0 | 0 | 0 | 1 | 0 | 1 | 1 | 1 | 1 | 1 | 0 | 1 | 1 |
| 1 | 0 | 0 | 0 | 1 | 1 | 1 | 1 | 1 | 1 | 0 | 1 | 1 | 1 |
| 1 | 0 | 0 | 1 | 0 | 0 | 1 | 1 | 1 | 0 | 1 | 1 | 1 | 1 |
| 1 | 0 | 0 | 1 | 0 | 1 | 1 | 1 | 0 | 1 | 1 | 1 | 1 | 1 |
| 1 | 0 | 0 | 1 | 1 | 0 | 1 | 0 | 1 | 1 | 1 | 1 | 1 | 1 |
| 1 | 0 | 0 | 1 | 1 | 1 | 0 | 1 | 1 | 1 | 1 | 1 | 1 | 1 |

从真值表可写出逻辑表达式为

$$\overline{Y_0} = \overline{\overline{X_0}\ \overline{X_1}\ \overline{X_2}} \qquad \overline{Y_1} = \overline{\overline{X_0}\ \overline{X_1}\ X_2}$$

$$\overline{Y_2} = \overline{\overline{X_0}\ X_1\ \overline{X_2}} \qquad \overline{Y_3} = \overline{\overline{X_0}\ X_1\ X_2}$$

$$\overline{Y_4} = \overline{X_2\ \overline{X_1}\ \overline{X_0}} \qquad \overline{Y_5} = \overline{X_0\ \overline{X_1}\ X_2}$$

$$\overline{Y_6} = \overline{X_2\ X_1\ \overline{X_0}} \qquad \overline{Y_7} = \overline{X_0\ X_1\ X_2}$$

除使能端和两个控制端的电路外，其逻辑电路结构与图 9.36 所示基本一致，但必须把 8 个与门输出改成与非门输出，输出的变量 $Y_0 \sim Y_7$ 改为 $\overline{Y_0} \sim \overline{Y_7}$。

2)　2/4 线译码器

在二进制译码器中，除了 3/8 线译码器外，还有 2/4 线译码器和 4/16 线译码器。74LS139 就是典型的双 2/4 线译码器。图 9.37 所示是其中一个 2/4 线译码器电路，图中 $X_0$、$X_1$ 为输入端，$\overline{Y_0} \sim \overline{Y_3}$ 为输出端，低电平输出。有一使能端 $\overline{S}$，低电平有效，当 $\overline{S}=0$

时，译码器可允许译码；$\overline{S}=1$ 时，各与非门被封死，无论 $X_0$、$X_1$ 为 0 还是为 1，译码器禁止译码，输出全 1。

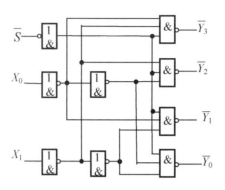

图 9.37　2/4 线译码器逻辑电路

逻辑表达式为

$$\overline{Y_0} = \overline{\overline{S}\ \overline{X_1}\ \overline{X_0}} \qquad \overline{Y_1} = \overline{\overline{S}\ \overline{X_1}\ X_0}$$

$$\overline{Y_2} = \overline{\overline{S}\ X_1\ \overline{X_0}} \qquad \overline{Y_3} = \overline{\overline{S}\ X_1\ X_0}$$

表 9.13 所示是 74LS139 译码器的真值表。从表中可看到，对应于每一组的二进制输入代码，4 个输出端中只有一个为 0，其余全为 1。

表 9.13　74LS139 译码器的真值表

| 输　入 | | | 输　出 | | | |
|---|---|---|---|---|---|---|
| $\overline{Y}$ | $X_1$ | $X_0$ | $\overline{Y_3}$ | $\overline{Y_2}$ | $\overline{Y_1}$ | $\overline{Y_0}$ |
| 1 | × | × | 1 | 1 | 1 | 1 |
| 0 | 0 | 0 | 1 | 1 | 1 | 0 |
| 0 | 0 | 1 | 1 | 1 | 0 | 1 |
| 0 | 1 | 0 | 1 | 0 | 1 | 1 |
| 0 | 1 | 1 | 0 | 1 | 1 | 1 |

## 9.4.5　显示译码器

在数字系统中，常常需要把测量和数值运算的结果用十进制数码显示出来，这就需要用到数字显示译码器。显示译码器能把二进制编码译成十进制码，并用显示器件显示出来。

常用的显示器件有半导体数码管、液晶数码管和荧光数码管。本节介绍半导体数码管。

### 1. 半导体数码管

从半导体器件项目中已经了解到，发光二极管内部大多采用磷砷化镓做成的 PN 结。当外加正向电压时，可以将电能转换成光能，发出清晰的光。这样的 PN 结，既可单个封装成发光二极管，也可以多个封装在一起成为点阵形式，或分段排列封装成文字、符号、数码等形式。PN 结分段排列封装成数码形式即为数码管。

半导体数码管亦称 LED 数码管。数码管分为 7 个段发光，图 9.38 所示为七段码数码管，其中七段为横竖段($a$、$b$、$c$、$d$、$e$、$f$、$g$)，另一段是小数点位。数码管图中上下排中间引脚是连通的，是电源端。选择不同的字段发光，可显示出不同的字形。例如，当选择 $a$、$b$、$c$ 字段发光，显示"7"；全部发光，则为"8"。

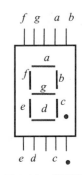

图 9.38　数码管

在半导体数码管内部，根据发光二极管的连接方式不同分为共阴极和共阳极两种类型，如图 9.39 所示，图 9.39(a)所示为共阴极接法，图 9.39(b)所示为共阳极接法。要使某段二极管发亮，对共阴极接法的数码管中相应二极管的阳极加高电平，对共阳极接法的相应二极管的阴极加低电平。

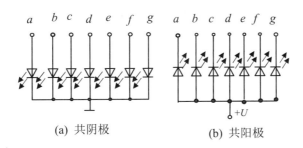

(a) 共阴极　　　　　　　(b) 共阳极

图 9.39　数码管接法

### 2. 七段显示译码器

七段显示译码器是把"8421"二进制代码译成对应于数码管的七段码，显示出十进制的数字，如图 9.40 所示。数码管以段亮组合出十进制中某个数码。表 9.14 所示为译码器的真值表，从中可以列出各段的逻辑表达式，进行简化后，用与、或、非及其组合门来实现。

表 9.14　译码器的真值表

| $X_3$ | $X_2$ | $X_1$ | $X_0$ | $\overline{a}$ | $\overline{b}$ | $\overline{c}$ | $\overline{d}$ | $\overline{e}$ | $\overline{f}$ | $\overline{g}$ | 显　示 |
|---|---|---|---|---|---|---|---|---|---|---|---|
| 0 | 0 | 0 | 0 | 0 | 0 | 0 | 0 | 0 | 0 | 1 | 0 |
| 0 | 0 | 0 | 1 | 1 | 0 | 0 | 1 | 1 | 1 | 1 | 1 |
| 0 | 0 | 1 | 0 | 0 | 0 | 1 | 0 | 0 | 1 | 0 | 2 |
| 0 | 0 | 1 | 1 | 0 | 0 | 0 | 0 | 1 | 1 | 0 | 3 |
| 0 | 1 | 0 | 0 | 1 | 0 | 0 | 1 | 1 | 0 | 0 | 4 |
| 0 | 1 | 0 | 1 | 0 | 1 | 0 | 0 | 1 | 0 | 0 | 5 |
| 0 | 1 | 1 | 0 | 1 | 0 | 0 | 0 | 0 | 0 | 0 | 6 |
| 0 | 1 | 1 | 1 | 0 | 0 | 0 | 1 | 1 | 1 | 1 | 7 |
| 1 | 0 | 0 | 0 | 0 | 0 | 0 | 0 | 0 | 0 | 0 | 8 |
| 1 | 0 | 0 | 1 | 0 | 0 | 0 | 1 | 1 | 0 | 0 | 9 |

现在有很多数字集成电路能完成七段译码显示，如 74LS46、74LS48 及 74LS247 等。以 74LS247 为例，它是中规模的集成电路，电路的引脚如图 9.41 所示，其功能如表 9.15 所示。

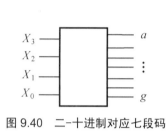

图 9.40  二-十进制对应七段码

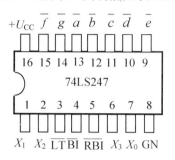

图 9.41  74LS247 管脚排到

表 9.15  74LS247 功能表

| 功能和十进制 | 输 入 | | | | | | | 输 出 | | | | | | | 显示 |
|---|---|---|---|---|---|---|---|---|---|---|---|---|---|---|---|
| | $\overline{LT}$ | $\overline{RBI}$ | $\overline{BI}$ | $X_3$ | $X_2$ | $X_1$ | $X_0$ | $\overline{a}$ | $\overline{b}$ | $\overline{c}$ | $\overline{d}$ | $\overline{e}$ | $\overline{f}$ | $\overline{g}$ | |
| 试灯 | 0 | × | 1 | × | × | × | × | 0 | 0 | 0 | 0 | 0 | 0 | 0 | 8 |
| 灭灯 | × | × | 0 | × | × | × | × | 1 | 1 | 1 | 1 | 1 | 1 | 1 | 全灭 |
| 灭 0 | 1 | 0 | 1 | 0 | 0 | 0 | 0 | 1 | 1 | 1 | 1 | 1 | 1 | 1 | 灭 0 |
| 0 | 1 | 1 | 1 | 0 | 0 | 0 | 0 | 0 | 0 | 0 | 0 | 0 | 0 | 1 | 0 |
| 1 | 1 | × | 1 | 0 | 0 | 0 | 1 | 1 | 0 | 0 | 1 | 1 | 1 | 1 | 1 |
| 2 | 1 | × | 1 | 0 | 0 | 1 | 0 | 0 | 0 | 1 | 0 | 0 | 1 | 0 | 2 |
| 3 | 1 | × | 1 | 0 | 0 | 1 | 1 | 0 | 0 | 0 | 0 | 1 | 1 | 0 | 3 |
| 4 | 1 | × | 1 | 0 | 1 | 0 | 0 | 1 | 0 | 0 | 1 | 1 | 0 | 0 | 4 |
| 5 | 1 | × | 1 | 0 | 1 | 0 | 1 | 0 | 1 | 0 | 0 | 1 | 0 | 0 | 5 |
| 6 | 1 | × | 1 | 0 | 1 | 1 | 0 | 1 | 1 | 0 | 0 | 0 | 0 | 0 | 6 |
| 7 | 1 | × | 1 | 0 | 1 | 1 | 1 | 0 | 0 | 0 | 1 | 1 | 1 | 1 | 7 |
| 8 | 1 | × | 1 | 1 | 0 | 0 | 0 | 0 | 0 | 0 | 0 | 0 | 0 | 0 | 8 |
| 9 | 1 | × | 1 | 1 | 0 | 0 | 1 | 0 | 0 | 0 | 0 | 1 | 0 | 0 | 9 |

从表 9.15 中可以得出以下两点。

(1)  74LS247 有 4 个输入端($X_3$、$X_2$、$X_1$、$X_0$)和 7 个输出端($\overline{a}$、$\overline{b}$、$\overline{c}$、$\overline{d}$、$\overline{e}$、$\overline{f}$、$\overline{g}$)，为低电平有效，可与共阳极接法数码管的七段直接相连。

(2)  3 个输入控制的功能端如下。

①  灯测试输入端 $\overline{LT}$。是用来检测数码管七段能否正常发光。当输入端 $\overline{LT}$ =0 和 $\overline{BI}$ =1 时，不论输入端信号 $X_3$、$X_2$、$X_1$、$X_0$ 的 0、1 状态如何，输出到数码管七段 $\overline{a}$、$\overline{b}$、$\overline{c}$、$\overline{d}$、$\overline{e}$、$\overline{f}$、$\overline{g}$，信号均为低电平(状态为 0)，这时数码管的七段全部发亮，显示"8"，实现试灯功能。

② 灭灯输入端 $\overline{BI}$。当 $\overline{BI}=0$ 时，无论输入端信号 $X_3$、$X_2$、$X_1$、$X_0$ 是什么状态，输出到数码管七段 $\overline{a}$、$\overline{b}$、$\overline{c}$、$\overline{d}$、$\overline{e}$、$\overline{f}$、$\overline{g}$ 的信号均为高电平(状态为 1)，灯全灭，无字符显示，实现灭灯功能。

③ 灭 0 输入端 $\overline{RBI}$。灭 0 输入端可熄灭无意义 0 的显示。如熄灭 000.01 中的前面两个 0，只显示 0.01。

当 $\overline{BI}=1$、$\overline{RBI}=0$、$\overline{LT}=1$ 和输入信号 $X_3X_2X_1X_0=0000$ 时，输出到数码管七段 $\overline{a}$、$\overline{b}$、$\overline{c}$、$\overline{d}$、$\overline{e}$、$\overline{f}$、$\overline{g}$ 的信号均为高电平(状态为 1)，灯全灭，不显示 0，并无字符显示。这时，如果 $\overline{RBI}=1$，则译码器能正常输出为 0。当输入信号 $X_3$、$X_2$、$X_1$、$X_0$ 不为 0 组合时，无论 $\overline{RBI}$ 是 1 还是 0，数码管均有正常的译码输出。

图 9.42 所示为 74LS247 七段译码器的连接示意图。

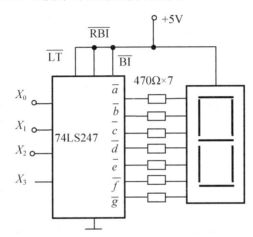

图 9.42　74LS247 七段译码器的连接示意图

## 9.4.6　数值比较器

在数字仪器、自动控制和计算机系统中，经常要对两个二进制数值进行比较，判断它们的相对大小或判断是否相等。能完成比较两个二进制数大小或是否相等的各种逻辑电路称为数值比较器。

### 1. 同比较器

能够比较两个数值是否相等的逻辑电路称为同比较器。

比较两个一位二进制数 $A$、$B$ 是否相等，用 $Y$ 表示结果，则有两种可能：当 $A$ 和 $B$ 数值相等时，$Y$ 用 1 表示；当 $A$ 和 $B$ 数值不相等时，$Y$ 用 0 表示。由此可列出其真值表如表 9.16 所示，并根据表可写出逻辑关系式为

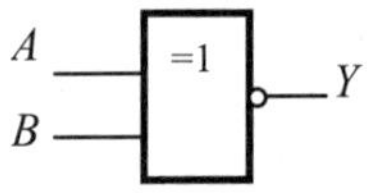

图 9.43　同比较器电路符号

$$Y=\overline{\overline{A}B+A\overline{B}}=\overline{\overline{A}B}+\overline{A\overline{B}}=\overline{A\oplus B}$$

同比较器的逻辑关系可直接用异或非门实现。异或非电路符号如图 9.43 所示。

表9.16　一位同比较器的真值表

| A | B | Y | 比较结果 |
|---|---|---|---|
| 0 | 0 | 1 | 相等 |
| 0 | 1 | 0 | 不等 |
| 1 | 0 | 0 | 不等 |
| 1 | 1 | 1 | 相等 |

### 2. 数值比较器

能够比较两个二进制数大小的逻辑电路称为数值比较器。

比较两个一位二进制数值 $A$、$B$ 的大小，除有相等的可能外，还应有两种可能，这样用一个输出变量表示 3 种输出状态已不够。设输出变量为 $Y_1$ 和 $Y_2$。当 $A>B$ 时，$Y_1$ 用 1 表示；当 $A<B$ 时，$Y_2$ 用 1 表示，当 $A=B$ 时，$Y_1$ 和 $Y_2$ 均为 0。列出其真值表如表 9.17 所示。

表9.17　一位数值比较器的真值表

| 输　入 | | 输　出 | | 比较说明 |
|---|---|---|---|---|
| A | B | $Y_1$ | $Y_2$ | |
| 0 | 0 | 0 | 0 | $A = B$ |
| 0 | 1 | 0 | 1 | $A<B$ |
| 1 | 0 | 1 | 0 | $A>B$ |
| 1 | 1 | 0 | 0 | $A = B$ |

逻辑关系式为 $Y_1 = A\overline{B}$ 和 $Y_2 = \overline{A}B$。

可画出数值比较器的逻辑电路如图 9.44 所示。

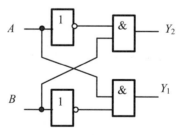

图 9.44　一位数值比较器电路

### 3. 4 位数值比较器集成电路

对与多位的数值比较器，有许多中规模集成电路可供选择。图 9.45 所示是 4 位数值比较器集成电路 74LS85 的管脚排列和功能图，表 9.18 是其功能表。图 9.46 所示是 4 位数值比较器的逻辑符号。

表 9.18　4 位数值比较器的功能表

| 输　入 | | | | | | | 输　出 | | |
|---|---|---|---|---|---|---|---|---|---|
| $A_3$　$B_3$ | $A_2$　$B_2$ | $A_1$　$B_1$ | $A_0$　$B_0$ | $A>B$ | $A<B$ | $A=B$ | $F_{A>B}$ | $F_{A=B}$ | $F_{A<B}$ |
| $A_3 > B_3$ | ×　× | ×　× | ×　× | × | × | × | 1 | 0 | 0 |
| $A_3 < B_3$ | ×　× | ×　× | ×　× | × | × | × | 0 | 0 | 1 |
| $A_3 = B_3$ | $A_2 > B_2$ | ×　× | ×　× | × | × | × | 1 | 0 | 0 |
| $A_3 = B_3$ | $A_2 < B_2$ | ×　× | ×　× | × | × | × | 0 | 0 | 1 |
| $A_3 = B_3$ | $A_2 = B_2$ | $A_1 > B_1$ | ×　× | × | × | × | 1 | 0 | 0 |
| $A_3 = B_3$ | $A_2 = B_2$ | $A_1 < B_1$ | ×　× | × | × | × | 0 | 0 | 1 |
| $A_3 = B_3$ | $A_2 = B_2$ | $A_1 = B_1$ | $A_0 > B_0$ | × | × | × | 1 | 0 | 0 |
| $A_3 = B_3$ | $A_2 = B_2$ | $A_1 = B_1$ | $A_0 < B_0$ | × | × | × | 0 | 0 | 1 |
| $A_3 = B_3$ | $A_2 = B_2$ | $A_1 = B_1$ | $A_0 = B_0$ | 1 | 0 | 0 | 1 | 0 | 0 |
| $A_3 = B_3$ | $A_2 = B_2$ | $A_1 = B_1$ | $A_0 = B_0$ | 0 | 1 | 0 | 0 | 0 | 1 |
| $A_3 = B_3$ | $A_2 = B_2$ | $A_1 = B_1$ | $A_0 = B_0$ | 0 | 0 | 1 | 0 | 1 | 0 |

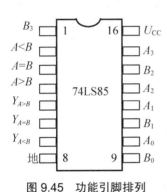

图 9.45　功能引脚排列

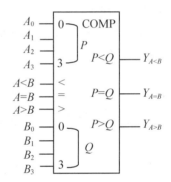

图 9.46　4 位数值比较器的逻辑符号

### 9.4.7　数据选择器

在数据传输中，经常会遇到多路信号传输。从多路数据传送的过程中，将某一路数据信号挑选出来，是测控和计算机系统中不可缺少的一环。能完成这种功能的逻辑电路称为数据选择器，亦称为多路开关。其基本逻辑功能是在一些选择信号(如 $A$、$B$)作用下，从若干个输入数据信号中，挑选一路作为信号输出。因此，它是一个多输入端、单输出端的组合逻辑电路。图 9.47 所示为原理电路，是 4 选 1 数据选择器。在 $A=0$，$B=0$ 控制信号下，选通 $D_0$，$Y= D_0$；在 $A=0$，$B=1$ 控制信号下，选通 $D_1$，$Y= D_1$；在 $A=1$，$B=0$ 控制信号下，选通 $D_2$，$Y= D_2$；在 $A=1$，$B=1$ 控制信号下，选通 $D_3$，$Y= D_3$。根据 4 选 1 选择器的原理，可写出其逻辑真值表如表 9.19 所示。

表 9.19　4 选 1 数据选择器的功能表

| 输　入 | | | | | | 输　出 |
| --- | --- | --- | --- | --- | --- | --- |
| $A$ | $B$ | $D_3$ | $D_2$ | $D_1$ | $D_0$ | $Y$ |
| 0 | 0 | × | × | × | 0 | 0 |
| 0 | 0 | × | × | × | 1 | 1 |
| 0 | 1 | × | × | 0 | × | 0 |
| 0 | 1 | × | × | 1 | × | 1 |
| 1 | 0 | × | 0 | × | × | 0 |
| 1 | 0 | × | 1 | × | × | 1 |
| 1 | 1 | 0 | × | × | × | 0 |
| 1 | 1 | 1 | × | × | × | 1 |

从真值表中可写出逻辑表达式为

$$Y = \overline{A}\,\overline{B}D_0 + \overline{A}BD_1 + A\overline{B}D_2 + ABD_3$$

根据逻辑表达式可画出 4 选 1 数据选择器的具体逻辑电路，如图 9.48(a)所示。

在数字集成电路中，已有不少这样的选择器，如 74LS150(16 选 1)、74LS151、152(8 选 1)、74LS153(双 4 选 1)等。它们都有不同的选通和输出功能，选择使用请注意参考手册中的说明。图 9.48(b)所示是数据选择器的逻辑符号。

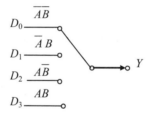

图 9.47　4 选 1 选择器的原理图

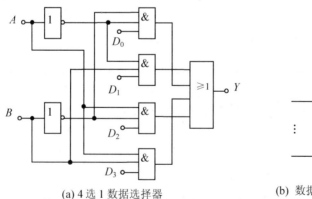

(a) 4 选 1 数据选择器　　　　　　　(b) 数据选择器的逻辑符号

图 9.48　数据选择器

# 小　　结

(1) 与、或、非门是组成数字电路的最基本的逻辑单元电路。掌握它们的逻辑功能和电性能，是分析和设计复杂逻辑电路的基础。

(2) TTL 和 CMOS 数字集成电路目前应用最为广泛。要着重理解它们的工作原理，掌握它们的电气特性。这些是应用 TTL 和 CMOS 数字集成电路的基础。

(3) 除了基本的与、或、非门电路外，与非门、或非门、与或非门、异或门、异或非门及 OC 门都是数字电路中常用的基本逻辑门电路。

(4) 逻辑代数是分析和设计逻辑电路的数学工具。逻辑代数只有两个运算量(状态)和 3 种基本运算，由此可推导出逻辑代数的基本运算定律。

(5) 通常可以用逻辑真值表、函数表达式、卡诺图和逻辑电路图等方式表示逻辑函数。逻辑真值表直观、明了，所以在把实际逻辑问题抽象为数学问题时，往往先列出真值表。

在逻辑变量较多时，真值表就显得过于繁琐。

对于逻辑关系复杂、逻辑变量又多的逻辑问题，函数表达式是一种简洁的表示方法，而且有利于应用逻辑代数的有关公式和法则进行运算和化简。化简逻辑函数式不仅需要熟练应用逻辑代数的公式和定理，而且需要一定的运算技巧。

卡诺图是一种化简逻辑函数的重要工具，它利用相邻最小项提取公因子达到简化逻辑函数的目的。对于初学者容易掌握，不易出差错。但是，在逻辑变量多于 5 个时，卡诺图便失去其直观和简单的特点，因此也无多大的使用价值。

逻辑电路图是最接近于工程的表示逻辑函数的方法，逻辑电路图能把许多繁杂的逻辑关系以分明的逻辑功能层次表示出来。在实际制作数字电路时，一般也要先通过逻辑设计画出逻辑电路图，再把逻辑电路图变为实际的电路。

逻辑真值表、函数表达式、卡诺图和逻辑电路图本质上是相通的，可以互相转换。对于具体的逻辑问题，选择哪一种应视实际情况和要求而定。选择时应充分利用每一种表示法的特点。

(6) 组合逻辑电路是由若干个基本逻辑门电路组合而成的。组合逻辑电路最重要的特点是：无论何时，输出信号仅取决于当时的输入信号，而与电路的原状态无关。

(7) 组合逻辑电路非常多。通过对编码器、译码器、加法器、数码比较器和数据选择器等的介绍，应掌握组合逻辑电路的特点、分析和综合设计的方法及其过程。对组合逻辑电路进行分析，一般是逐级写出输出的逻辑表达式，并化简成一个最简单的逻辑表达式，以使输出与输入的逻辑关系能一目了然。

# 习　　题

### 1. 填空题

(1) 逻辑代数有两个状态 ＿＿＿＿＿＿＿ 和 3 种基本运算＿＿＿＿＿。

(2) TTL 与非门电压传输特性是指＿＿＿＿＿＿＿＿＿＿。

(3) 在保证输出为额定低电平条件下，允许输入高电平的最低值称为 TTL 与非门的 _____。

(4) 阈值电压 $U_{TH}$ 是指 _____。

(5) TTL 扇出系数是指 _____。

(6) 应用 _____ 门，就可以实现线与的逻辑关系。

(7) CMOS 传输门是由 _____并联互补组成的。

(8) CMOS 与非门电路中由两只串联的增强型 NMOS 管作为 _____，两只并联的增强型 PMOS 管作为 _____，而负载管和驱动管又相互 _____。

(9) 函数表达式是用 _____等运算表示逻辑函数中 _____逻辑关系的代数式。

(10) 在数字电路中，任一时刻的输出仅取决于该时刻 _____ 的组合，而与电路 _____无关的电路称为组合逻辑电路。

## 2. 问答题

(1) 为什么 OC 门能实现"线与"？

(2) CMOS 与非门电路中，当 $A$、$B$ 输入端全为 1 时，输出端 $Y$ 为 1，为什么？

(3) CMOS 传输门中，输出和输入端为何不分？

(4) 卡诺图能简化逻辑函数的依据是什么？

(5) 何为编码器？编码器中的输入变量为什么相互排斥？

(6) 何为译码器？请说明 2/4 线译码器的真值表(见表 9.13)的逻辑关系。

(7) 74LS247 译码器在正常译码时，3 个控制端接什么电平？为什么？

(8) 简述组合逻辑电路的分析方法。

(9) 什么叫数值比较器？什么叫数据选择器？

(10) 什么叫半加器？什么叫全加器？两者有何区别？

## 3. 选择题

(1) 逻辑表达式中函数 $AB+A\overline{B}$ 为 1 时，变量应取 _____。

   A. $B=1$　　　　B. $A=0$　　　　C. $B=0$　　　　D. $A=1$

(2) 逻辑表达式 $A+\overline{A}B$ 等于 _____。

   A. $AB$　　　　B. $A+B$　　　　C. $A+\overline{B}$　　　　D. $\overline{A}+B$

(3) 逻辑表达式 $\overline{A}B+A\overline{B}=1$ 时，$A$、$B$ 应取 _____。

   A. $A=1$，$B=1$　　　　　　B. $A=1$，$B=0$ 或 $A=0$，$B=1$

   C. $A=0$，$B=0$

(4) 在四变量的卡诺图中，$Y=\sum(1,3,9,11)$，简化结果为 _____。

   A. $ABC$　　　　B. $BCD$　　　　C. $\overline{A}C$　　　　D. $\overline{B}D$

(5) 在四变量的卡诺图中，$Y=\sum(14,6,7,15)$，简化结果为 _____。

   A. $\overline{A}C\overline{D}$　　　　B. $BC$　　　　C. $\overline{C}D$　　　　D. $\overline{D}$

**4. 计算题**

(1) 用公式法证明。

① $\overline{\overline{AB}+\overline{BC}+\overline{CA}}=ABC+\overline{A}\ \overline{B}\ \overline{C}$

② $\overline{AB}+AB=\overline{(A+B)\cdot(\overline{A}+\overline{B})}$

③ $A+AB+\overline{A}\,C+BD+\overline{A}\,CEF+\overline{B}\,F+DEF=A+C+BD+\overline{B}\,F$

④ $\overline{A}\ \overline{C}+\overline{A}\ \overline{B}+BC+\overline{A}\ \overline{C}\ \overline{D}=\overline{A}+BC$

⑤ $A(\overline{A}+B)+B(B+C)+B=B$

(2) 已知输入信号 $A$、$B$、$C$，如图 9.49(a)所示，请画出图 9.49(b)、(c)、(d)、(e)、(f) 所示电路中 $Y$ 的输出波形。

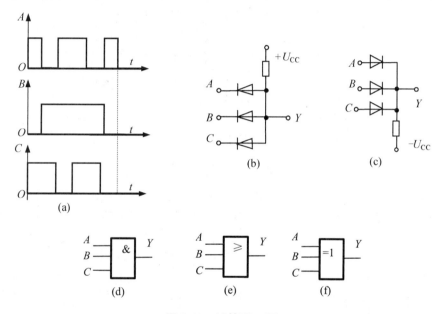

图 9.49　计算题(2)图

(3) 已知电路如图 9.50 所示，请分析电路并写出逻辑表示式。

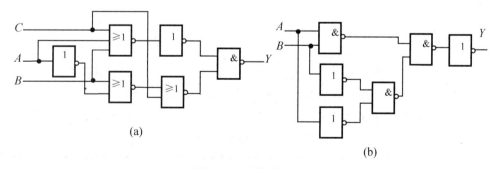

图 9.50　计算题(3)图

(4) 试说明图 9.51(a)、(b)所示电路是否具有相同的功能。

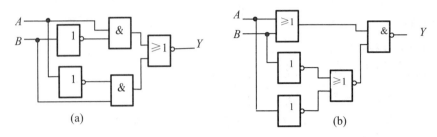

图 9.51    计算题(4)图

(5)  试分析图 9.52 所示电路的逻辑功能。

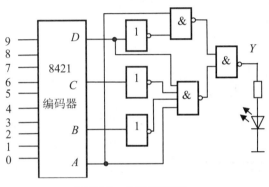

图 9.52    计算题(5)图

(6)  仿照全加器画出一位二进制数全减器。

(7)  某一库房有两重门,每一重门上各装有一把锁。当打开任何一重门时就发出报警声,试设计此逻辑电路。

(8)  用卡诺图化简下列 4 变量的逻辑函数,并画出逻辑电路图。

①    $Y=\sum(0,4,8,10,11)$

②    $Y=\sum(4,5,12,13,6,14)$

③    $Y=\sum(5,6,13,15,14,1)$

④    $Y=\sum(4,5,6,7,15,11)$

⑤    $Y=\sum(0,2,6,14,12,8,10)$

⑥    $Y=\sum(0,5,15,10,8,13,9)$

(9)  试设计一个三输入端的多数表决器。

(10) 设计一个三变量的判(断)一(致)电路。

(11) 试写出 8 选 1 数据选择器的功能表和逻辑图。

(12) 试根据表 9.20 所列真值表写出 $Y$ 逻辑表达式、化简,并画出逻辑电路图。

表 9.20    计算题(12)表

| $A$ | $B$ | $C$ | $D$ | $Y$ |
| --- | --- | --- | --- | --- |
| 0 | 0 | 0 | 0 | 1 |
| 0 | 0 | 0 | 1 | 0 |
| 0 | 0 | 1 | 0 | 0 |

| A | B | C | D | Y |
|---|---|---|---|---|
| 0 | 0 | 1 | 1 | 1 |
| 0 | 1 | 0 | 0 | 0 |
| 0 | 1 | 0 | 1 | 1 |
| 0 | 1 | 1 | 0 | 1 |
| 0 | 1 | 1 | 1 | 0 |
| 1 | 0 | 0 | 0 | 0 |
| 1 | 0 | 0 | 1 | 1 |
| 1 | 0 | 1 | 0 | 1 |
| 1 | 0 | 1 | 1 | 0 |
| 1 | 1 | 0 | 0 | 1 |
| 1 | 1 | 0 | 1 | 0 |
| 1 | 1 | 1 | 0 | 0 |
| 1 | 1 | 1 | 1 | 1 |

# 项目 10

触发器和时序逻辑电路

**教学提示:**

组合电路的输出状态完全是由某一时刻的输入状态而定,与电路的原状态无关。因此组合电路不具有记忆功能。在数字系统中,不但需要能进行逻辑运算的电路,有时还需要利用电路将有关的信号和结果保留下来,这就是具有记忆功能的时序逻辑电路。时序逻辑电路的基本逻辑单元是各种触发器。本项目将介绍 RS 触发器、JK 触发器、D 触发器等基本逻辑单元,寄存器、计数器等逻辑电路,以及脉冲电路与定时器 555。

**教学目标:**

- 掌握 RS 触发器、主从 RS 触发器、D 触发器、JK 触发器的逻辑功能。
- 理解计数器和寄存器的工作原理。
- 掌握施密特触发器的工作原理。
- 了解 555 定时器的工作原理和应用。

# 10.1 触 发 器

一个复杂的逻辑系统都是由基本的逻辑单元电路所组成。不同的基本逻辑电路执行不同的逻辑运算、算术运算以及各种控制功能。但是,只有基本的逻辑单元电路还不够,由它们组成的组合逻辑电路的特点是输出信号随着输入信号的改变而改变。为了连续运算和控制等需要,还要将有关的运算结果及其信号内容(代码)保存起来,这就需要有记忆功能的逻辑电路。

时序逻辑电路的输出状态不仅取决于当时的输入状态,而且还与电路的原始状态有关,即有记忆的功能。时序逻辑电路的基本逻辑单元是各种类型的触发器。触发器是一种具有"0"和"1"两种稳定状态的电路,分别代表了触发器中所储存的两个代码。触发器是一个能存放一位二进制代码的存储单元。

触发器的分类很多,按其逻辑功能可分成 RS 触发器、JK 触发器、T(T′)触发器、D 触发器等;按其稳定工作状态可分成双稳态触发器、单稳态触发器、无稳态触发器(多谐振荡器)等。

## 10.1.1 基本 RS 触发器

### 1. 基本 RS 触发器组成

基本 RS 触发器是各种触发器中最基本的组成部分,线路如图 10.1(a)所示,它由两个与非门构成。RS 触发器有两个输出端 $Q$ 和 $\overline{Q}$,当 $Q=0$、$\overline{Q}=1$ 时,称触发器状态为 0。当 $Q=1$、$\overline{Q}=0$ 时,称触发器状态为 1。$Q$ 和 $\overline{Q}$ 的逻辑状态相反,因此触发器有两种稳定的状态。RS 触发器有两个信号输入端 $\overline{S_D}$ 和 $\overline{R_D}$。输入端 $\overline{S_D}$ 称为置 1 端,$\overline{R_D}$ 称为置 0 端,或称复位端。

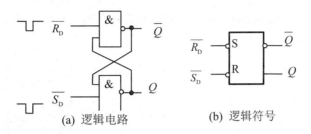

(a) 逻辑电路　　　　　　(b) 逻辑符号

图 10.1　基本 RS 触发器

### 2. 基本 RS 触发器的工作原理

从与非门逻辑关系中可以得出，基本 RS 触发器的逻辑表达式为

$$Q = \overline{\overline{S_D}\overline{Q}} \tag{10-1}$$

$$\overline{Q} = \overline{\overline{R_D}Q} \tag{10-2}$$

根据输入信号 $\overline{R_D}$ 和 $\overline{S_D}$ 有 4 种不同的组合。

(1)　当输入信号 $\overline{R_D}$ =0，$\overline{S_D}$ =1 时，输出信号 $\overline{Q}$ =1，$Q$=0，基本 RS 触发器被置为 0 态。

(2)　当输入信号 $\overline{R_D}$ =1，$\overline{S_D}$ =0 时，输出信号 $\overline{Q}$ =0，$Q$=1，基本 RS 触发器被置为 1 态。

(3)　当输入信号 $\overline{R_D}$ = $\overline{S_D}$ = 1 时，输出保持原触发器状态不变，触发器具有保持功能。

(4)　当输入信号 $\overline{R_D}$ = $\overline{S_D}$ = 0 时，输出被强置为 1，输出端 $\overline{Q}$ = $Q$ =1。这种状态不符合基本 RS 触发器的逻辑要求。一旦发生了这种情况，把负脉冲去掉，触发器处于一种不能确定的状态，$\overline{Q}$ =0，$Q$=1(或 $\overline{Q}$ =1、$Q$=0)，在使用中应禁止出现。

基本 RS 触发器的逻辑符号如图 10.1(b)所示，其中输入端引线靠近方框的小圆圈表示负脉冲有效。表 10.1 所示是基本 RS 触发器的逻辑状态表，基本 RS 触发器的工作波形如图 10.2 所示，从基本 RS 触发器的工作波形图中可看出，如果要使触发器从 1 态变为 0 态，必须使 $\overline{R_D}$ 从高电平转变为低电平；同样要使触发器从 0 态变为 1 态，必须使 $\overline{S_D}$ 从高电平转变为低电平。这里使触发器翻转所加的信号称为触发信号。基本 RS 触发器是用负脉冲信号触发。

表 10.1　基本 RS 触发器的逻辑状态表

| $\overline{R_D}$ | $\overline{S_D}$ | $Q$ | $\overline{Q}$ |
|---|---|---|---|
| 0 | 1 | 0 | 1 |
| 1 | 0 | 1 | 0 |
| 1 | 1 | 原状态不变 | |
| 0 | 0 | 不定状态 | |

用基本 RS 触发器和与非门可以构成二进制的数码寄存器。图 10.3 所示电路是一个 4 位二进制数码寄存器。在这数码寄存器中有两个控制信号：寄存器清零信号 CR 和置数控制信号 LD。CR 清零信号低电平有效，LD 置数控制信号高电平有效。$D_0 \sim D_3$ 为二进制数码，从 $Q_0 \sim Q_3$ 寄存器输出。数码寄存器在进行数码寄存时，置数必须在清零之后；否则有可能出错。CR 加低电平，寄存器 $Q$ 端置 0，清零之后 CR 处于高电平。要置数时，LD

置数控制信号为高电平，接收 $D_0 \sim D_3$ 二进制数码并使基本 RS 触发器做相应的翻转。

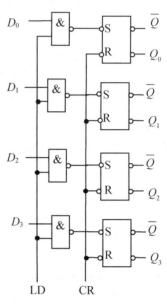

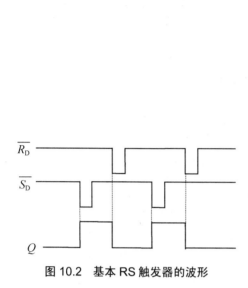

图 10.2　基本 RS 触发器的波形

图 10.3　4 位二进制数码寄存器

## 10.1.2　同步触发器

只要输入信号发生变化，触发器的状态就会依据其逻辑关系发生相应变化。在数字系统中，常要求触发器按同一个时刻动作，因此必须引进同步信号，这个同步信号是受外加的时钟脉冲 CP(Clock Pulse)控制。触发器的状态何时发生翻转，是受时钟脉冲 CP 的控制，而翻转成何种状态，则取决于各自触发器的输入信号。

触发器是受时钟控制实现同步工作的，因此这类触发器也称为同步触发器(亦称钟控触发器)。从其功能上可分为同步 RS 触发器、D 触发器、T 触发器和 JK 触发器等。

### 1. 同步 RS 触发器

1) 电路组成与符号

同步 RS 触发器的电路及逻辑符号如图 10.4(a)、(b)所示。同步 RS 触发器由与非门 $G_1$ 和 $G_2$ 组成基本 RS 触发器，由 $G_3$ 和 $G_4$ 组成输入的控制门电路，输入信号 $R$ 和 $S$ 均为高电平有效。

2) 工作原理

从电路逻辑图中可写出同步 RS 触发器的逻辑表达式为

$$Q = \overline{S \cdot CP \cdot \overline{Q}} \tag{10-3}$$

$$\overline{Q} = \overline{\overline{R \cdot CP \cdot Q}} \tag{10-4}$$

在式(10-3)和式(10-4)中，等号右边的 $Q$ 和左边的 $Q$ 含义是不同的。等号右边的 $Q$ 表明在每一个同步脉冲来之前触发器的状态，等号左边的 $Q$ 则表明在每一个同步脉冲来之后触发器新的状态。为了区分两者，前者 $Q$ 用 $Q^n$ 表示，称为触发器现态；后者 $Q$ 用 $Q^{n+1}$ 表示，称为次态。

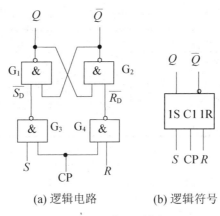

(a) 逻辑电路　　　　　(b) 逻辑符号

图 10.4　同步 RS 触发器

根据输入信号 $R$、$S$ 和 CP 有 4 种不同状态。

(1) 当 CP=0 时，门电路 $G_3$ 和 $G_4$ 被封死，使得输入信号 $R$ 和 $S$ 不能起作用。这时 $\overline{R_D} = \overline{S_D} = 1$，基本触发器保持现态不变，$Q^{n+1} = Q^n$。

(2) 当 CP=1 时，输入信号 $R$ 和 $S$ 经门电路 $G_4$ 和 $G_3$ 反相后送到基本触发器的输入端。如果 $R=0$，$S=1$，使 $\overline{R_D}=1$，$\overline{S_D}=0$，则触发器 $Q^{n+1}=1$，$\overline{Q^{n+1}}=0$。

如果 $R=1$，$S=0$，则 $\overline{R_D}=0$，$\overline{S_D}=1$，触发器 $Q^{n+1}=0$，$\overline{Q^{n+1}}=1$。

如果输入信号 $R=S=1$，则 $\overline{R_D}=\overline{S_D}=0$，触发器状态 $Q^{n+1}$ 不定。

根据前面对同步 RS 触发器工作原理的分析，结合 RS 触发器的现态，可得出同步 RS 触发器的状态转换真值表(见表 10.2)。由表中可写出同步 RS 触发器的逻辑功能表达式。

$$\left. \begin{array}{l} Q^{n+1} = \overline{R}\,\overline{S}\,Q^n + \overline{R}\,S\,\overline{Q^n} + \overline{R}\,S\,Q^n \\ R\,S = 0 \quad \text{(约束条件)} \end{array} \right\}$$

表 10.2　同步 RS 触发器的状态转换真值表

| $R$ | $S$ | $Q^n$ | $Q^{n+1}$ |
| --- | --- | --- | --- |
| 0 | 0 | 0 | 0 |
| 0 | 0 | 1 | 1 |
| 0 | 1 | 0 | 1 |
| 0 | 1 | 1 | 1 |
| 1 | 0 | 0 | 0 |
| 1 | 0 | 1 | 0 |
| 1 | 1 | 0 | × |
| 1 | 1 | 1 | × |

经简化可得

$$\left. \begin{array}{l} Q^{n+1} = S + \overline{R}\,Q^n \\ R\,S = 0 \quad \text{(约束条件)} \end{array} \right\} \tag{10-5}$$

该方程又称为触发器的特性方程或状态方程。

同步 RS 触发器的状态转换真值表如表 10.3 所示，工作波形如图 10.5 所示。

表 10.3　同步 RS 触发器的状态转换真值表

| CP | $R$ | $S$ | $Q^{n+1}$ |
|---|---|---|---|
| 0 | × | × | $Q^n$ |
| 1 | 0 | 1 | 1 |
| 1 | 1 | 0 | 0 |
| 1 | 1 | 1 | 不定 |

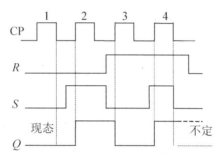

图 10.5　同步 RS 触发器的工作波形

### 2. 同步 D 触发器

1) 电路的组成和符号

同步 D 触发器的电路和符号如图 10.6 所示，其中由 $G_1$、$G_2$ 门构成基本 RS 触发器，$G_3$、$G_4$ 门构成触发控制电路，$D$ 为信号的输入端。$\overline{S_D}$ 和 $\overline{R_D}$ 是选通门。

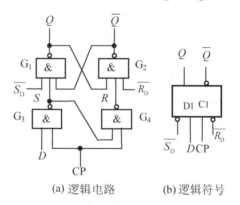

(a) 逻辑电路　　　(b) 逻辑符号

图 10.6　同步 D 触发器的电路和符号

2) 工作原理

当 CP=0 时，使得 $R=S=1$，触发器保持现态不变，$Q^{n+1}=Q^n$。

当 CP=1 时，若 $D=1$，则 $S=0$，反馈到 $G_4$ 的输入门使得 $R=1$，触发器 $Q^{n+1}=1$，$\overline{Q^{n+1}}=0$。

若 $D=0$，则 $S=1$，反馈到 $G_4$ 的输入门使得 $R=0$，触发器 $Q^{n+1}=0$，$\overline{Q^{n+1}}=1$。

由以上工作过程的分析可知，在一个脉冲 CP 来到后，D 触发器的输出端 $Q$ 的状态就和该脉冲来到之前输入端 $D$ 的状态一致。换言之，同步脉冲 CP 把输入端 $D$ 的状态传送到输出端 $Q$。根据上面工作过程的分析可列出同步 D 触发器的状态转换真值表如表 10.4 所示。同步 D 触发器的工作波形如图 10.7 所示。

表 10.4　同步 D 触发器的转换真值表

| CP | $D$ | $Q^n$ | $Q^{n+1}$ |
|---|---|---|---|
| 0 | × | × | $Q^n$ |
| 1 | 0 | 0 | 0 |
| 1 ↑ | 0 | 1 | 0 |
| 1 ↑ | 1 | 0 | 1 |
| 1 | 1 | 1 | 1 |

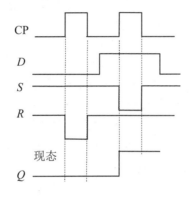

图 10.7　同步 D 触发器的工作波形

从同步 D 触发器的状态表(见表 10.4)中可以看到，当触发脉冲 CP=0 时，$G_3$、$G_4$ 门被封锁，触发器保持现态。在 CP=1 下，触发器的输出始终与输入信号 $D$ 保持一致，输入 $D$ 是什么信号，触发器就被置成什么信号。D 触发器的状态可用其特征方程表示，即

$$Q^{n+1}=D^n \tag{10-6}$$

同步 D 触发器也称为 D 锁存触发器。

### 3. T′触发器

T′触发器是由 $G_1$、$G_2$ 组成的基本 RS 触发器和 $G_3$、$G_4$ 组成的导引门共同构成的，如图 10.8(a)所示。图中 $G_3$ 的一个输入门接输出端 $\overline{Q}$，$G_4$ 的一个输入门接输出端 $Q$，同步脉冲 CP 接在 $G_3$、$G_4$ 的另一个输入门上。

当 CP=0 时，$R=1$，$S=1$，基本触发器的输出保持现态 $Q^{n+1}=Q^n$。当 CP=1 时，此脉冲能否通过 $G_3$ 或 $G_4$ 门，要视触发器所处的现态而定。设现态 $Q^n=0$，$\overline{Q^n}=1$，则 CP 脉冲通过 $G_3$ 门，$S=0$，$R=1$，使触发器原状态发生翻转，即 $Q^{n+1}=1$，$\overline{Q^{n+1}}=0$。若设现态 $Q^n=1$，$\overline{Q^n}=0$，则 CP 脉冲通过 $G_4$ 门，$R=0$，$S=1$，使触发器原状态发生翻转，即 $Q^{n+1}=0$，

$\overline{Q^{n+1}}=1$。由此可知，当来一个 CP 脉冲时，电路就发生一次翻转，其工作波形如图 10.8(b) 所示。

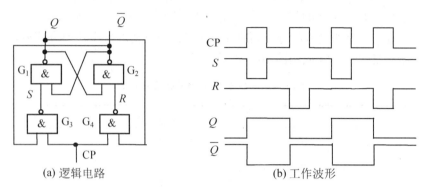

(a) 逻辑电路　　　　　　　　　　(b) 工作波形

图 10.8　T′触发器

如果把同步触发脉冲 CP 视为要计数的脉冲，每一个脉冲的到来都会使触发器翻转一次，那么，该触发器就是一个计数器。T′触发器有计数功能，其特征方程为

$$Q^{n+1}=\overline{Q^n}$$

### 4. T 触发器

T 触发器电路如图 10.9 所示，它与 T′触发器的区别在于 $G_3$ 和 $G_4$ 门的输入端增加一个输入信号 T。如果 T=0，封闭 $G_3$ 和 $G_4$ 的输入，R=1，S=1，使基本 RS 触发器保持原状态不变。如果 T=1，这时 T 触发器的工作过程相当于 T′触发器，即

$$Q^{n+1}=\overline{Q^n} \tag{10-7}$$

图 10.9 所示电路中，$\overline{S_D}$ 和 $\overline{R_D}$ 是选通门。

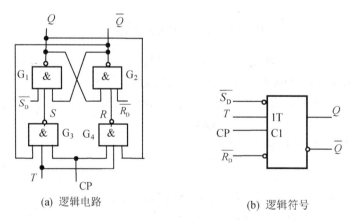

(a) 逻辑电路　　　　　　　　　(b) 逻辑符号

图 10.9　T 触发器

💡 注意：　从上述同步触发器的工作原理和波形中可看到，同步脉冲 CP=0 时，触发器不接收输入信号；同步脉冲 CP=1 时，触发器接收输入信号，同步触发器状态翻转，这种触发方式称为电位触发方式。

### 10.1.3　主从触发器

#### 1. 主从 RS 触发器

1) 主从 RS 触发器的组成

主从 RS 触发器的原理电路如图 10.10 所示，它是由两个同步 RS 触发器组成。$G_5 \sim G_8$ 门构成主触发器，$G_1 \sim G_4$ 门构成从触发器，主触发器的输出 $Q_5$ 和 $\overline{Q_6}$ 作为从触发器的输入，从触发器的状态 $Q$ 和 $\overline{Q}$ 为整个主从触发器的输出。同步时钟脉冲 CP 直接加到主触发器，同步的时钟脉冲经过 $G_9$ 非门后，将 $\overline{CP}$ 加到从触发器，两个触发器的脉冲是互补的。

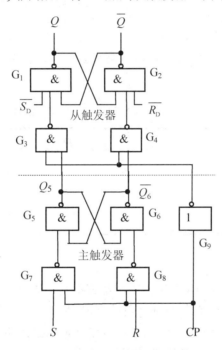

图 10.10　主从 RS 触发器的原理电路

2)　工作原理

当 CP=1 时，$G_7$ 和 $G_8$ 门被打开并接收 $R$ 和 $S$ 的信号。如果 $S=1$，$R=0$，主触发器被置 1，即 $Q_5$=1，$\overline{Q_6}$ =0。而此时 $\overline{CP}$ =0，触发器的 $G_3$ 和 $G_4$ 门被封锁。

当 CP=0 时，$G_7$ 和 $G_8$ 的门被封锁，输出均为高电平，主触发器的输出 $Q_5$ 和 $\overline{Q_6}$ 保持现态输出($Q_5$=1，$\overline{Q_6}$ =0)。而此时 $\overline{CP}$ =1，$G_3$ 和 $G_4$ 门打开，从触发器接收主触发器的状态内容，从触发器状态为 $Q$=1，$\overline{Q}$ =0。

由此可知，主从 RS 触发器在 CP=1 的期间，主触发器仅接收 $R$ 和 $S$ 输入信号，置成相应的状态，从 RS 触发器状态不变。只有当 CP 出现负脉冲，即 CP 下降沿到来时，从触发器按照主触发器的状态，输出端做相应翻转。这样的触发翻转称为下降沿触发。因此，在其他任何时候输入信号 $R$ 和 $S$ 都不会直接影响到输出端 $Q$ 和 $\overline{Q}$ 的状态，这有效地控制了触发器的翻转。主从 RS 触发器输出状态的改变是在时钟脉冲下跳沿时发生，主从触发器状态仅取决于 CP 下降沿到来前的 $R$、$S$ 的状态。工作的波形如图 10.11(a)所示。主从 RS 触发器的逻辑符号如图 10.11(b)所示。

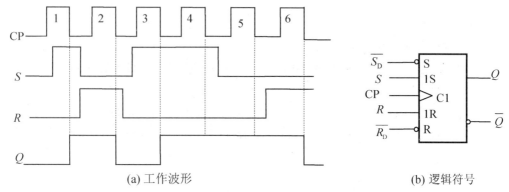

(a) 工作波形                    (b) 逻辑符号

**图 10.11　主从 RS 触发器的工作波形与逻辑符号**

主从 RS 触发器的状态特性如表 10.5 所示。

**表 10.5　主从 RS 触发器的状态特性表**

| CP | $S$ | $R$ | $Q^{n+1}$ |
|----|-----|-----|-----------|
| ↓ | 0 | 0 | $Q^n$ |
| ↓ | 1 | 0 | 1 |
| ↓ | 0 | 1 | 0 |
| ↓ | 1 | 1 | 不定 |

### 2. 主从 JK 触发器

在基本 RS 触发器和主从 RS 触发器中，都有不确定的状态。主从 JK 触发器是在主从 RS 触发器的基础上，把输出端的 $Q$ 和 $\overline{Q}$ 的状态作为一对附加控制信号引回到输入端而构成的，具体电路如图 10.12 所示。主从 JK 触发器没有不确定的状态。为了和主从 RS 触发器相区别，图中的输入端 $J$ 称为置位端，$K$ 称为复位端。

1)　工作原理

分析主从 JK 触发器的结构可知，它和主从 RS 触发器一样，时钟脉冲信号 CP 接在主触发器，时钟脉冲信号 CP 取反后加到从触发器。下面从 4 种情况具体分析主从触发器的工作过程。

(1)　当 $J=0$，$K=0$ 时。

CP=1 时，主触发器的输入端被输入信号封锁(主触发器的输入端 $S=J\overline{Q}=0$，$R=KQ=0$)。主触发器的 $G_7$、$G_8$ 门的输出端均为高电平，主触发器保持原状态不变。由于从触发器的输入门被 $\overline{CP}$ 封锁，JK 触发器现状态也不变。当 CP 下跳时，主触发器的输入端被 CP 信号封锁，主触发器的 $G_7$、$G_6$ 门的输出端仍为高电平，主触发器保持原状态不变，使从触发器的状态也保持不变。触发器具有保持的功能。

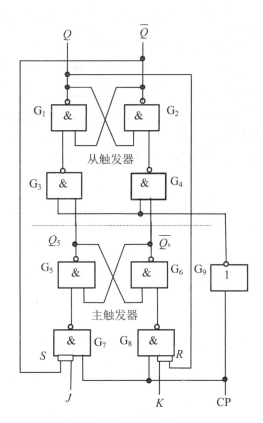

**图 10.12　主从 JK 触发器**

(2) 当 $J=1$，$K=0$ 时。

设触发器的现状态为 $Q=0$，$\overline{Q}=1$。主触发器的输入端 $S=J\overline{Q}=1$，$R=KQ=0$。在 CP=1 时，主触发器翻转为 1 态，$Q_5=1$，$\overline{Q_6}=0$。在 CP=1 的同时从触发器的输入门被 $\overline{CP}$ 封锁，JK 触发器现状态没有变。

当脉冲 CP 下跳时，主触发器被封锁。从触发器根据其输入端的状态($Q_5=1$，$\overline{Q_6}=0$)翻转为 1 态，$Q=1$，$\overline{Q}=0$。换言之，在 CP 下跳时主触发器的状态被"传输"到从触发器。翻转后从触发器与主触发器的状态保持一致。触发器具有置 1 的功能。

设触发器的现状态为 $Q=1$，$\overline{Q}=0$。主触发器的输入端 $S=J\overline{Q}=0$，$R=KQ=0$。在 CP=1 时，主触发器的状态保持不变。在脉冲 CP 下跳时，从触发器保持原状态 1 不变。

(3) 当 $J=0$，$K=1$ 时。

与上述(2)的情况相反，不论触发器原状态如何，下一个状态一定是 0 态。触发器具有置 0 的功能。

(4) 当 $J=1$，$K=1$ 时。

设在 CP=0 时，触发器的现状态为 $Q=0$，$\overline{Q}=1$。

这时主触发器的状态的输入端 $S=J\overline{Q}=1$，$R=KQ=0$。当时钟脉冲 CP 到来时，CP=1，主触发器的状态由 0 翻转为 1，即 $Q_5=1$，$\overline{Q_6}=0$。这时从触发器被 $\overline{CP}$ 封锁，触发器的现状态仍为 0 态。当 CP 从高电平下降到低电平时，CP=0，主触发器被封锁。$\overline{CP}$=1，从触发器的输入端 $Q_5$=1，$\overline{Q_6}$=0。从触发器的状态由 0 翻转为 1。

若与上述触发器的状态相反，设在 CP=0 时，触发器的现状态为 $Q$=1，$\overline{Q}$=0。当 $J$=1，$K$=1 时，来一个脉冲就使触发器发生翻转一次，使得 $Q$=0，$\overline{Q}$=1。

由此可知，在 $J=K$=1 时，来一个时钟脉冲，就使 JK 触发器翻转一次。触发器具有计数功能。用逻辑关系可表示为 $Q^{n+1}=\overline{Q^n}$。

主从 JK 触发器在 $J=K$=1 时的工作波形如图 10.13 所示。

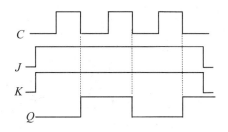

图 10.13　JK 触发器的计数波形

2) 逻辑状态表

综合上述 4 种情况的具体分析，可以列出主从 JK 触发器的逻辑状态表如表 10.6 所示。

表 10.6　主从 JK 触发器的逻辑状态表

| $J$ | $K$ | $Q^{n+1}$ | 说　明 |
|---|---|---|---|
| 0 | 0 | $Q^n$ | 保持现态 |
| 0 | 1 | 0 | 复 0 |
| 1 | 0 | 1 | 置 1 |
| 1 | 1 | $\overline{Q^n}$ | 计数状态 |

💡 注意：　主从 JK 触发器和主从 RS 触发器的不同之处是，它没有不定状态。当 $J$=1，$K$=1 时，在时钟脉冲下，JK 触发器起到了对时钟脉冲的计数作用。

3)　主从 JK 触发器特征方程

从主从 JK 触发器的逻辑电路(见图 10.12)中可以看到，主从 JK 触发器是在 RS 触发器的基础上稍加改动而产生的。对比图 10.14 和图 10.12 可得 $S=J\overline{Q}$，$R=KQ$。代入式(10-5)，有

$$Q^{n+1} = S + \overline{R}\,Q^n = J\overline{Q^n} + \overline{KQ}\;Q^n = J\overline{Q^n} + \overline{K}\,Q^n$$

得主从 JK 触发器的特征方程为

$$Q^{n+1} = J\overline{Q^n} + \overline{K}\,Q^n \tag{10-8}$$

4)　集成 JK 触发器

集成 JK 触发器的芯片很多，74HC76 是一种高速 CMOS 双 JK 触发器。该器件内含有两个相同的 JK 触发器，它们都带有清零和预置的功能，是用脉冲的下跳沿触发。其管脚排列如图 10.14(a)所示。集成 JK 触发器的逻辑符号如图 10.14(b)所示。

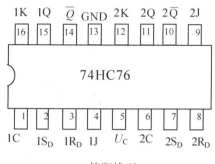

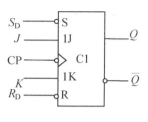

(a) 管脚排列　　　　　　　　　(b) 逻辑符号

图 10.14　集成 JK 触发器 74HC76

# 10.2　计　数　器

记忆脉冲个数叫计数，实现计数操作的电路称为计数器。计数器是数字系统中应用很广的基本逻辑器件。它能记录输入时钟脉冲的个数，还可以进行定时、实现分频和产生脉冲序列等。数字系统以及计算机中的时序发生器、分频器、指令计数器等都要用到计数器。

计数器的种类很多。按照时钟输入方式的不同，可分为同步计数器和异步计数器；按照计数方式的不同，可分为加法计数器、减法计数器和可逆计数器；按照计数长度的不同，可分为二进制计数器、十进制计数器和 $N$ 进制计数器。

## 10.2.1　二进制加法计数器

### 1. 同步二进制加法计数器

在 10.1.3 小节中已经了解到，当 $J=K=1$ 时，主从 JK 触发器具有计数功能。每一个主从 JK 触发器可以计一位二进制数，因此若用 4 个 JK 触发器，可以对 16 个脉冲进行计数。图 10.15 所示是一个同步 4 位二进制加法计数器电路。它是由 4 个 JK 触发器($F_0 \sim F_3$)组成，各位触发器的时钟脉冲输入端接到同一个计数脉冲 CP 上，时钟方程为

$$CP_0 = CP_1 = CP_2 = CP_3 = CP$$

各个触发器的驱动信号分别为

$$\left. \begin{array}{l} J_0 = K_0 = 1 \\ J_1 = K_1 = Q_0 \\ J_2 = K_2 = Q_0 Q_1 \\ J_3 = K_3 = Q_0 Q_1 Q_2 \end{array} \right\} \tag{10-9}$$

式(10-9)称为电路的驱动方程。根据式(10-8)JK 触发器特征方程 $Q^{n+1} = J\overline{Q^n} + \overline{K}\,Q^n$，把式(10-9)代入可得出 4 个电路的特征方程为

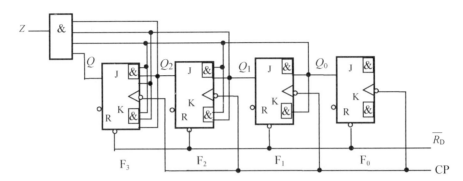

图 10.15　同步二进制 4 位加法计数器

$$Q_0^{n+1} = \overline{Q_0^n}$$

$$Q_1^{n+1} = Q_0^n \overline{Q_1^n} + \overline{Q_0^n}\ Q_1^n$$

$$Q_2^{n+1} = Q_0^n Q_1^n \overline{Q_2^n} + \overline{Q_0^n}\ \overline{Q_1^n}\ Q_2^n$$

$$Q_3^{n+1} = Q_0^n Q_1^n Q_2^n \overline{Q_3^n} + \overline{Q_0^n}\ \overline{Q_1^n}\ \overline{Q_2^n}\ Q_3^n$$

$$(10\text{-}10)$$

和输出方程

$$Z = Q_0^n\ Q_1^n\ Q_2^n\ Q_3^n \tag{10-11}$$

根据电路的特征方程，设定电路的现态为 $Q_3^n Q_2^n Q_1^n Q_0^n$，代入式(10-10)可求出电路次态 $Q_3^{n+1} Q_2^{n+1} Q_1^{n+1} Q_0^{n+1}$。为了使电路从 $Q_3^n Q_2^n Q_1^n Q_0^n$=0000 开始计数，输入端 $\overline{R_D}$ 输入一个负脉冲，使 JK 触发器都置成 0 态。计算结果见表 10.7。

从逻辑电路图(见图 10.15)和 4 位二进制加法计数器状态转换表(见表 10.7)中可以明显看出，计数器经 $\overline{R_D}$ 的负脉冲清零后处在初始状态"0000"，在第一个脉冲作用下，计数器状态由初始状态转移到"0001"，以此类推。计满 15 个脉冲后，计数器稳定在"1111"。当第 16 个计数脉冲输入后，计数器的状态就从"1111"返回到初始状态"0000"，从与门 Z 输出一个"1"，完成一个循环。每输入 16 个脉冲，计数器状态循环一次，这样的计数器又称为模 16 计数器。与门 Z 为计数器的进位信号。

表 10.7　4 位二进制加法计数器的状态转换表

| CP 序号 | $Q_3^n$ | $Q_2^n$ | $Q_1^n$ | $Q_0^n$ | $Q_3^{n+1}$ | $Q_2^{n+1}$ | $Q_1^{n+1}$ | $Q_0^{n+1}$ | 输出 Z |
|---|---|---|---|---|---|---|---|---|---|
| 0 | 0 | 0 | 0 | 0 | 0 | 0 | 0 | 1 | 0 |
| 1 | 0 | 0 | 0 | 1 | 0 | 0 | 1 | 0 | 0 |
| 2 | 0 | 0 | 1 | 0 | 0 | 0 | 1 | 1 | 0 |
| 3 | 0 | 0 | 1 | 1 | 0 | 1 | 0 | 0 | 0 |
| 4 | 0 | 1 | 0 | 0 | 0 | 1 | 0 | 1 | 0 |
| 5 | 0 | 1 | 0 | 1 | 0 | 1 | 1 | 0 | 0 |
| 6 | 0 | 1 | 1 | 0 | 0 | 1 | 1 | 1 | 0 |
| 7 | 0 | 1 | 1 | 1 | 1 | 0 | 0 | 0 | 0 |
| 8 | 1 | 0 | 0 | 0 | 1 | 0 | 0 | 1 | 0 |
| 9 | 1 | 0 | 0 | 1 | 1 | 0 | 1 | 0 | 0 |
| 10 | 1 | 0 | 1 | 0 | 1 | 0 | 1 | 1 | 0 |

续表

| CP 序号 | $Q_3^n$ | $Q_2^n$ | $Q_1^n$ | $Q_0^n$ | $Q_3^{n+1}$ | $Q_2^{n+1}$ | $Q_1^{n+1}$ | $Q_0^{n+1}$ | 输出 Z |
|---|---|---|---|---|---|---|---|---|---|
| 11 | 1 | 0 | 1 | 1 | 1 | 1 | 0 | 0 | 0 |
| 12 | 1 | 1 | 0 | 0 | 1 | 1 | 0 | 1 | 0 |
| 13 | 1 | 1 | 0 | 1 | 1 | 1 | 1 | 0 | 0 |
| 14 | 1 | 1 | 1 | 0 | 1 | 1 | 1 | 1 | 0 |
| 15 | 1 | 1 | 1 | 1 | 0 | 0 | 0 | 0 | 1 |

由于各位触发器的时钟脉冲输入端接到同一个计数脉冲 CP 上，各位触发器的翻转、状态的改变都是同步的，称为同步加法计数器。图 10.16 所示是同步二进制 4 位加法计数器的时序。

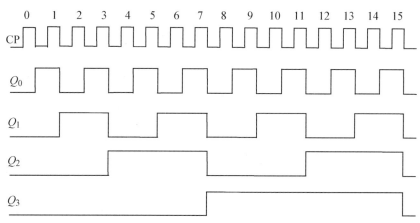

图 10.16 同步二进制 4 位加法计数器的时序

### 2. 异步二进制加法计数器

异步二进制加法计数器与同步二进制加法计数器在触发器翻转上有不同之处。图 10.17 所示为异步二进制 4 位加法计数器的逻辑电路，也是由 4 个 JK 触发器($F_0 \sim F_3$)组成，所有触发器的 $J$、$K$ 悬空(相当于接高电位)，处在计数状态。由 $F_0$ 触发器的 CP 输入端输入计数脉冲，从 $F_0$ 触发器的输出 $Q_0$ 作为第二个触发器 $F_1$ 的 CP 输入，依次类推。4 个 JK 触发器的输出端($Q_0 \sim Q_3$)为 4 位二进制计数器计数链输出，在开始计数前，在 $F_0 \sim F_3$ 触发器的置"0"端 $\overline{R_D}$ 上加一负脉冲，给 $F_0 \sim F_3$ 触发器清零。

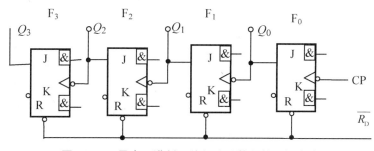

图 10.17 异步二进制 4 位加法计数器的逻辑电路

每来一个计数脉冲 CP，从最低位的触发器开始翻转一次，而高位的触发器要在它相邻低位触发器从"1"翻转为"0"时才翻转。由于计数脉冲不是同时加到各位触发器上，而只是加到最低位，其他各位触发器的翻转是靠其相邻低位触发器输出的进位脉冲来触发，触发器状态的翻转是从低位向高位有先有后的，所以称为异步。这种电路结构简单，但计数速度慢。

异步二进制加法计数器与同步二进制加法计数器的工作波形一样，详见图 10.16。如果从每位的输出端 $Q$ 作为信号引出，不难看出触发器的输出($Q_0 \sim Q_3$)分别是其输入脉冲信号频率的 2 分频、4 分频、8 分频、16 分频。因此，可以利用电路结构实现分频功能。

### 10.2.2 十进制计数器

十进制计数器必须用 10 种状态表示对应的 0～9 数字，逢十进位。常用的是 8421 编码十进制计数器，它用 4 个 JK 触发器来实现，形成 16 种状态，取其中 10 种(0000～1001)表示 0～9 数字，而对 1010～1111 弃之不用。

图 10.18 所示为一个 8421 码的同步十进制加法计数器。电路中 4 个 JK 触发器，直接使用置 0 端 $\overline{R_D}$ 清零，计数脉冲加在所有触发器的 CP 输入端，计数数码由各触发器的 $Q_0 \sim Q_3$ 端输出。

从图 10.18 所示的逻辑电路中可得出触发器的时钟方程为

$$CP_0 = CP_1 = CP_2 = CP_3 = CP$$

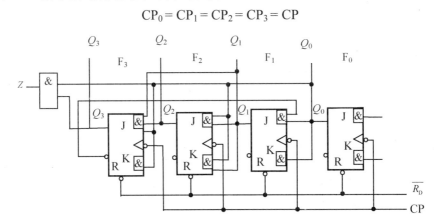

图 10.18　8421 码的同步十进制加法计数器

各个触发器的驱动信号分别为

$$\left.\begin{array}{ll} J_0 = 1 & K_0 = 1 \\ J_1 = \overline{Q_3^{\,n}}\, Q_0 & K_1 = Q_0^{\,n} \\ J_2 = Q_1 Q_0 & K_2 = Q_1 Q_0 \\ J_3 = Q_2^{\,n} Q_1^{\,n} Q_0^{\,n} & K_3 = Q_0^{\,n} \end{array}\right\} \tag{10-12}$$

将式(10-12)代入式(10-8)JK 触发器特征方程 $Q^{n+1} = J\overline{Q^n} + \overline{K}\,Q^n$，可得电路状态方程为

$$Q_0{}^{n+1} = \overline{Q_0{}^n}$$

$$Q_1{}^{n+1} = \overline{Q_3{}^n}\, Q_0{}^n\, \overline{Q_1{}^n} + \overline{Q_0{}^n}\, Q_1{}^n$$

$$Q_2{}^{n+1} = Q_1{}^n\, Q_0{}^n\, \overline{Q_2{}^n} + \overline{Q_1{}^n Q_0{}^n}\, Q_2{}^n$$

$$Q_3{}^{n+1} = Q_2{}^n\, Q_1{}^n\, Q_0{}^n\, \overline{Q_3{}^n} + \overline{Q_0{}^n}\, Q_3{}^n$$

(10-13)

当计数到 1001 时要进位，所以输出方程为

$$Z = Q_3{}^n\, Q_0{}^n$$

从 $Q_3{}^n Q_2{}^n Q_1{}^n Q_0{}^n = 0000$ 开始，依次代入式(10-13)进行计算，得出同步十进制计数器的状态转移表如表 10.8 所示。

表 10.8 中表示出由现态到次态的转换关系和输出 $Z$ 的值。从表 10.8 中可看到 10 个 4 位二进制代码稳定在 0000～1001 的状态上，表示了一位十进制的数码。当二进制代码出现 1001 时，$Z=1$，相当于十进制数逢十进一的进位信号。这时 $Z$ 信号是高电位，但并不马上起作用，而是等到下一个(第 10 个脉冲)下降时，$Z$ 信号才能驱动高位翻转，同时本位归 0，电路返回到 0000 状态。把 0000～1001 的 10 个状态称为有效状态，而其他 6 个状态(1010～1111)是无效的，为无效状态。电路能在计数脉冲 CP 作用下自动回到有效状态，称为电路能自启动。这样，计数器在输入计数脉冲作用下总是能在有效状态中循环工作，叫作有效循环。反之，把无效状态中的循环称为无效循环。凡是不能自启动的电路，肯定存在着无效状态。

表 10.8　同步十进制计数器的状态转移表

| CP 序号 | $Q_3{}^n$ | $Q_2{}^n$ | $Q_1{}^n$ | $Q_0{}^n$ | $Q_3{}^{n+1}$ | $Q_2{}^{n+1}$ | $Q_1{}^{n+1}$ | $Q_0{}^{n+1}$ | 输出 $Z$ |
|---|---|---|---|---|---|---|---|---|---|
| 0 | 0 | 0 | 0 | 0 | 0 | 0 | 0 | 1 | 0 |
| 1 | 0 | 0 | 0 | 1 | 0 | 0 | 1 | 0 | 0 |
| 2 | 0 | 0 | 1 | 0 | 0 | 0 | 1 | 1 | 0 |
| 3 | 0 | 0 | 1 | 1 | 0 | 1 | 0 | 0 | 0 |
| 4 | 0 | 1 | 0 | 0 | 0 | 1 | 0 | 1 | 0 |
| 5 | 0 | 1 | 0 | 1 | 0 | 1 | 1 | 0 | 0 |
| 6 | 0 | 1 | 1 | 0 | 0 | 1 | 1 | 1 | 0 |
| 7 | 0 | 1 | 1 | 1 | 1 | 0 | 0 | 0 | 0 |
| 8 | 1 | 0 | 0 | 0 | 1 | 0 | 0 | 1 | 0 |
| 9 | 1 | 0 | 0 | 1 | 1 | 0 | 1 | 0 | 1 |
| 10 | 1 | 0 | 1 | 0 | 1 | 0 | 1 | 1 | 0 |
| 11 | 1 | 0 | 1 | 1 | 1 | 1 | 0 | 0 | 1 |
| 12 | 1 | 1 | 0 | 0 | 1 | 1 | 0 | 1 | 0 |
| 13 | 1 | 1 | 0 | 1 | 1 | 1 | 1 | 0 | 1 |
| 14 | 1 | 1 | 1 | 0 | 1 | 1 | 1 | 1 | 0 |
| 15 | 1 | 1 | 1 | 1 | 0 | 0 | 0 | 0 | 1 |

电路的工作波形如图 10.19 所示。从图中可看到，第一位触发器 $F_0$ 每来一个计数脉冲状态翻转一次；第二位触发器 $F_1$ 在 $Q_0=1$ 后，再来一个计数脉冲时才能翻转；第三位触发

器 $F_2$ 在 $Q_0=Q_1=1$ 后，下一个计数脉冲时才能翻转；第四位触发器 $F_3$ 在 $Q_0=Q_1=Q_2=1$ 后，下一个计数脉冲时才能翻转；当来了第 10 个脉冲时，第四位触发器 $F_3$ 的 $Q_3=1$，才能翻转为 0。

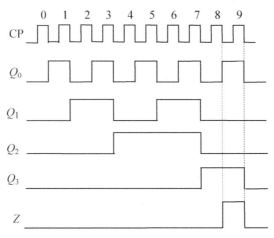

图 10.19　同步十进制 4 位加法计数器的波形

### 10.2.3　集成计数器

随着基本单元电路的发展，许多种类的集成计数器已经生产出来。集成计数器由于体积小、功耗低、功能灵活等优点而得到广泛应用。集成计数器可分成二进制计数器、十进制计数器和可逆计数器。功能上能实现预置和清零，并且能自扩展，使用更加方便。集成计数器种类很多，这里以 74LS161 为例说明其功能和典型应用。

74LS161 是 4 位二进制加法计数器。图 10.20 所示为 74LS161 集成电路的管脚排列，图 10.21 所示为其逻辑电路。

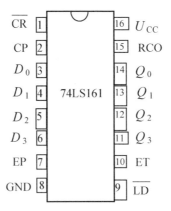

图 10.20　74LS161 集成电路的管脚排列

#### 1. 控制端功能

(1) $\overline{CR}$ 是异步清零端。当 $\overline{CR}=0$(低电平有效)时，计数器直接强制清零，它不管其他输入端的状态如何，对于时钟信号也不例外，称为异步清零。

(2)　$\overline{LD}$ 是并行预置数控制端。$D_0$、$D_1$、$D_2$、$D_3$ 是预置数据的输入端。在 $\overline{CR} = 1$ 下，当 $\overline{LD} = 0$(低电平有效)并在时钟脉冲 CP 的上升沿作用下，对在 $D_0$、$D_1$、$D_2$、$D_3$ 输入端已预置的数据同时接受，并同时预置在计数器的 $Q_0$、$Q_1$、$Q_2$、$Q_3$ 上。由于置数要与时钟脉冲 CP 的上升沿同步，所以称为同步并行预置。脉冲 CP 加到 74LS161 上时，经过 74LS161 内部一个非门后再接到 4 个 JK 触发器的 C1 端。所以置数要与时钟脉冲 CP 的"上升沿"同步。

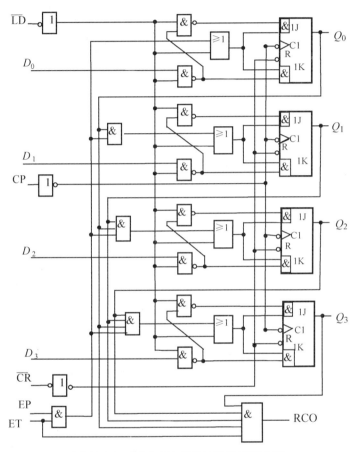

图 10.21　74LS161 同步计数器逻辑电路

(3)　RCO($= ET \cdot Q_0 \cdot Q_1 \cdot Q_2 \cdot Q_3$)是进位的输出端，为多片级联提供端口。

(4)　EP 和 ET 是控制端。

①　计数状态保持：在 $\overline{CR} = \overline{LD} = 1$ 条件下，

● 当 $EP \cdot ET = 0$ 时，计数器状态不变(计数器停止计数保持原状态)。在 $EP \cdot ET = 0$ 中：如果 ET=0，保持原状态，进位输出为 0；如果 EP=0，保持原状态。

● 当 EP=1，ET=1 时，进位输出端也保持不变。

②　计数：当 $\overline{CR} = \overline{LD} = EP = ET = 1$ 时，74LS161 处于计数状态。

### 2. 计数功能

计数功能见表 10.9。

表 10.9　74LS161 计数器的功能表

| 清 零 | 预 置 | 使 能 | | 时 钟 | 预置数据输入 | | | | 输 出 | | | |
|---|---|---|---|---|---|---|---|---|---|---|---|---|
| $\overline{CR}$ | $\overline{LD}$ | EP | ET | CP | $D_0$ | $D_1$ | $D_2$ | $D_3$ | $Q_0$ | $Q_1$ | $Q_2$ | $Q_3$ |
| 0 | × | × | × | × | × | × | × | × | 0 | 0 | 0 | 0 |
| 1 | 0 | × | × | ↑ | $D_0$ | $D_1$ | $D_2$ | $D_3$ | $D_0$ | $D_1$ | $D_2$ | $D_3$ |
| 1 | 1 | 0 | × | × | × | × | × | × | 保 | 持 | | |
| 1 | 1 | × | 0 | × | × | × | × | × | 保 | 持 | | |
| 1 | 1 | 1 | 1 | ↑ | × | × | × | × | 计 | 数 | | |

### 3. 基本应用

1) 实现同步二进制加法计数

用作模 $2^n$ 计数器是 74LS161 的基本应用。根据表 10.9，接成 $\overline{CP}=\overline{LD}=1$，EP=ET=1，计数脉冲从 CP 端输入时，就可以在 CP 脉冲的上升沿作用下实现 4 位二进制加法计数，与 $D_0$、$D_1$、$D_2$ 和 $D_3$ 的状态无关。

2) 构成十进制计数器

如图 10.22 所示电路，将 $Q_3$ 和 $Q_0$ 输出端通过与非门接到置数端，数据端全置成 0，使能端 EP 和 ET 为高电平。在计数脉冲至 CP 端时，74LS161 开始计数，在未计到 1001 时，$Q_3$ 和 $Q_0$ 总有一个为 0，进位门输出总为 1，即 $\overline{LD}$=1，计数器处于计数状态。一旦计数到 1001，$\overline{LD}$=0，计数器处于置数状态。由于 $D_0$、$D_1$、$D_2$ 和 $D_3$ 被接为零电位，在第 10 个计数脉冲的上升沿到来后，计数器按 $D_0=D_1=D_2=D_3=0$ 设置，被置为 0 态，同时 $\overline{LD}$ 恢复为 1，又重新开始计数。

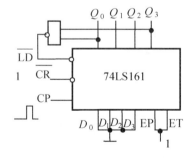

图 10.22　74LS161 构成十进制计数器

## 10.3　寄　存　器

寄存器是计算机和其他数字系统中用来暂时存放数据、指令的逻辑部件。寄存器主要是由触发器组成，一个触发器可以存放一位二进制代码，所以要存放 $n$ 位二进制代码，寄存器就需要用 $n$ 个触发器。

寄存器常分为数码寄存器和移位寄存器，其区别在于有无移位的功能。

### 10.3.1  数码寄存器

数码寄存器只具有接收数码和清除原有数码的功能。

图 10.23 所示是 74LS175 的逻辑电路。它是一个由 4 个 D 触发器组成的 4 位数码寄存器。在寄存数码前，必须先用 $\overline{CR}$ 复位(清零)，使 4 个 D 触发器全处于 0 态。在 CP 接收脉冲上升沿作用下，$D_0$、$D_1$、$D_2$ 和 $D_3$ 数据被并行存入寄存器。寄存的数据从 $Q_0$、$Q_1$、$Q_2$ 和 $Q_3$ 上并行输出。74LS175 的功能如表 10.10 所示。

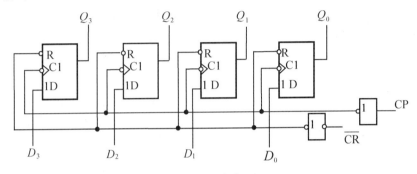

图 10.23  4 位数码寄存器 74LS175

表 10.10  74LS175 的功能表

| 清　零 | 脉　冲 | 输入数据 | | | | 输出数据 | | | |
|---|---|---|---|---|---|---|---|---|---|
| $\overline{CR}$ | CP | $D_0$ | $D_1$ | $D_2$ | $D_3$ | $Q_0$ | $Q_1$ | $Q_2$ | $Q_3$ |
| 0 | × | × | × | × | × | 0 | 0 | 0 | 0 |
| 1 | ↑ | $D_0$ | $D_1$ | $D_2$ | $D_3$ | $D_0$ | $D_1$ | $D_2$ | $D_3$ |
| 1 | 1 | × | × | × | × | 保　持 | | | |
| 1 | 0 | × | × | × | × | | | | |

### 10.3.2  移位寄存器

移位就是在移位命令的作用下，寄存器中各位的内容依次向左或向右单向移动。能执行移位操作的寄存器称为移位寄存器。移位寄存器又分为单向移位寄存器和双向移位寄存器。

#### 1. 单向移位寄存器

把前级的输出端接到下一级的信号输入端，若干个触发器依次如此串行连接，就可构成一个移位寄存器。图 10.24 所示电路就是一个 4 位移位寄存器，它是由 4 个 D 触发器 $F_0 \sim F_3$ 构成。第一个触发器 $F_0$ 的 D 端接输入的数码，其余各级的 D 输入端接前一级的 Q 输出端。将各级的 CP 连在一起接移存脉冲(即移存命令)，移位是在移存脉冲的作用下发生。

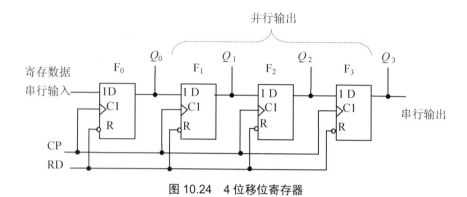

图 10.24　4 位移位寄存器

设寄存器初始状态为 0000，输入数码 $D_0D_1D_2D_3$，依次送入 $F_0$ 触发器 $D$ 端。在第一个移位脉冲作用下，输入数码 $D_3(D_3=1)$ 存放在 $F_0$ 触发器上，而 $F_0$ 触发器状态存入 $F_1$ 触发器。依次类推，$F_2$ 触发器的状态存入 $F_3$ 触发器。实现了在 CP 脉冲作用下数码向右移位寄存。图 10.25 所示的波形为输入数码 $D_0D_1D_2D_3$=1101 的移位波形。从波形中可以看到，输入信号波形(数码)在每一个 CP 脉冲作用下，输入信号经过每一级触发器，而且波形都保持一致。

在这个移位寄存器中，在 CP 脉冲作用下数码是向右移位寄存，称为右向移位寄存器。若将图 10.24 所示电路中各触发器的连接顺序调换一下，让右边触发器的输出作为左邻触发器的数据输入，即可构成左向移位寄存器。读者可自行改接、分析。

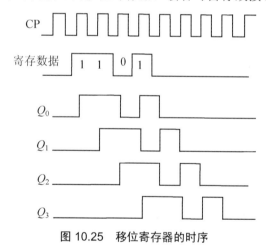

图 10.25　移位寄存器的时序

### 2. 双向移位寄存器

数据既可以向右边逐位移位又可以向左边逐位移位的移位寄存器称为双向移位寄存器。图 10.26 所示是用 4 个 D 触发器组成的双向移位寄存器。每一个触发器的数据输入端 $D$ 是和移向转换控制的与或非门($G_0 \sim G_3$)输出端相连接。移向转换控制的与或非门是由控制门 $S$ 的状态决定移位的方向。当 $S$=1 时，右向移位寄存；当 $S$=0 时，左向移位寄存。

控制门 $S$=1 时，$\overline{S}$=0 加到 $G_0 \sim G_3$ 与或非门的输入端，$\overline{S}$ 与左移串行输入 $D_{SL}$ 以及寄存器 $F_1 \sim F_3$ 的 $\overline{Q}$ 信号同一与门，此时输入端被 $\overline{S}$ 封锁；而右移串行输入 $D_{SR}$ 信号可通过与

或非门送到触发器的 $D$ 端，左边触发器的状态可通过与或非门加到其右下一位触发器的输入端 $D$，在时钟脉冲的作用下，输入数据将做右向移动。同样，当控制门 $S=0$ 时，触发器将做左向移位。

在数字集成电路中有许多双向移位寄存器，如 74LS194 和 74HC194 为 4 位双向移位寄存器(并行存取)；74LS195 和 74HC195 为 4 位双向移位寄存器(并行存取，J-K 输入)；74LS198 和 74HC198 为 8 位双向移位寄存器(并行存取)；74LS199 和 74HC199 为 8 位双向移位寄存器(并行存取，J-K 输入)；74LS295 和 74HC295 为 4 位双向通用移位寄存器等。可以根据具体的设计要求，选择合适的集成移位寄存器。

寄存器的应用很广，尤其是移位寄存器。从上述原理分析中可以看出，移位寄存器可以将串行码转换成并行码，也可以将并行码转换成串行码。如果把移位寄存器的最后输出以一定的形式送回到第一级，则可构成环形计数器。

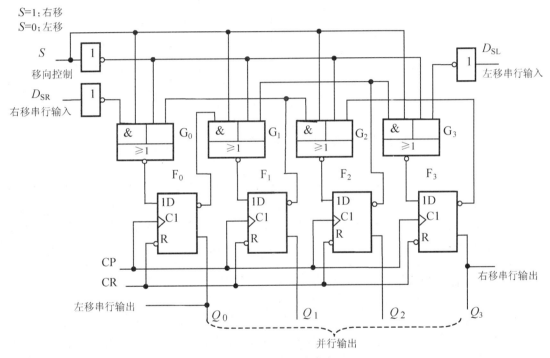

**图 10.26　双向移位寄存器**

环形计数器是移位型计数器中最简单的一种。图 10.27 所示电路是一个 4 位环形计数器，取 $D_0=Q_3$，$D_1=Q_0$，$D_2=Q_1$，$D_3=Q_2$。如果计数器的初始状态为 $Q_3Q_2Q_1Q_0=0001$，加入计数脉冲后便可开始计数，则状态将是 0001、0010、0100、1000 后又回到 0001 环形计数。每个触发器都是经过 4 个计数脉冲重复一个状态，如果取出其输出状态信号，则是计数脉冲的 4 分频。一般来说，若环形计数器含有 $n$ 个触发器，则该计数器就是一个 $n$ 分频器。图 10.27 所示电路是不能自行启动运行的。在电路工作前先用启动脉冲，使计数器进入要求运行的初始状态。采用附加电路可使图 10.27 所示电路改为具有自启动的环形计数器，如图 10.28 所示。

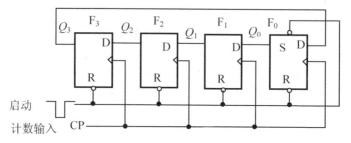

图 10.27　环形计数器

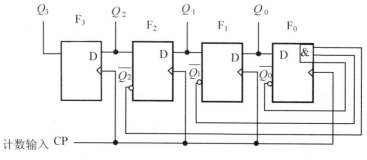

图 10.28　自启动环形计数器

# 10.4　脉冲波形的产生与变换

在数字电路和系统中，常常需要各种脉冲波形，如控制过程中的定时信号、同步和计数中的时钟脉冲等。通常采用两种方法来获得这些脉冲波形：一是利用脉冲振荡器直接产生所需的脉冲波形；二是利用脉冲整形电路，把已有的波形变换成所需的脉冲波形。本节介绍几种常用的脉冲产生和脉冲变换(亦称整形)的基本单元电路。

## 10.4.1　矩形脉冲信号

在数字电路和系统中，经常要用到脉冲信号。脉冲信号包含多种形式的信号，其中最常用的是矩形脉冲信号。在同步时序电路中，时钟信号是矩形脉冲波，它控制和协调着整个系统的工作。因此，矩形脉冲波的特性直接关系到系统能否正常工作。为了说明矩形脉冲的特性，就必须用参数来描述。

实际的矩形脉冲波形如图 10.29 所示。经常使用的参数指标如下。

(1) 脉冲周期 $T$ 是指在周期性重复的脉冲序列中，两个相邻脉冲间的时间间隔。

(2) 脉冲幅度 $U_m$ 是指脉冲信号电压最大的变化量。

(3) 脉冲宽度 $T_W$ 是指脉冲前后沿 $0.5U_m$ 处的时间间隔。

(4) 上升时间 $t_r$ 是指脉冲前沿从 $0.1U_m$ 上升到 $0.9U_m$ 所需的时间。

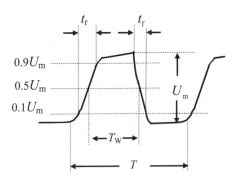

图 10.29  矩形脉冲的波形

(5)  下降时间 $t_f$ 是指脉冲后沿从 $0.9U_m$ 下降到 $0.1U_m$ 所需的时间。

(6)  脉宽比 $\dfrac{T_W}{T}$。脉冲信号的宽度 $T_W$ 与其周期 $T$ 的比称为脉宽比，用 $\dfrac{T_W}{T}$ 表示，亦称为占空比。

上述的指标基本上能把脉冲信号的特性描述清楚。在具体使用中，对脉冲的具体性能会有不同的要求，应区别选择。

## 10.4.2  多谐振荡器

直接利用振荡电路可获得数字系统和电路所要求的脉冲信号。振荡电路不需要外加触发信号，只要电路的参数合适，电路自身就能产生一定频率和幅值的矩形脉冲信号，这种电路称为多谐振荡电路或多谐振荡器。由于多谐振荡器在工作时不存在稳定状态，故又称为无稳态电路。

### 1. 电路的组成

多谐振荡器的电路组成有多种形式，但它们都具有共同的特点。首先，电路中都含有能产生高、低电平的开关器件，如门电路、电压比较器等；第二是电路中都具有反馈网络，将输出信号电压反馈给开关器件使之改变输出状态；第三是电路中还具有定时环节，利用 $RC$ 电路的充放电特性，改变开关器件两种状态的时间，实现延时，可获得所需的脉冲信号的振荡频率。

图 10.30 所示为由两个 TTL 与非门电路和电阻 $R$、电容 $C$ 组成的多谐振荡器。从图中看到，电容 $C$ 构成了正反馈网络，电阻 $R$、电容 $C$ 是电路的定时元件。

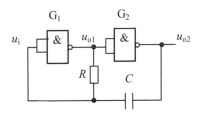

图 10.30  TTL 多谐振荡器

**提示：** 多谐振荡器工作时，主要是依靠电容 $C$ 的充放电，引起输入信号电压 $u_i$ 的变化，当 $u_i$ 达到 TTL 门的阈值电压 $U_{TH}$ 时，引起与非门状态的翻转。

### 2. 工作原理

设电路中与非门 $G_1$ 处于导通(开)的状态，$u_{o1}$ 为低电平(0.3V)，$G_2$ 处于关的状态，$u_{o2}$ 为高电平(3.6V)。电容 $C$ 与 TTL 内电路的连接如图 10.31(a)所示，这时电容处于放电状态。电容放电导致 $G_1$ 与非门的输入端电压 $u_i$ 逐渐下降。当 $u_i$ 的电压低于阈值电压 $U_{TH}$(1.4V)时，电路产生正反馈过程，即

$$u_i \downarrow \rightarrow u_{o1} \uparrow \rightarrow u_{o2} \downarrow$$

使得 $G_1$ 与非门迅速截止，而 $G_2$ 与非门迅速导通，振荡器进入了 $G_1$ 关、$G_2$ 开的第一个暂稳态过程。

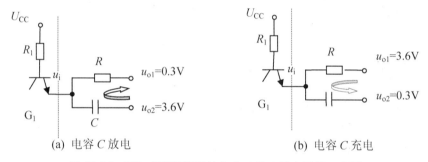

(a) 电容 $C$ 放电　　　　　　　(b) 电容 $C$ 充电

**图 10.31　TTL 多谐振荡器的电容 $C$ 的充放电等效示意图**

此时，$u_{o1}$=3.6V，$u_{o2}$=0.3V。由这一过程可知，$u_{o2}$ 的电压从 3.6V 下跳至 0.3V(下跳 3.3V)，但电容两端的电压不能突变，$u_{o2}$ 的下跳反映在输入端电压 $u_i$ 上，$u_i$ 从阈值电压 $U_{TH}$(1.4V)也要下跳 3.3V，所以 $u_i(0^+)$=1.4V-3.3V=-1.9V。

振荡器进入第一个暂稳态过程，$u_{o1}$ 通过电阻 $R$ 向电容 $C$ 充电，如图 10.31(b)所示。电容 $C$ 上的充电则是从 $u_i(0^+)$ = -1.9V 开始，以指数式上升直至 $u_i$=阈值电压 $U_{TH}$(1.4V)，这是电路产生正反馈的积累过程，即

$$u_i \uparrow \rightarrow u_{o1} \downarrow \rightarrow u_{o2} \uparrow$$

正反馈过程迅速使 $G_1$ 开、$G_2$ 关，振荡器进入了第二个暂稳态过程。这时，$u_{o1}$ 从 3.6V 下跳至 0.3V，$u_{o2}$ 从 0.3V 上跳到 3.6V(上跳 3.3V)。所以 $u_i(0^+)$= 1.4 V + 3.3 V = 4.7 V，上跳到 4.7V。随之又开始电容放电，反复上述两个暂稳态过程，振荡的波形如图 10.32 所示。

### 3. 主要参数

根据 RC 电路瞬态过程分析的关系式 $u(t)= u(\infty)+[u(0_+)- u(\infty)]e^{-\frac{t}{RC}}$，可求解暂态的时间。

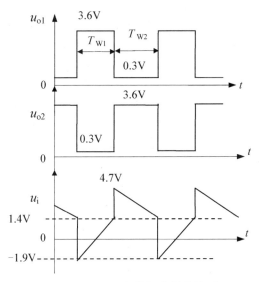

图 10.32　TTL 多谐振荡器的波形

第一个暂稳态 $u_i$ 电压的三要素为

$$u_i(0^+) = -1.9 \text{ V}$$

$$u_i(\infty) = 3.6 \text{ V}$$

$$\tau = (R /\!/ R_1)C \approx RC$$

可以求出第一个暂稳态的时间 $T_{W1}$ 为

$$T_{W1} = RC \ln \frac{3.6\text{V} - 1.9\text{V}}{3.6\text{V} - 1.4\text{V}} = 0.92RC \tag{10-14}$$

第二个暂稳态 $u_i$ 电压的三要素为

$$u_i(0^+) = 1.4 \text{ V} + 3.3\text{V} = 4.7\text{V}$$

$$u_i(\infty) = 0.6 \text{ V}$$

$$\tau = RC$$

可以求出第二个暂稳态的时间 $T_{W2}$ 为

$$T_{W2} = RC \ln \frac{0.3\text{V} - 4.7\text{V}}{0.3\text{V} - 1.4\text{V}} = 1.32RC \tag{10-15}$$

多谐振荡器的周期为

$$T = T_{W1} + T_{W2} = 2.3RC \tag{10-16}$$

### 10.4.3　单稳态触发器

单稳态触发器简称单稳，与前面介绍的触发器不同。它具有下述 3 个特点。

(1)　电路有一个稳定状态和一个暂稳定状态。

(2)　在外来脉冲作用下，电路能从稳态翻转到暂稳态。

(3)　暂稳态是一个不能长久保持的状态，由于电路中的 RC 延时网络的作用，经过一段时间后又能自动返回到稳定状态，故称为单稳态触发器。暂稳态维持时间的长短，与触发脉冲信号无关，仅取决于触发器本身电路的参数。

单稳态触发器一般用于定时、延时和整形。单稳态触发器的电路结构有微分型和积分型两种类型，本节以微分型单稳态触发器为例进行分析。微分型单稳态触发器有多种电路，图 10.33(a)所示为由两个或非门 $G_1$ 和 $G_2$ 构成，$R$ 和 $C$ 组成微分定时电路。图 10.33(b)所示为单稳态触发器通用逻辑符号。

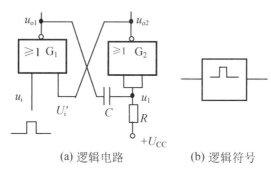

(a) 逻辑电路　　　　(b) 逻辑符号

**图 10.33　微分单稳态电路**

### 1. 工作原理

(1)　无触发信号 $u_i$=0 时，电路处于稳态。

$G_2$ 门输入端经电阻 $R$ 与电源 $U_{DD}$ 相连接，为高电位，$u_{o2}$ 低电位。而 $u_i$=0，$G_1$ 门的两个输入端均为低电平，$u_{o1}$ 高电位。这时电容 $C$ 上的电压近似为零，电路处于稳定状态。

(2)　外加触发信号，电路由稳态翻转为暂稳态。

当 $t_1$ 外加触发信号 $u_i$ 正跳变(为高电平)时，$u_{o1}$ 由高电平跳到低电平，经电容 $C$ 耦合，所以 $u_1$ 电压由高电位下跳到低电位，$u_{o2}$ 为高电平。$u_{o2}$ 的高电位接至 $G_1$ 门的输入端，从而导致正反馈的过程：保证 $G_1$ 的导通，使 $G_2$ 的截止在瞬间完成。这时，即使把外加触发信号 $u_i$ 撤除(为低电位)，由于 $u_{o2}$ 的高电位和 $G_1$ 门的或逻辑关系，使 $G_1$ 门输出端维持低电位。电路由稳态翻转为暂稳态，即

$$u_{o2}\uparrow \rightarrow u_i'\uparrow \rightarrow u_{o1}\downarrow \rightarrow u_1\downarrow$$

(3)　通过对电容的充电，使电路返回到稳态。

由于 $u_{o1}$ 为低电平，正电源+$U_{CC}$ 通过 $R$ 对电容 $C$ 充电，充电回路为+$U_{CC}\rightarrow R\rightarrow C\rightarrow u_{o1}\rightarrow$地。$u_1$ 电压随着电容 $C$ 的充电而上升。在 $t_2$ 时刻，$u_1$ 电压升高到 $G_2$ 的阈值电压 $U_{TH}$ 时，$G_2$ 门的 $u_{o2}$ 从高电位下跳到低电位。这时，$G_1$ 门的两个输入端均为低电位，$G_1$ 门迅速截止，$G_2$ 门很快导通。所以电路由暂稳态自动返回到稳态。

(4)　恢复到稳态。

暂稳态结束，电容将通过电阻 $R$ 放电，使电容上的电压恢复到稳态时的初始值。整个过程中电路各点的工作波形如图 10.34 所示。

### 2. 主要参数计算

1) 输出脉冲宽度 $T_W$

输出脉冲宽度 $T_W$ 也就是暂态的维持时间。将触发脉冲作用的起始时刻 $t_1$ 作为时间的起点，根据 $RC$ 电路的瞬态过程分析，$u_1$ 的波形可求得，即

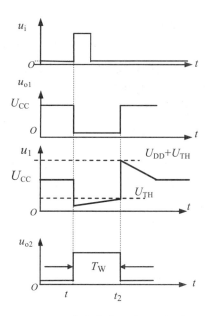

图 10.34   微分单稳电路的工作波形

$$u_1(t)= u_1(\infty)+[\, u_1(0_+)^- u_1(\infty)]\, \mathrm{e}^{-\frac{t}{RC}} \tag{10-17}$$

而 $t=t_1$ 时，有

$$u_1(0_+)=0, \quad u_1(\infty)=U_{CC}, \quad \tau =RC$$

当 $t=T_W$ 时，有

$$u_1(t)=u_1(T_W)=U_{TH}$$

代入上式得

$$u_1(T_W)= U_{TH} = U_{CC}\left(1 - \mathrm{e}^{-\frac{T_W}{RC}}\right)$$

可求出

$$T_W = RC \ln \frac{U_{CC}}{U_{CC}-U_{TH}} \tag{10-18}$$

当 $U_{TH} = U_{CC}$ 时，有

$$T_W \approx 0.7RC$$

2)   最高工作频率 $f_{max}$

单稳态触发器的暂稳态结束后，还需要一段恢复时间 $T_{RE}$，让电容 $C$ 在暂稳态期间释放所充的电荷，使电路恢复到初始状态。单稳态的恢复阶段的恢复时间是由放电时间常数 $\tau$ 决定，这时间一般要经过 $3\tau{\sim}5\tau$。最高工作频率由 $T_W$ 和恢复时间 $T_{RE}$ 决定。电路的最高工作频率为

$$f_{max} = \frac{1}{T_{min}} = \frac{1}{T_W + T_{RE}} \tag{10-19}$$

### 10.4.4   施密特触发器

在数字电路中对矩形波的频率、幅度和宽度都是有一定要求的。由于信号来源不同，

在实际中的矩形波有的规则、有的不规则。因此在使用前，需要有一个电路把不规则的波形改变成符合要求的规则的波形，然后再送入数字电路。施密特触发器就是这样的一种电路。施密特触发器重要的特点是，能够把变化非常缓慢的输入脉冲波形，整形成适合于数字电路的矩形脉冲，因为有不同的阈值(回差)电压，所以还有很强的抗干扰能力。施密特触发器在脉冲的产生和整形电路中应用广泛。

### 1. 电路组成

由两级 CMOS 反相器构成的施密特触发器如图 10.35(a)所示，图 10.35(b)所示为施密特触发器的逻辑符号。图中 $u_i$ 通过电阻 $R_1$ 和 $R_2$ 分压来控制反相器 $G_1$ 门的状态。假定反相器的阈值电压 $U_{TH}=U_{CC}/2$，$R_1<R_2$，输入信号 $u_i$ 为三角波。

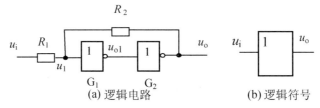

(a) 逻辑电路　　(b) 逻辑符号

图 10.35　CMOS 反相器组成的施密特触发器

根据叠加定理，从图 10.35 中可以求出电压 $u_1$ 关系式为

$$u_1 = \frac{R_2}{R_1+R_2}u_i + \frac{R_1}{R_1+R_2}u_o \tag{10-20}$$

### 2. 工作过程

结合图 10.36(a)和图 10.36(b)所示的施密特触发器工作波形和电压传输特性曲线，理解其工作状态。

(1) 当输入信号 $u_i=0$ 时，$G_1$ 门截止，输出高电位 $u_{o1}=U_{CC}$；$G_2$ 门导通，输出 $u_o=0$，为低电位。

(2) 当输入信号 $u_i$ 逐渐上升时，根据式(10-20)，$G_1$ 门电压 $u_1=\dfrac{R_2}{R_1+R_2}u_i$ 也随之逐渐上升。只要 $u_1<U_{TH}$，$G_1$ 门总是截止的，输出 $u_{o2}$ 总是低电位，保持着稳定状态。

(3) 当输入信号 $u_i$ 上升到 $u_1 \geqslant U_{TH}$ 时，$G_1$ 门开始导通，使电路产生以下正反馈过程，即

$$u_1 \uparrow \rightarrow u_{o1} \downarrow \rightarrow u_o \uparrow$$

电路状态很快转换为 $u_o=U_{CC}$，触发器发生翻转。输入信号 $u_i$ 正向上升导致施密特触发器状态翻转时的 $u_i$ 电压，称为正向转换电压，用 $U_{T+}$ 表示。

$$u_1=U_{TH}= \frac{R_2}{R_1+R_2}U_{T+}$$

$$U_{T+}= \left(1+\frac{R_1}{R_2}\right)U_{TH} \tag{10-21}$$

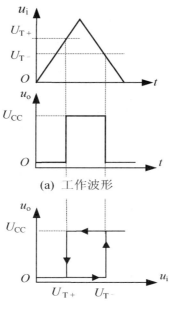

(a) 工作波形

(b) 电压传输特性

图 10.36　施密特触发器的工作曲线

💡 **注意：**　正向转换电压 $U_{T+}$ 是指施密特触发器在输入信号 $u_i$ 正向上升，使触发器发生翻转时的输入信号 $u_i$ 的值，不同于 TTL 门的阈值电压。

(4) 只要满足输入信号 $u_1 > U_{TH}$，电路的状态就维持在 $u_o = U_{CC}$ 不变。

(5) 当输入信号 $u_i$ 上升到最大后开始下降，到 $u_1 = U_{TH}$ 时，电路又会产生以下正反馈过程，即

$$u_1 \downarrow \rightarrow u_{o1} \uparrow \rightarrow u_o \downarrow$$

这样使电路中的 $G_1$ 门迅速截止，$G_2$ 门迅速导通，电路的状态转换为 $u_o = 0$。这时的输入信号 $u_i$ 的电压值称为施密特触发器下降时的转换电压，称为负向转换电压，用 $U_{T-}$ 表示。根据式(10-20)和式(10-21)，有

$$u_1 = U_{TH} = \frac{R_2}{R_1 + R_2} U_{T-} + \frac{R_1}{R_2 + R_2} U_{CC}$$

根据前面设定 $U_{TH} = U_{CC}/2$，代入上式，可求得

$$U_{T-} = \left(1 - \frac{R_1}{R_2}\right) U_{TH} \tag{10-22}$$

只要能满足输入信号 $u_i$ 的电压值小于 $U_{T-}$，施密特触发器就会稳定在 $u_o = 0$ 的状态上。

由上述分析过程可看出施密特触发器的工作特点，第一是施密特触发器电路有两个稳定状态，是一个双稳态电路，其两个稳态都必须靠触发信号来维持。第二是两个稳态的翻转也是由外信号的触发电压决定：当触发信号大于 $U_{T+}$ 时，施密特触发器从低电平转为高

电平；当触发信号小于 $U_{T-}$ 时，施密特触发器从高电平转为低电平。一般有 $U_{T+} > U_{T-}$，通常又称 $U_{T+}$ 为上限触发电压，称 $U_{T-}$ 为下限触发电压，上、下限触发电压差称为回差电压。第三是由于上、下限触发电压差不一样，存在回差电压，所以其输出电压的传输特性存在滞回现象。

根据式(10-21)和式(10-22)，可以求出施密特触发器的回差电压为

$$U_T = U_{T+} - U_{T-} = 2\frac{R_1}{R_2} \tag{10-23}$$

由式(10-23)可见，回差电压 $U_T$ 与 $\dfrac{R_1}{R_2}$ 成正比，改变 $R_1$ 和 $R_2$ 的大小可以调整回差电压值。

### 3. 施密特触发器的应用

(1) 用于波形变换和整形。可以把边沿变化缓慢和不规则的周期性信号变换成矩形脉冲，如图 10.37 所示。

(2) 用于脉冲鉴幅。应用施密特触发器的正向转换电压 $U_{T+}$，将一系列幅度不一的脉冲信号进行鉴幅，如图 10.38 所示。

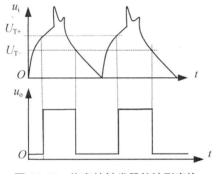
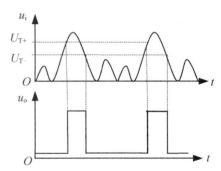

图 10.37　施密特触发器的波形变换　　　图 10.38　施密特触发器用于脉冲鉴幅

# 10.5　555 定时器及应用

555 定时器是一种应用极为广泛的中规模集成电路。用它构成定时器、单稳态触发器、多谐振荡器和施密特触发器只需外接少量的阻容元件，而且该电路使用方便、灵活，因此大量地应用在信号产生、整形变换、控制和检测中。

## 10.5.1　555 定时器

555 定时器的内部电路如图 10.39(a)所示。它是由两个比较器 $C_1$ 和 $C_2$、基本 RS 触发器($G_1$ 和 $G_2$)、一个集电极开路输出的泄放三极管 VT 以及 3 个 5kΩ 电阻组成的分压器等部分组合而成的。图 10.39(b)所示为 555 定时器的电路引线排列。在具体使用前，必须对其管脚的功能有一个总体的认识。

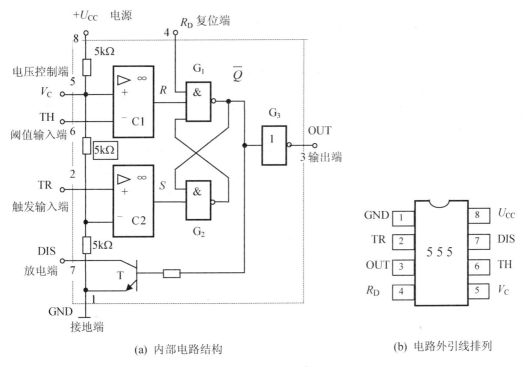

(a) 内部电路结构　　　　　　　　　(b) 电路外引线排列

**图 10.39　555 定时器**

第 5 端 $V_C$(Control Voltage)为电压控制端。如果第 5 端 $V_C$ 悬空，通过 3 个 5kΩ 电阻的分压，C1 比较器的同相端接一个 $\frac{2}{3}U_{CC}$ 的参考电压，C2 比较器的反相端接一个 $\frac{1}{3}U_{CC}$ 的参考电压。如果第 5 端 $V_C$ 外接一个固定电压 $U_{C0}$，这时 C1 比较器的同相端接的参考电压就是外接的固定电压 $U_{C0}$，而 C2 比较器的反相端所接的参考电压为 $\frac{1}{2}U_{C0}$。由此可知，电压控制端 $V_C$ 可用来改变比较器的参考电压。若无外加电压时，应外接一个约 0.01μF 的电容到地，以防止高频干扰引入。

第 6 端 TH(Threshold)是比较器 C1 的输入端，外加的电压为 $u_{TH}$；第 2 端 TR(Trigger)是比较器 C2 的输入端，外加的电压为 $u_{TR}$。当第 5 脚 $V_C$ 悬空时，考虑以下一些情况。

(1) 若 $u_{TR} > \frac{1}{3}U_{CC}$，$u_{TH} > \frac{2}{3}U_{CC}$，C2 比较器输出为 1，C1 比较器输出为 0。此时基本 RS 触发器的 $R=0$，$S=1$，则 $\overline{Q}=1$，使得放电管 VT 导通，而输出 OUT(Output)端的输出电压 $u_o=0$。

(2) 若 $u_{TR} < \frac{1}{3}U_{CC}$，$u_{TH} < \frac{2}{3}U_{CC}$，C2 比较器输出为 0，C1 比较器输出为 1。此时基本 RS 触发器的 $R=1$，$S=0$，则 $\overline{Q}=0$，使得放电管 VT 截止，而 OUT 输出端输出电压 $u_o=1$。

(3) 若 $u_{TR} > \frac{1}{3}U_{CC}$，$u_{TH} < \frac{2}{3}U_{CC}$，C2 比较器输出为 1，C1 比较器输出也为 1。此时基本 RS 触发器的 $R=1$，$S=1$，基本 RS 触发器保持原状不变，放电管 VT 和 OUT 输出端输出电压 $u_o$ 保持原状。

第 4 端 $R_D$(Reset)为复位端，用低电平对触发器直接置 0。

第 7 端 DIS(Discharge)为放电端，外接电容通过晶体管 VT 导通时放电。

第 3 端 OUT 为电路的输出端。输出电流可达 200mA，输出电压比电源 $U_{CC}$ 小 1～3V。

第 8 端为电源端，$U_{CC}$ 允许在 5～18V 电压范围内使用。

第 1 端为接地端 GND。

根据以上分析可列出 555 定时器的功能如表 10.11 所示。

表 10.11　555 定时器功能表

| $R_D$ | $u_{TH}$ | $u_{TR}$ | $R$ | $S$ | OUT($u_o$) | DIS |
|---|---|---|---|---|---|---|
| 0 | $\times$ | $\times$ | $\times$ | $\times$ | 0 | 导电 |
| 1 | $>\dfrac{2}{3}U_{CC}$ | $>\dfrac{1}{3}U_{CC}$ | 0 | 1 | 0 | 导电 |
| 1 | $<\dfrac{2}{3}U_{CC}$ | $<\dfrac{1}{3}U_{CC}$ | 1 | 0 | 1 | 截止 |
| 1 | $<\dfrac{2}{3}U_{CC}$ | $>\dfrac{1}{3}U_C$ | 1 | 1 | 保持 | 保持 |

## 10.5.2　定时器应用举例

### 1. 施密特触发器

555 定时器组成的施密特触发器如图 10.40(a)所示。第 5 脚 $V_C$ 悬空，把第 2、6 脚连接在一起作为信号输入端，这时 $u_{TR}=u_{TH}=u_i$。其工作过程如同 10.5.1 小节中所分析的原理一样，这里不再重述。图 10.40(b)所示为电路工作波形。

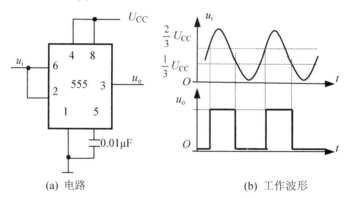

(a) 电路　　　　　　　　　　　　(b) 工作波形

图 10.40　555 定时器组成的施密特触发器

### 2. 多谐振荡器

图 10.41(a)所示为用 555 定时器构成的多谐振荡器，图中的电阻 $R_1$、$R_2$ 和电容 $C$ 均是定时元件。

设在电源接通前电容 $C$ 上无电压。电源 $U_{CC}$ 一旦接通，电源 $U_{CC}$ 通过电阻 $R_1$、$R_2$ 向 $C$ 充电。$u_{TR}= u_{TH}$ 的电压随电容的充电逐渐上升。当 $u_{TR}= u_{TH}$ 还小于 $\dfrac{1}{3}U_{CC}$ 时，$\overline{Q}=0$，放电管 VT 截止，OUT 输出端的 $u_o=1$。电源 $U_{CC}$ 通过电阻 $R_1$、$R_2$ 继续向 $C$ 充电，$u_{TR}= u_{TH}$ 的电

压也继续上升。当电容上的电压充到$\frac{2}{3}U_{CC}$时，$u_{TR} = u_{TH} > \frac{2}{3}U_{CC}$，OUT 输出端的$u_o=0$，状态翻转。这时由于基本 RS 触发器的$\overline{Q}=1$，放电管 VT 导通，电容上的电压通过放电管放电，电容上的电压下降，即$u_{TR} = u_{TH}$下降。待到电容上电压下降到低于$\frac{1}{3}U_{CC}$时，$u_{TR} = u_{TH}$ $<\frac{1}{3}U_{CC}$，OUT 输出端的$u_o=1$。由于$\overline{Q}=0$，放电管 VT 截止，电源$U_{CC}$又通过电阻$R_1$、$R_2$向 C 充电，开始新的一次充放电，如此循环。电路的工作波形如图 10.41(b)所示，输出为矩形脉冲信号。

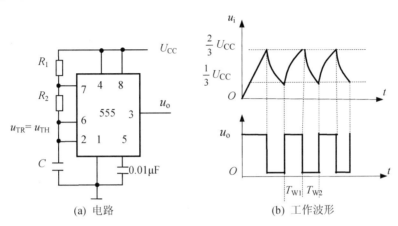

图 10.41   555 定时器组成的多谐振荡器

根据瞬态分析，可以求得充电暂稳态持续时间为

$$t_{W1} = 0.7(R_1+R_2)C$$

放电暂稳态持续时间为

$$t_{W2} = 0.7 R_2 C$$

因此，输出矩形波的周期为

$$T = t_{W1} + t_{W2} = 0.7(R_1+2R_2)C$$

### 3. 单稳态触发器

图 10.42(a)所示为用 555 定时器构成的单稳态触发器，图中的电阻 R 和 C 是外接定时元件，触发脉冲从 2 端 TR 输入，下跳沿触发。

在$t_1$前，电路处于稳定状态。这时触发脉冲处于高电位(即触发脉冲未到来之前)，$u_{TR} > \frac{1}{3}U_{CC}$；而电容充电已到稳态，电容上电压$u_C > \frac{2}{3}U_{CC}$，即$u_{TH} > \frac{2}{3}U_{CC}$。所以 OUT 输出端的$u_o=0$，这时由于基本 RS 触发器的$Q=0$，$\overline{Q}=1$，放电管 VT 饱和导通。电容上的电压通过放电管 VT 迅速放电，电容上的电压$u_C \approx 0(0.3V)$，即$u_{TH} = 0$，比较器 C1 输出为 1，触发器的状态不变。此后保持着$u_{TH} = 0\left(<\frac{2}{3}U_{CC}\right)$，$u_{TR} > \frac{1}{3}U_{CC}$的状态，OUT 输出端的$u_o$也保持着 0 态。

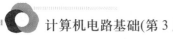
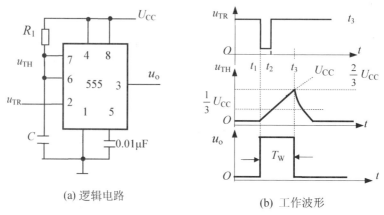

图 10.42　555 定时器组成的单稳态触发器

在 $t_1$ 时刻，触发负脉冲的到来，$u_{TR}= 0\left(<\dfrac{1}{3}U_{CC}\right)$，而 $u_{TH}= 0\left(<\dfrac{2}{3}U_{CC}\right)$，比较器 C2 输出为 0，将基本 RS 触发器置为 1，$\overline{Q}=0$，OUT 输出端从 0 翻转为 1。电路进入暂稳态状态。与此同时，由于 $\overline{Q}=0$，放电管 VT 截止，电源又通过电阻 $R$ 向电容 $C$ 充电。到 $t_3$ 时刻，当电容上电压 $u_C>\dfrac{2}{3}U_{CC}$ 时，比较器 C1 输出为 0，使基本 RS 触发器自动翻转为 $Q=0$ 的稳态，OUT 输出端从 1 翻转为 0。此时由于 $\overline{Q}=1$，放电管 VT 饱和导通，电容上的电压通过放电管 VT 迅速放电，一个工作周期结束。单稳态的工作波形如图 10.42(b)所示。

输出的矩形脉冲，其脉冲宽度(暂稳态的时间)为 $t_W= 1.1RC$。

# *10.6　半导体存储器

半导体存储器几乎是当今数据系统中不可缺少的组成部分，用它可储存大量的二进制数据。有了它数字系统和计算机才具有存储数据、指令和中间结果的功能，使计算器脱离了人的控制而自动工作。

半导体存储器从使用功能上分，可分成随机存储器(Random Access Memory，RAM，又称为读写存储器)和只读存储器(Read-Only Memory，ROM)。RAM 主要用来存放各种现场数据、中间结果等信息，它的存储单元的内容既可读出又可写入，但一经失电，所存数据就立即丢失。RAM 又分成静态 RAM(Static RAM，SRAM)和动态 RAM(Dynamic RAM，DRAM)。而 ROM 内存储的信息只能读出，不能写入，它在数字系统和计算机中一般用于存放固定的程序和参数等。

## 10.6.1　随机存储器

### 1. RAM 的基本结构

RAM 的结构基本上由地址译码器、存储单元矩阵和 I/O 电路这 3 个部分组成，如图 10.43 所示。

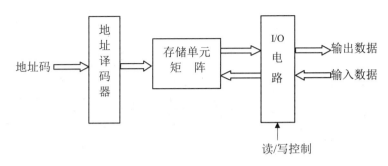

图 10.43　RAM 的基本结构

### 2. 存储单元矩阵

通常数据、指令、运算程序等都是用许多一定位数的二进制数来表示，常用的有 4 位、8 位或 16 位等。一定位数的二进制数称为字。存储器用相应位数的一组存储单元来储存一个字。每个存储单元可以存放 1 位二进制数。例如，一个 1024×4 位的存储矩阵，它表示有 1024 个字，每个字用 4 个存储单元，总数为 4096。再如，一个 256×8 位的 RAM，它表示有 256 个字，每个字用 8 个存储单元，字长 8 位，存储单元的总数是 2048。存储单元的总数称为存储器的容量。字的个数和字长的乘积(即存储单元的总数)称为存储器的容量。存储器是由数以千万计的寄存器组成的记忆部件。

RAM 结构的主体是一个存储单元矩阵，它是由许多个阵列形式的存储单元组成。通常将存储器排列成矩阵的形式。图 10.44 所示是 16×4 位的 RAM，16 个字，每字 4 位，可储存 16×4 位二进制数据信息。存储器中是以字为单位进行存储的，即一组存储单元存放一个字。为了能够对每个字进行读写操作，各组存储单元(字)必须有各自的编号，称为地址。每一个字都有一条字选择线(简称字线)，以控制该组存储单元(字)是否选中，只有选中才可以进行数据信息的读出或写入操作。在图 10.44 所示结构中，横的是字线，竖的为位线。

### 3. 地址译码器

把数据信息存入存储器(称为写入)或从存储器取出(称为读数)数据信息，这个过程称为访问存储器。每次访问存储器都只能和一个指定的存储单元发生关系，或是把数据信息存入或是把数据信息取出。地址译码器的作用是对外部输入的地址进行译码，以便能唯一地选择存储矩阵中的一个字的存储地址。图 10.44 中地址译码器有 4 位地址码输入($A_0 \sim A_1$)和 $2^4 = 16$ 条字线相对应，每输入一组 4 位($A_0 \sim A_1$)，经译码便能唯一确定一个字的地址，然后可对该字进行读出或写入。图 10.44 所示为单译码结构的存储器。

### 4. 读写控制与输入/输出(I/O)电路

读写控制是用于控制对存储单元的读或写操作。访问存储器时，对选中的地址是进行读操作还是进行写操作，是由读/写控制线进行控制的。在图 10.44 中，RAM 的读/写控制线是一线，可以设定为高电平是读，低电平是写。RAM 的读/写控制线也有两条线的，一条为读，另一条为写。

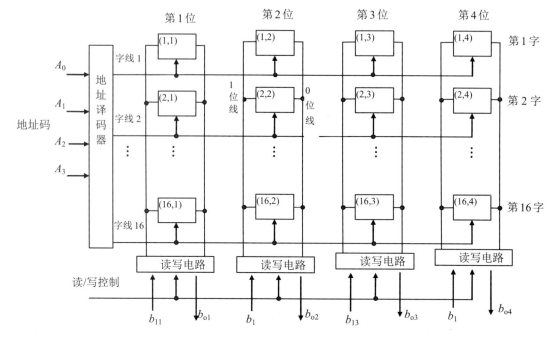

第1位　　　　　第2位　　　　　第3位　　　　　第4位

图 10.44　16×4 位 RAM 存储器的矩阵结构

从 RAM 读出信息为输出，把信息写入 RAM 为输入。输入/输出有的是通过一条线路完成的，即一线二用，由读/写控制线控制。也有的输入/输出线是分开的。输入/输出线的端数，取决于一个地址中寄存器的位数。16×4 位 RAM 中，每个字地址中都有 4 个存储单元，所以有 4 根输入/输出线。

在实际使用 RAM 存储器时，一片 RAM 的存储量有限，往往需用多片 RAM 组成大容量的存储器。这样，在存/取数据时，可能涉及一片或多片的 RAM。因此可以利用片选信号来选取要使用的 RAM。

不被选中的 RAM 数据线呈高阻状态，不参与数据的交换。

### 10.6.2　只读存储器

只读存储器是存储器中最简单的一种，它只能读出数据，而不能写入数据。ROM 中的内容通常是在产品出厂前由生产厂家写入，一般是存放固定的程序及不变的数据信息。

只读存储器的种类较多，按存储内容的写入方式可分为固定 ROM、可编程 PROM、紫外线擦除可编程的 EPROM 和电擦除可编程的 EEPROM。

ROM 的内部结构如图 10.45 所示。它是由地址译码器、存储矩阵、读放选择电路 3 部分组成。各部分的功能与 RAM 基本相同。

现以图 10.46 所示电路为例说明 ROM 的工作原理。

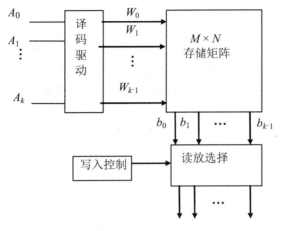

图 10.45 ROM 的内部结构

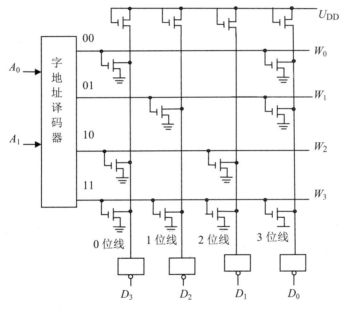

图 10.46 MOS 管的 ROM 结构

图 10.46 所示是一个 4 字×4 位的 MOS 型 ROM。$A_0$ $A_1$ 地址码，地址译码器产生 4 根字选线 $W_0 \sim W_3$(00,01,10,11)和 4 根位线 $b_0 \sim b_3$(0,1,2,3)输出。在 $M×N$ 的存储矩阵中，有的地方没有管子，是由储存的信息所决定的，用户不能改变。

输入地址码 $A_0 \sim A_1$，经地址译码器产生字选线 $W$(如 $W_2$=10)，接在该字选线的所有 MOS 管，由于栅极接在字选线而导通变成低电位，字选线上没有连接管子的位均为高电位，因此在该字选线上输出 4 个电位(本图为 0101)即一组信息。通过 0~4 位线上可输出数据 $D_3$ $D_2$ $D_1$ $D_0$。输出数据 $D_3$ $D_2$ $D_1$ $D_0$ 的各位电平的高低取决于输出位线上有无接反相器，图 10.46 接有反相器，$D_3$ $D_2$ $D_1$ $D_0$ 为 1010。

不同的 ROM，它内部的存储阵列中所放置的管子的类型也有所不同，有的是 MOS 管，有的是二极管或三极管，但工作原理都相似。一般认为，在字线和位线上放置管子的，代表着信息为 1，空位置为 0。ROM 中储存的内容是由阵列中的管子位置决定，与加电与否无关，因此内部信息不会改变或丢失。

根据用户开发产品和编程的需要，可选择紫外线擦除可编程的 EPROM 和电擦除可编程的 EEPROM。在 EPROM 存储阵列中的 MOS 管，其栅极被绝缘物包围，称为浮栅管。制作好的浮栅管的浮栅上没有电荷，MOS 管内不导电，浮栅管都处于截止状态，将它构成基本存储单元，相当于预存为 1。由字线控制着浮栅管的栅极。当要写入信息时，在浮栅管的漏极和源极间加以要求的工作电压和编程脉冲，将电子注入浮栅内。浮栅被绝缘物包围，去电后电子无法释放，浮栅电位为负，浮栅管形成导电沟道，在输出时为 0 电位。这就把数据信号写入了 ROM 中。这类 ROM 在制作后，在 EPROM 的芯片上有一个石英玻璃窗口，当用紫外线照射时，所有浮栅上的电子会形成光电流释放，使浮栅管处于截止状态。

可编程的逻辑器件 PLD 是用户现场设计逻辑电路和系统的器件。这类器件也很多，常见的有 PAL(Programmable Array Logic)、GAL(Generic Array Logic)、EPLD(Erasable PLD)、FPGA(Field Programmable Gate Array)等。PLD 逻辑器件的内部结构不是管子，主要是由"与门阵列"和"或门阵列"以及其他一些附加电路组成。利用与门阵列可以产生函数的乘积项，或门阵列能将函数所需的乘积项进行相加，实现逻辑函数。用户可以借助计算机软件和硬件的帮助，把 PLD 逻辑器件的内部与门和或门按照逻辑函数的关系实现连接，组成一个逻辑器件。

# 小　结

本项目介绍的内容主要为两大部分：一是基本的逻辑单元——触发器，如基本 RS 触发器、同步 RS 触发器(如 D 触发器等)、主从触发器(如主从 RS 触发器和 JK 触发器)；二是逻辑电路，如计数器和寄存器、脉冲波形的产生和整形的脉冲电路。无论是基本的逻辑单元还是逻辑电路，都有许多现成集成数据电路，只要查阅有关的手册和资料，根据具体需要和要求，总能选择合适型号的集成数据电路来设计逻辑电路。本项目的内容主要是使读者掌握基本逻辑单元的工作原理和理解基本逻辑电路的分析方法。

(1) 触发器是数字电路中的一种具有两个稳定状态的基本逻辑单元，在外界信号的作用下，可以从一个稳定状态转变为另一个稳定状态，在外界信号的作用下，维持原来稳定状态，具有"记忆"的功能。

(2) 具有同样逻辑功能的触发器，可以用多种不同电路结构形式来实现。

(3) 由两个与非门组成的基本 RS 触发器是各种触发器的最基本单元。应清楚地理解两个输入端的作用：$\overline{R_D}$ 置 0，$\overline{S_D}$ 置 1。

(4) 同步触发器是电位触发方式。

(5) 主从型触发器是在时钟脉冲的下降沿触发。在逻辑电路图中，下降沿触发的，在其输入端用一个小圆圈表示。

(6) 常用触发器的真值表见图 10.47。

| 基本 RS 触发器 | | |
|---|---|---|
| $\overline{R_D}$ | $\overline{S_D}$ | $Q^{n+1}$ |
| 0 | 0 | $\times$ |
| 0 | 1 | 0 |
| 1 | 0 | 1 |
| 1 | 1 | $Q^n$ |

| 同步 RS 触发器 | | |
|---|---|---|
| $R$ | $S$ | $Q^{n+1}$ |
| 0 | 0 | $Q^n$ |
| 0 | 1 | 1 |
| 1 | 0 | 0 |
| 1 | 1 | $\times$ |

| D 触发器 | |
|---|---|
| $D$ | $Q^{n+1}$ |
| 0 | 0 |
| 1 | 1 |

| JK 触发器 | | |
|---|---|---|
| $J$ | $K$ | $Q^{n+1}$ |
| 0 | 0 | $Q^n$ |
| 0 | 1 | 0 |
| 1 | 0 | 1 |
| 1 | 1 | 计数状态 |

图 10.47　常用触发器的真值表

输入信号是双端的触发器，以 JK 触发器的逻辑功能最为完善；输入信号为单端的触发器，使用方便的是 D 触发器。所以集成数字电路中触发器多为 JK 触发器、D 触发器。

(7) 时序逻辑电路的特点在于它具有记忆功能。因此时序逻辑电路的关键在于有存储电路，存储电路的输出和输入信号共同决定时序逻辑电路输出的状态。计数器、寄存器、脉冲产生电路及存储器都是时序逻辑电路中典型的常用电路。应熟悉其电路的结构与工作原理。

# 习　题

## 1. 填空题

(1) 时序逻辑电路的输出状态不仅取决于当时的＿＿＿＿＿＿，而且还与电路的＿＿＿＿＿有关。

(2) 当输入信号 $\overline{R_D}$ =0、$\overline{S_D}$ =1 时，RS 触发器被置为＿＿＿＿＿态。

(3) 触发器是受＿＿＿＿＿控制而达到同步工作，这类触发器也称为钟控触发器。

(4) 当 CP=0 时，钟控 RS 触发器现态 $Q^{n+1}$ =＿＿＿＿。

(5) 当 CP=1 时，若 $D$=1，D 触发器 $Q^{n+1}$ =＿＿＿＿。

(6) 主从触发器输出状态的改变是在时钟脉冲＿＿＿＿＿＿时发生。

(7) TTL 多谐振荡器工作时，主要是依靠电容 $C$ 的＿＿＿＿＿＿＿引起与非门状态的翻转。

(8) 多谐振荡器在工作时有两个＿＿＿＿稳态。

(9) 单稳态中输出脉冲宽度 $T_W$ 就是＿＿＿＿＿＿的维持时间。

(10) 施密特触发器中当触发信号大于 $U_{T+}$ 时，施密特触发器输出从＿＿＿电平转为＿＿＿电平；当触发信号小于 $U_{T-}$ 时，施密特触发器输出从＿＿＿电平转为＿＿＿电平。

2. 问答题

(1) 请写出基本 RS 触发器和主从 RS 触发器的真值表，两者有何区别？

(2) 说明 D 触发器的工作原理。

(3) 为什么 JK 触发器有计数功能？

(4) 寄存器的内容被输出后，其内容是否发生变化？

(5) 什么是串行、并行输入？什么是串行、并行输出？

(6) 计数器能作为分频器用吗？为什么？

(7) 图 10.30 所示多谐振荡器中，已知电容值一定，要 $T_{W1}$ 加大 1.5 倍，应调整什么参数？其值为多少？

(8) 为什么说单稳态中暂稳态是一个不能长久保持的状态？

(9) 施密特触发器中回差电压是如何产生的？回差电压的大小对波形有何影响？

(10) 用 555 定时器如何实现 1 分钟的定时？

(11) 请分析图 10.12 所示 JK 触发器，当 $J=0$、$K=1$ 时，不论触发器现态如何，下一个状态一定是 0 态。

(12) 在图 10.26 中，双向移位寄存器是如何实现双向移位的？

3. 计算题

(1) 在基本 RS 触发器中，当输入图 10.48 所示信号时，请画出 $Q$ 端的波形。

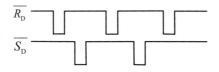

图 10.48　计算题(1)的波形

(2) 请写出图 10.49 中，用两个或非门组成的触发器的真值表。

(3) 在图 10.4 所示触发器中，当输入图 10.50 所示信号时，请画出 $Q$ 端的波形。设现态为 0 态。

图 10.49　计算题(2)图　　　　图 10.50　计算题(3)的波形

(4) 如图 10.6 所示的 D 触发器，当输入图 10.51 所示信号时，请画出 $Q$ 端的波形。设现态为 0 态。

(5) 根据表 10.6 所示主从 JK 触发器逻辑状态关系，当输入图 10.52 所示信号时，请画出 $Q$ 端的波形。设现态为 0 态。

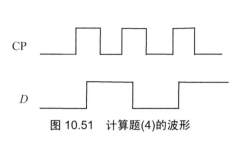

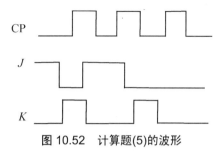

图 10.51　计算题(4)的波形　　　　　　图 10.52　计算题(5)的波形

(6) 如图 10.53 所示电路，设现态为 0 态。画出在时钟脉冲触发下 $Q_1$ 和 $Q_2$ 的波形。

(7) 触发器之间在逻辑功能上可以转换，如图 10.54 所示的电路各自转换成何种功能的触发器？

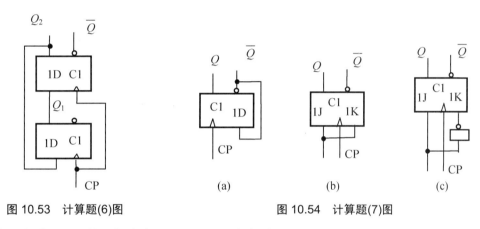

图 10.53　计算题(6)图　　　　　　　　图 10.54　计算题(7)图

(8) 试画出图 10.55 所示电路中 $Y_1$、$Y_2$ 和 $Y_3$ 的波形。

(9) 如图 10.56 所示电路，是一个用 D 触发器组成的异步计数器。试画出 $Q_0$、$Q_1$、$Q_2$ 的波形。

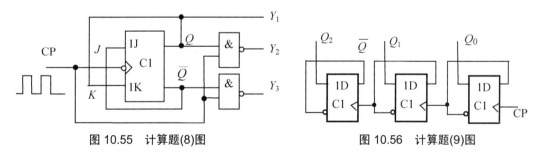

图 10.55　计算题(8)图　　　　　　　　图 10.56　计算题(9)图

(10) 用 D 或 JK 触发器构成一个 4 位左移寄存器。

(11) 试画出图 10.57 所示单稳态电路的 $u_i$、$u_{o1}$、$u_1$、$u_{o2}$ 工作波形和 $T_W$。

(12) 在施密特电路中，加一输入信号 $u_i$，如图 10.58 所示。试画出输出电压波形。

(13) 由 555 定时器组成的施密特触发器如图 10.59 所示。当输入图中对称的三角波时，试画出相应的输出波形，并求出电路的回差电压。若 555 的第 5 脚去掉电容 $C$ 而改接到一个 4V 的电压上情况又是如何？

(14) 图 10.41 所示的多谐振荡器，要求输出矩形波的频率为 1kHz，占空比为 50%，试确定各元件值。

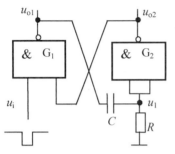

图 10.57　计算题(11)的电路

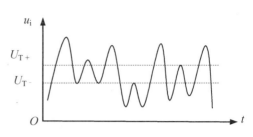

图 10.58　计算题(12)的输入波形

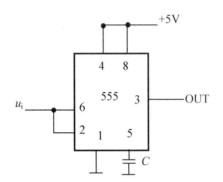

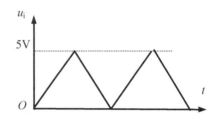

图 10.59　计算题(13)图

# 项目 11

电子电路仿真

**教学提示：**

电子电路仿真已成为电子系统设计的重要手段，与传统的电子电路分析设计和实验方法相比较更省时，修改调试更方便。有利于培养学生电路综合分析、开发和创新的能力。

**教学目标：**

- 掌握 NI Multisim 10.0 仿真软件建立仿真电路的基本操作。
- 掌握 NI Multisim 10.0 仿真软件能对电子电路进行仿真分析。
- 掌握 NI Multisim 10.0 仿真软件能对电子电路仿真分析结果的编辑输出。

随着电子技术、计算机技术的高速发展和计算机的普遍应用，电子设计自动化(Electronic Design Automation，EDA)已成为电子系统设计的重要手段。EDA 技术包括系统结构模拟、电路设计、电路特性分析、电路原理图和印制电路板图(PCB)绘制等电子工程设计的全过程。

EDA 方面软件很多。美国国家仪器公司(National Instrument，NI)的 EDA 设计系统包含 4 个部分：电子电路仿真设计软件 NI Multisim、PCB 设计软件 NI Ultiboard、布线软件 NI Ultiroute 及通信电路分析与设计软件 NI Commsim，能完成从电路的仿真设计到印制电路板图生成的全过程。4 个软件相互独立，可以分别使用。其中 NI Multisim 是基于工业电路设计标准 SPICE 上的一款非常优秀、实用的仿真软件。软件对电路可进行瞬态和稳态分析、时域和频域分析、器件的线性和非线性分析、电路噪声和失真分析、离散傅里叶分析、电路零极点分析、交直流灵敏度分析。软件可以设计、测试和演示各种电子电路(包括电工学、模拟电路、数字电路、射频电路及微控制器和接口电路)。NI Multisim 的 Help 功能不仅包括软件本身的操作指南，更重要的是包含元器件的功能解说。

利用 NI Multisim 实现的电子电路仿真分析设计和进行虚拟实验，与传统的电子电路分析设计和实验方法相比较更方便、更省时。具有以下特点：设计与实验可以同步进行，可以边设计边实验，修改调试方便；设计和实验用的元器件及测试仪器仪表齐全，可以完成各种类型的电路设计与实验；可方便地对电路参数进行测试和分析；可直接打印输出实验数据、测试参数、曲线和电路原理图；还能完成实际无法或不便进行的分析和实验，如观测电路开路、短路、过载等非常状态下的影响与后果。实验中不消耗实际的元器件，实验所需元器件的种类和数量不受限制，实验成本低，速度快，效率高。

NI Multisim 仿真软件元器件库中有数千种电路元器件供设计和实验选用，同时允许设计者自行建立元器件和扩充已有的元器件库。NI Multisim 仿真软件中虚拟测试仪器仪表种类也十分齐全，有一般实验常用的万用表、函数信号发生器、双踪示波器、直流电源；而且还有一般实验室少有或没有的仪器，如波特图仪、字信号发生器、逻辑分析仪、逻辑转换器、失真仪、频谱分析仪和网络分析仪等。

本项目介绍 NI Multisim 10.0(简称 Multisim 10.0 )汉化教育版的基本的功能、操作和电路仿真分析，更深入地了解可参阅有关的参考书。

# 11.1  Multisim 10.0 的基本界面

在计算机上安装 Multisim 10.0 的软件。

启动 Windows 的"开始"菜单，选择"程序"中的 National Instruments/circuit design suit 10.0/Multisim 命令，打开 Multisim，基本界面如图 11.1 所示。

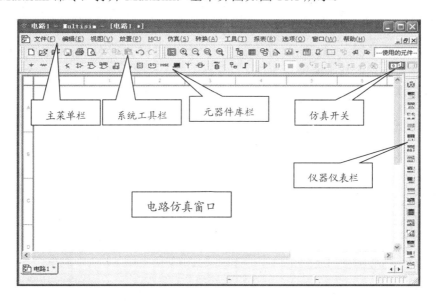

图 11.1  Multisim 10.0 的基本界面

Multisim 10.0 的软件以图形界面为主，采用菜单、工具栏和快捷键相结合的方式，具有一般 Windows 应用软件的界面风格，用户可以根据自己的习惯和熟悉程度自如使用。

Multisim 10.0 的基本界面主要由主菜单栏、系统工具栏、元器件库栏、仪表工具栏、连接 Edaparts.com 按钮、仿真开关和电路仿真窗口等项组成。

💡 **注意：**  本项目中提及的"选择"和"单击"均指按鼠标左键点击。

## 11.1.1  主菜单栏

主菜单栏中提供了软件中几乎所有的功能命令。Multisim 10.0 的主菜单栏包含 12 个菜单，如图 11.2 所示，从左至右分别是"文件"菜单、"编辑"菜单、"视图"菜单、"放置"菜单、"MCU(微控制器)"菜单、"仿真"菜单、"转换"菜单、"工具"菜单、"报表"菜单、"选项"菜单、"窗口"菜单和"帮助"菜单等。在每个菜单下都有下拉子菜单。

图 11.2  主菜单栏

### 1. "文件"菜单

"文件"菜单如图 11.3 所示。主要是创建以.msm10 为扩展名的电路文件及其基本操作等命令。

注 1: 在菜单中，有与 Windows 相同或类似的操作和命令不另做解释，下面类同。

注 2: 由于软件的版本不同，使用的软件功能的多少也存在差别。

### 2. "编辑"菜单

"编辑"菜单如图 11.4 所示。主要提供电路绘制过程中，对电路和元件进行复制、删除等各种技术性处理的基本编辑命令。

### 3. "视图"(窗口显示)菜单

"视图"菜单如图 11.5 所示，用于仿真工作区网格的选择、电路图的缩放和工具栏的操作等命令。

图 11.3  "文件"菜单　　　图 11.4  "编辑"菜单　　　图 11.5  "视图"菜单

### 4. "放置"菜单

"放置"菜单如图 11.6 所示。提供在电路工作区内放置元件、连接点、总线和文字等操作命令。

### 5. MCU 菜单

MCU 菜单如图 11.7 所示。提供(在电路工作区内)对 MCU 进行调试操作的命令。

### 6. "仿真"菜单

"仿真"菜单如图 11.8 所示。提供了对电路各种仿真分析方法的选择、设置与操作命令。

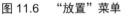

图 11.6    "放置"菜单

图 11.7    MCU 菜单

图 11.8    "仿真"菜单

### 7. "转换"(文件输出)菜单

"转换"菜单如图 11.9 所示。提供将仿真结果传递给其他软件的处理命令。

### 8. "工具"菜单

"工具"菜单如图 11.10 所示。提供了对元件的创建、编辑、管理和对仿真工作区中的仿真电路、仪器仿真测量结果进行捕捉等操作命令。

图 11.9    "转换"菜单

图 11.10    "工具"菜单

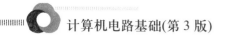

9. "报表"菜单

"报表"菜单如图 11.11 所示。列出了 Multisim 10.0 可以输出的各种表格、清单。

10. "选项"菜单

"选项"菜单如图 11.12 所示。提供了软件对仿真操作和电路界面参数设定命令。

● Global Preferences...: 总体参数特性设置。
● Sheet Properties: 表单(工作界面)特性设置。
● Customize User Interface...: 用户界面设置。

11. "窗口"菜单

"窗口"菜单如图 11.13 所示。提供对窗口的操作命令。

12. "帮助"菜单

"帮助"菜单如图 11.14 所示。为用户提供在线技术帮助和使用指导。

图 11.11 "报表"菜单 图 11.12 "选项"菜单 图 11.13 "窗口"菜单 图 11.14 "帮助"菜单

## 11.1.2 系统工具栏

Multisim 10.0 的系统工具栏分为常用工具栏和仿真系统设计工具栏,如图 11.15、图 11.16 所示。其中常用工具栏各图标名称及主要功能与 Windows 类同。仿真系统设计工具栏图标名称及主要功能有文件列表、显示电路各种数据表、元器件数据库管理、创建新的元器件、对记录仪图形编辑和电路分析设置选择、对仿真结果进一步处理操作、校验电气规则、选择复制仿真工作区中的电路和仪器测量结果、转到父图纸、从 Ultiboard 反向与正向注释。

图 11.15 常用工具栏

图 11.16 仿真系统设计工具栏

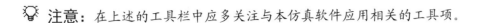

💡 **注意：** 在上述的工具栏中应多关注与本仿真软件应用相关的工具项。

### 11.1.3  元器件库

元器件是构成仿真电路的基本要素。Multisim 10.0 提供了丰富的元器件库，元器件库栏的图标和名称如图 11.17 所示。单击元器件库栏的某一个图标即可打开该元件库。

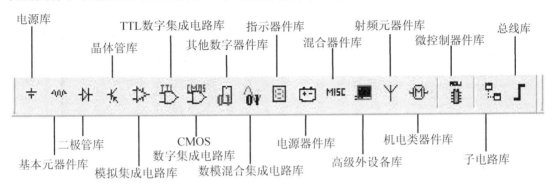

图 11.17  元器件库

#### 1. 电源库

电源/信号源库如图 11.18 所示。它包含有交/直流电压源、信号源、受控源及控制函数等多种电源与信号源。

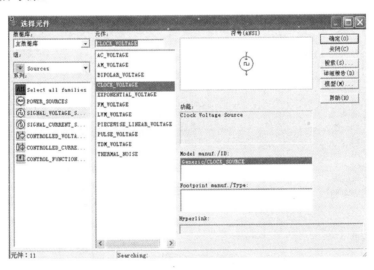

图 11.18  电源库

#### 2. 基本元器件库

基本元器件库包含各种类型电阻、电容、电感、变压器等基本元件，如图 11.19 所示。

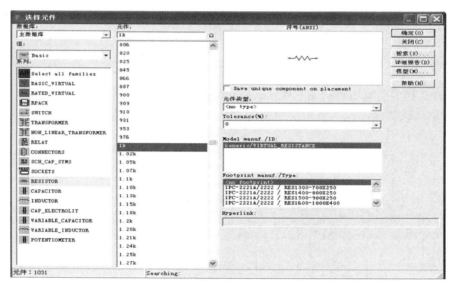

图 11.19　基本元器件库

### 3. 二极管库

二极管库包含各种类型二极管、整流桥、可控硅等器件，如图 11.20 所示。

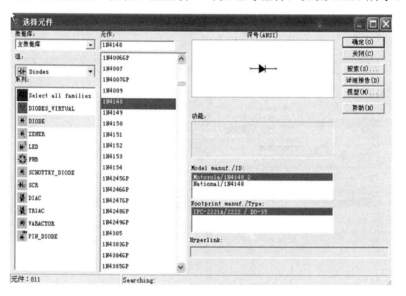

图 11.20　二极管库

### 4. 晶体管库

晶体管库包含晶体管、场效应管和功率管等器件，如图 11.21 所示。

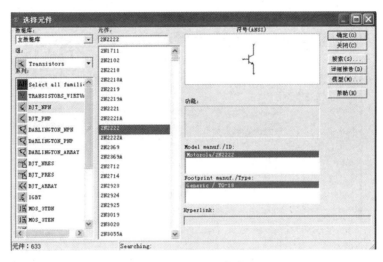

图 11.21　晶体管库

## 5. 模拟集成电路库

模拟集成电路库包含各种类型的运算放大器，如图 11.22 所示。

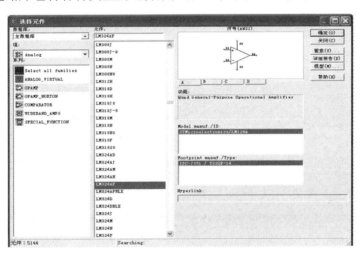

图 11.22　模拟集成电路库

## 6. TTL 数字集成电路库

TTL 数字集成电路库包含 TTL 类型的各种 74 系列的数字电路，如图 11.23 所示。

## 7. CMOS 数字集成电路库

CMOS 数字集成电路库包含有 40×× 和 74HC×× 系列的 CMOS 数字集成电路，如图 11.24 所示。

## 8. 其他数字器件库

其他数字器件库包含 DSP、FPGA、CPLD、VHDL、MENORY 等多种器件，如

图 11.25 所示。

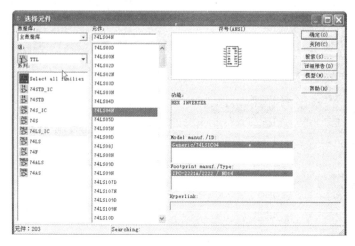

图 11.23　TTL 数字集成电路库

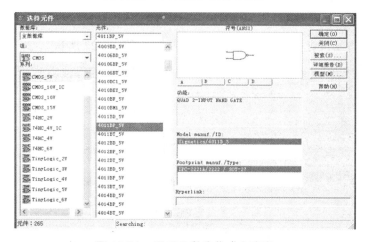

图 11.24　CMOS 数字集成电路库

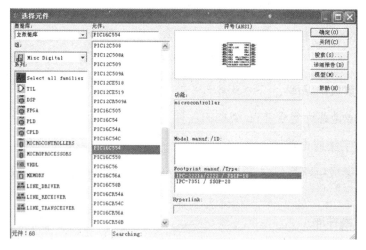

图 11.25　其他数字器件库

### 9. 数模混合集成电路库

数模混合集成电路库包含 ADC/DAC、555 定时器、多谐振荡器等多种混合集成电路器件，如图 11.26 所示。

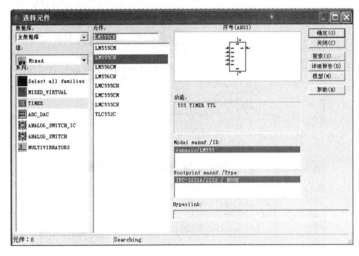

图 11.26　数模混合集成电路库

### 10. 指示器件库

指示器件库包含电压表、电流表、数码管、指示灯等器件，如图 11.27 所示。

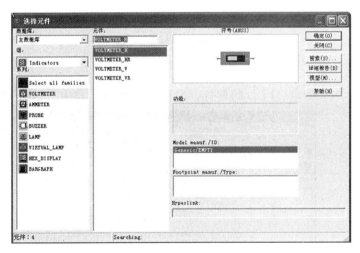

图 11.27　指示器件库

### 11. 电源器件库

电源器件库包含三端稳压器、PWM 控制器等各种类型的电源器件，如图 11.28 所示。

### 12. 混合器件库

混合(Misc)器件库包含光电耦合器、晶振、滤波器等多种器件，如图 11.29 所示。

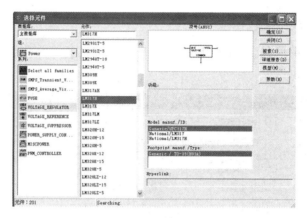

图 11.28　电源器件库

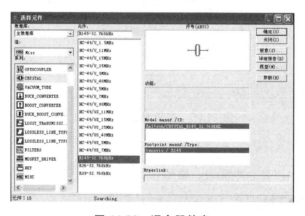

图 11.29　混合器件库

### 13. 高级外设备库

高级外设备库包含键盘、LCD 等器件，又称为键盘/显示器库，如图 11.30 所示。

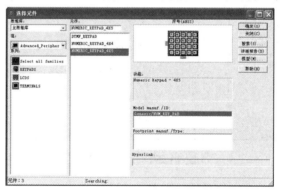

图 11.30　高级外设备库

### 14. 射频元器件库

射频元器件库包含射频三极管、射频 FET、带状传输线等多种射频元器件，如图 11.31 所示。

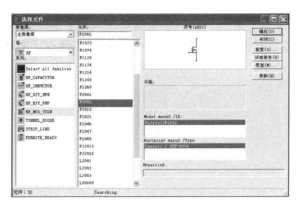

图 11.31　射频元器件库

## 15. 机电类器件库

机电类器件库包含开关、继电器、变压器等多种机电类器件，如图 11.32 所示。

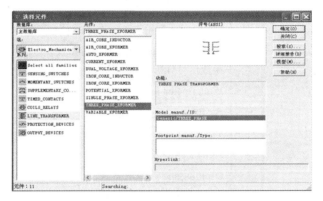

图 11.32　机电类器件库

## 16. 微控制器件库

微控制器件库包含 8051、PIC 和存储器等各种微控制器件，如图 11.33 所示。

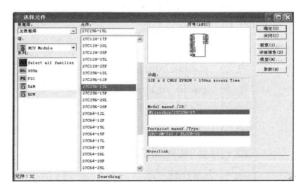

图 11.33　微控制器件库

## 17. 子电路库

子电路是由用户自己定义的一个电路(相当于一个电路模块)，可存放在自定义元库(子电路库)中供电路设计时反复调用。利用子电路可使大型、复杂的系统设计模块化、层次化，从而提高设计效率与设计文档的简洁性、可读性，实现设计电路的重复使用，缩短产品的开发周期。

### 18. 总线库

总线库用于放置总线。

## 11.1.4  仪器仪表库

在电路仿真分析中要取得分析结果需用到不同的仪表仪器进行测量。Multisim 10.0 的仪器库(Instruments)共有 21 种虚拟仪器，仪器仪表库的图标及功能如图 11.34 所示。这些仪器可用于各种模拟和数字电路的测量。虚拟仪器的基本操作与现实仪器非常相似，但有一定区别。为了更好地使用这些虚拟仪器，在后面将介绍几种最常用的虚拟仪器的使用方法。

图 11.34  仪器仪表库的图标

💡 **注意**：元器件库是建立仿真电路所必需的，应了解元器件的分类和使用特点。

# 11.2  创建仿真电路图的基本操作

在电路仿真窗口中创建仿真电路时要对仿真电路工作区(简称工作区)大小进行设置，要对元器件符号标准进行选择，要对从元器件库中提取到工作区里的元器件进行位置、参数等处理，以及如何把已提取元器件连接成仿真电路并添加虚拟仪器进行测量等基本操作。

## 11.2.1  工作区的设置

在仿真窗口中创建仿真电路前，使用者根据仿真电路特点，利用"选项"菜单命令在仿真窗口中设置仿真电路工作区尺寸、底色，选择元器件的标准、线径粗细、颜色和元器件参数显示方式等。

### 1. 工作区参数的设置

选择主菜单"选项"中的 Sheet Properties 命令，可弹出如图 11.35 所示的"表单属性"对话框，从中可设置与电路图显示方式有关的特征掺数。

1)"电路"选项卡

选择"表单属性"对话框中的"电路"选项卡，如图 11.35 所示。其中，"显示"框中可选择电路各种参数，如是否显示元器件的标签(符号)、元器件编号、元器件数值和选择初始化条件及公差等。在"网络名字"选项组中选中"全显示"单选按钮，可在仿真电路中显示电路的节点号等；在"颜色"选项组中有 5 个按钮用来选择工作区的背景、元器件及导线等的颜色。

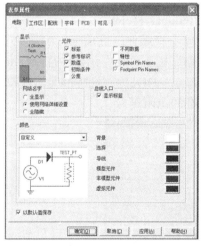

图 11.35  "表单属性"对话框

2)"工作区"选项卡

选择"表单属性"对话框中的"工作区"选项卡，如图 11.36 所示。

在"显示"选项组中可分别选择：电路工作区中是否显示网格(便于放置元器件上下左右对齐)和是否显示电路工作区的边框等。

在"图纸大小"选项组中可设定图纸大小(A~E、A0~A4)、尺寸单位(英寸或厘米)和图纸方向(纵向或横向)。

3) "配线"选项卡

选择"表单属性"对话框中的"配线"选项卡,如图 11.37 所示。从中可分别选择连接线的宽度、总线的线宽及总线配线的模式等。

图 11.36 "工作区"选项卡

图 11.37 "配线"选项卡

4) "字体"选项卡

选择"表单属性"对话框中的"字体"选项卡,可选择电路图中文字字型及应用范围。

## 2. 元器件符号标准选择

选择主菜单"选项"中的 Global Preferences 命令,弹出如图 11.38 所示的对话框。该对话框中有 4 个选项卡,若单击"零件"选项卡,出现的界面中有"符号标准"栏,如图 11-38(a)所示。在"符号标准"栏下可选择元器件符号标准,即:

ANSI 为美国标准元器件符号;DIN 为欧洲标准元器件符号。

图 11.38(b)所示为两种标准的电阻符号。

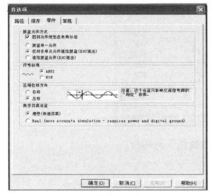

(a) 基本界面

(b) 电阻符号

图 11.38 元器件标准选择

### 11.2.2 元器件的操作

#### 1. 元器件的选用

选用某元器件时，首先要在"元器件库"中单击包含该元器件的元器件库图标，从出现的"选择元件"对话框中的"系列"列表框中选择元器件所属的类型后，再从"元件"列表框中选择该元器件。例如，要选用 1kΩ电阻，单击"元器件库"中"基本元器件"图标，打开"选择元件"对话框，在该对话框的"系列"列表框中列出此库中各种类型元器件供选择。选择 RESISTOR(电阻)类，就会在其菜单栏的右方"元件"列表框中显示出电阻值系列，如图 11.39 所示。选择"元件"列表框中的 1k 电阻后，再单击"确定"按钮。该电阻就会随着光标引入工作区中，完成了提取电阻的过程。从其他元器件库中寻找和提取所需元器件的方法与此相同，不再重叙。

#### 2. 元器件的移动、旋转、删除、参数设置等操作

1) 元器件的选中

当元器件被引入工作区中后，通常都要对元器件进行移动、旋转、删除、参数设置与修改等操作，这就需要先选中该元器件。该元器件四周会出现虚线框，如图 11.40(a)所示。若要选中一组元器件，可用鼠标拖曳形成一个矩形区域包围的该组元器件，此时该组所有元器件周围都出现虚线框。要取消某一个元器件周围的选中状态，只需单击工作区的空白部分即可。

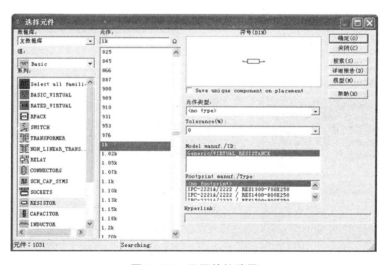

图 11.39　元器件的选用

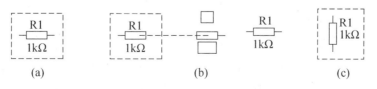

图 11.40　元器件的操作

2) 元器件的移动

单击选中元器件后进行拖曳，即可移动该元器件，如图 11.40(b)所示。要移动一组元器件，必须先选中这些元器件，然后用鼠标左键按住虚线框中的任意一个元器件拖曳，此时所选中的这组元器件都会随鼠标一起移动。元器件移动后单击工作区任一空白处即可完成操作。

3) 元器件的旋转与反转

对元器件进行旋转操作，同样需要先选中该元器件，然后选择主菜单栏中的"编辑"→"方向"命令，在弹出的对话框中有的元器件水平翻转、垂直翻转、顺时针旋转 90°、逆时针旋转 90°等子命令。也可以右击元器件，从弹出的快捷菜单(见图 11.41)中选择"旋转"或"反转"等命令。电阻 90°翻转如图 11.40(c)所示。

4) 元器件的复制、删除

对选中的元器件进行复制、删除等操作，可用主菜单中的"编辑"→Cut(剪切)、Copy(复制)、Paste(粘贴)、Delete(删除)等命令进行。也可以右击元器件(一组的元器件必须先选中)，从弹出的快捷菜单中选择相应的命令进行操作，如图 11.41 所示。

5) 元器件标签、编号、数值、模型参数的设置

右击要设置的元器件，会弹出如图 11.41 所示的快捷菜单，从中选择"属性"命令，在弹出的器件特性对话框中有多种选项，图 11.42 所示为"电阻"特性对话框。可对"标签""显示""参数""故障""引脚""变量""用户定义"等选项卡中的参数进行设置。

图 11.41　元器件操作菜单

图 11.42　"电阻"特性对话框

(1) 标签。"标签"选项卡用于设置元器件的符号(标识)和编号。元器件的符号和编号由系统自动分配，必要时可以修改，但必须保证编号的唯一性。

(2) "参数"。"参数"选项卡如图 11.42 所示，在此设计者根据元器件的要求可自行

修改其相关的电参数。

(3) 改变元器件的颜色。在复杂的电路中，可以将元器件设置为不同的颜色。要改变元器件的颜色，右击该元器件后弹出如图 11.41 所示的快捷菜单，选择"改变颜色"命令，从弹出的"颜色选择"对话框中可选择合适的颜色。

### 11.2.3  创建仿真电路图

在工作区中放置了所需仿真元器件后，要根据电路原理图的特点将这些元器件连接成仿真电路。在 Multisim 10.0 中要进行以下的基本操作。

#### 1. 元器件间的连接

(1) 将光标移动到要连接元器件的引脚上，光标变成有实心圆点的十字形状，如图 11.43(a)所示。

(2) 单击后拖出引线指向要连接的另一个元器件引脚，此时会再次出现实心圆点的十字光标，单击则完成连线，如图 11.43(b)所示。

(3) 连线的调整。当某一条连线的位置需要上下、左右移动时，可把光标移到该连线上，单击后出现上下或左右方向的箭头，按住左键上下或左右移动即可，如图 11.43(c)所示。

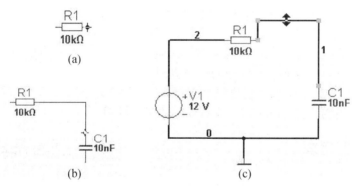

图 11.43  线路连接

(4) 连线的删除。若要删除多余或错误的连线时，只要右击该线，在弹出的快捷菜单中选择"删除"命令即可。

(5) 改变导线的颜色。在复杂的电路中，可以将导线设置成不同的颜色。要改变导线的颜色，用鼠标右击该导线，从弹出的快捷菜单中选择"改变颜色"命令，打开"颜色选择"对话框后从中选择合适的颜色即可，如图 11.41 所示。

#### 3. 在导线中插入元器件

要在导线中插入元器件，可拖曳元器件到该导线上，元器件引线与导线对齐后释放鼠标即可完成插入。

#### 4. 删除元器件

选中要删除的元器件，选择"编辑"→"删除"菜单命令，或右击该元器件，从弹出的快捷菜单中选择"删除"命令即可。

### 5. 节点的使用和编号

节点是一个小圆点。选择主菜单中的"放置"→"节点"命令，随着鼠标指针会拖出一个小圆点，移动到需放置节点的连线上时，单击鼠标左键。在连接电路时，软件自动为每个节点分配一个编号。在仿真电路中是否显示节点编号可通过选择主菜单中的"选项"→Sheet Properties 命令，在弹出的"表单属性"对话框中单击的"电路"选项卡，如图 11.35 所示。通过选中其界面上"网络名字"框中的"全显示"单选按钮进行确定。

注意：　依据电路原理图中的节点，在建立的仿真电路图中有相应的节点"·"符号
　　　　存在，不能遗漏。

## 11.3　常用虚拟仪器仪表的使用

虚拟仪器在电路仿真测试中起着重要的作用，可选择不同的虚拟仪器仪表来测量仿真电路的不同特性参数。本节介绍几种最常用的虚拟仪器仪表的使用方法。

Multisim 10.0 仪器库中以图标形式放置 21 种虚拟仪器仪表。每个虚拟仪器仪表都有两个界面：第一个界面是仪器图标，即仪器的符号，是放在仪器库中。当要使用某仪器时，只需单击仪器库中该仪器图标，仪器图标将随光标拖曳到电路工作区中，单击后完成放置。再双击此仪器图标便可打开该仪器的第二个界面——操作界面。从仪器的操作界面中可看到仪器与电路连接的输入/输出端口，通过操作界面还可以对虚拟仪器仪表进行参数设置。图 11.44 为函数信号源的两个界面。

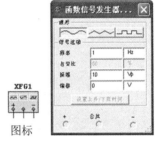

图 11.44　函数信号发生器

### 11.3.1　数字万用表

数字万用表是一种常用于测量电阻、交/直流的电压和电流以及电路中两点间(电压电平)分贝和能自动调整量程的数字显示的万用表。使用时可用单击仪器库中的数字万用表图标，其图标随光标拖曳进入工作区，单击后完成放置。双击该图标可得数字万用表的操作界面，在界面上可设定测量对象和交/直流状态。单击数字多用表面板上的"设置"按钮，则弹出"万用表设置"对话框，从中可设置数字万用表的电流表内阻、电压表内阻及测量范围等参数，参数设置对话框如图 11.45 所示。

图 11.45　数字万用表图标及参数设置

### 11.3.2　函数信号发生器

函数信号发生器可提供正弦波、三角波、方波 3 种不同信号波形。从仪器库中取出函数信号发生器后，双击该图标，可得函数信号发生器的操作界面，如图 11.44 所示。函数信号发生器的输出波形、工作频率、占空比、幅度和直流偏移等参数都可在其面板图上进行选择和设置。

函数信号发生器提供 3 个端子与仿真电路连接，分别是"+""公共"和"-"。当"公共"接地时，"+"端输出为正向信号的波形，"-"端输出为反向(相位反 180°)信号的波形。

### 11.3.3　双踪示波器

从仪器库中拖出双踪示波器图标如图 11.46 所示，双击该图标可得放大的操作界面，如图 11.47 所示。双踪示波器操作界面主要功能如下。

(1) 屏幕上端有两个三角游标(用鼠标按住它可左右移动)，用于测量波形上某点电压、时间和某两个点间的时间差。

(2) 在面板图中间屏幕上有个"时间通道 A、通道 B"显示框，框中显示出所测量波形上游标 T1、T2 处两个点的时间值和 T1、T2 时刻的 A、B 通道的电压瞬时值。而 T2-T1 则显示出 T1、T2 两点时间差和它对应的 A、B 通道波形上两点电压瞬时值差。

(3) "时间轴"框中"比例"为 $X$ 轴时间扫描比率——时间/格；"X 位置"中显示 $X$ 轴起始电压；"Y/T"表示幅度与时间的关系；"B/A"或"A/B"为两个输入波相除。

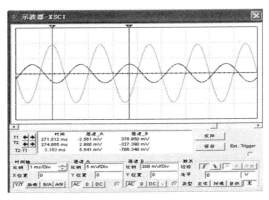

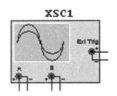

图 11.46　双踪示波器图标　　　　图 11.47　双踪示波器的操作界面

(4) "通道 A"或"通道 B"选项组中"比例"分别为示波器屏幕上 A、B 通道信号电压幅度比率——电压/格；"Y 位置"为 $Y$ 轴偏移量；"AC"为交流耦合输入方式，"0"为输入接地，"DC"为直流耦合输入方式。

(5) "触发"选项组中为触发方式选择。"边沿"触发是采用上升沿触发还是下降沿触发；"电平"为触发电平的大小。

单击示波器面板右侧的"反向"按钮，可对显示屏背景黑或白反色显示。单击示波器

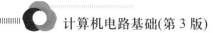

面板中的"保存"按钮,示波器上的数据可用文件形式进行存储。

### 11.3.4 波特图仪

波特图仪可以用来测量和显示电路的幅频特性与相频特性,类似于扫频仪。从仪器库中取出波特图仪,双击波特图仪图标后得到波特图仪的操作界面,如图 11.48 所示。其面板上的功能如下。

幅度——测量幅频特性。

相位——测量相频特性。

保存——分析结果存盘。

设置——波形精度设置。

垂直——$Y$ 轴选用对数或线性分布,F 为最终值,I 为初始值。

水平——$X$ 轴选用对数或线性分布,F 为最终值,I 为初始值。

箭头←、→移动游标用于表示游标对应的幅度和频率。

图标

XBP1

图 11.48　波特图仪操作界面

波特图仪有 IN 和 OUT 两对端口,其中 IN 端口的"+"和"–"分别接电路输入端的正端和负端;OUT 端口的"+"和"–"分别接电路的正端和负端。使用波特图仪时,必须在电路的输入端接入 AC(交流)信号源。

### 11.3.5 字信号发生器

字信号发生器又称数字逻辑信号源,字信号发生器能产生 32 路(位)同步逻辑信号,在数字逻辑电路测试中用于提供所需的数字逻辑信号。字信号发生器的图标和操作界面如图 11.49 所示。

字信号发生器共有 32 个数字信号输出端子、1 个 R(Ready)准备端和 1 个 T(Trigger)触发端,每一个信号输出端都可以接入数字电路的输入端。字信号发生器的设置如下。

#### 1. 字信号编辑区

字信号发生器面板的右边为字信号编辑区,缓冲区共有 1024 行,以卷轴形式出现。

字信号可以 32 位二进制数、10 位十进制数和 8 位十六进制数方式编辑和存放。

字信号编辑操作:将光标移至字信号编辑区的某一位,删除后,由键盘连续输入,用二进制或十进制或十六进制表示数字信号。在字信号编辑区还可用方向键控制光标左右、上下移位，对字信号进行删除、修改等操作。

右击字信号编辑区时会弹出图 11.49 中右侧快捷菜单，从中可进行断点和输出信号起始、终止位置的设置。

### 2. "显示"选项组

"显示"选项组用来设置输出字符的显示格式。

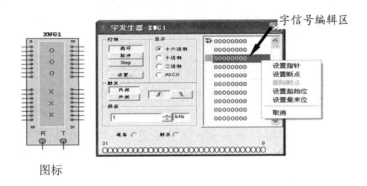

图 11.49　字符发生器

### 3. "控制"选项组

"控制"选项组用于设定字发生器的信号输出方式。字信号的输出方式分为以下几种。

循环：循环不断地发送的字符。

脉冲：以脉冲方式发送字符。

单步(Step)：每单击一次"单步"，发送一个字符。这种方式用于对电路进行单步调试。

设置：单击"设置"按钮，弹出"设置"对话框，如图 11.50 所示。通过该对话框可对字符编辑区数据进行设置。

图 11.50　"设置"对话框

在"预置模式"选项组中可选择(按顺序)：

● "不改变"：字符编辑区数据保持不变。

● "加载"：打开先前保存的字符编辑区数据。

● "保存"：保存当前字符编辑区数据。

● "清除缓冲区"：清除字符编辑区数据后用十六进制的 00000000 代替所有数据。

● "加计数"：为后续字符序列自动加 1。

● "减计数"：为后续字符序列自动减 1。

● "右移"：右移方式编码。

● "左移"：左移方式编码。

在"显示类型"选项组中，可选择十六进制或十进制缓冲区的字符类型和大小。

"缓冲区的大小"微调框是用来设置字符编辑区中字符数目。当"预置模式"选项组中设置后续字符序列自动加 1、减 1、右移方式编码、左移方式编码时，"初始模式"微调框可用于指定初始字符的值。

### 4. "触发"选项组

"触发"选项组设置有"内触发""外触发""上升沿触发"和"下降沿触发"等方式。

### 5. "频率"栏

"频率"栏用于设置字符信号的输出频率。

当字信号发生器被激活后,字信号按照一定的规律逐行从底部的 32 个输出端送出,同时在面板的底部对应于各输出端的小圆圈内,实时显示输出字信号各个位(bit)的值。

## 11.3.6 逻辑转换仪

逻辑转换仪是数字电路仿真中非常实用的一种仪器,它可以从逻辑电路图中得到真值表,可以将真值表转换成逻辑表达式,可以将真值表转换成简化的逻辑表达式,可以将逻辑表达式转换成真值表,可以将逻辑表达式转换成逻辑电路,可以将逻辑电路转换成与非门逻辑电路等。利用转换仪可大大简化和缩短组合逻辑电路的设计过程。逻辑转换仪的图标和操作界面如图 11.51 所示。

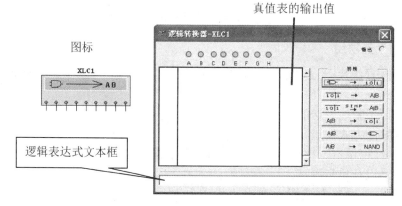

图 11.51 逻辑转换仪的图标和操作面板

逻辑转换仪图标上共有 9 个输入信号端子,其中左边 8 个端子与逻辑转换仪操作面板上 A、B、C、D、E、F、G、H 相对应,为逻辑变量端。逻辑转换仪操作面板右上角边的端子为输出端,是接逻辑电路的"逻辑函数输出"端。

逻辑转换仪的操作面板右边还有 6 个转换按钮,其功能分别如图 11.52 所示。

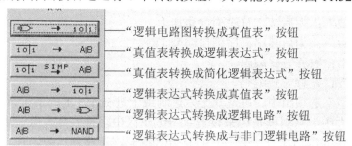

图 11.52 逻辑转换仪面板按钮含义

由逻辑电路导出真值表的方法是：将电路的输入、输出端分别与逻辑转换仪图标的输入、输出端连接，双击图标后，单击"逻辑电路图转换成真值表"按钮，在真值表区即出现该电路的真值表，如图 11.53 所示。

由真值表导出逻辑表达式的方法是：根据逻辑电路需要输入信号的个数，单击逻辑转换仪顶部代表输入端的小圆圈，此时真值表区会自动出现输入信号(逻辑变量)的所有二进制组合，而其右边的输出列(逻辑函数输出)初始值全部为零。这时应根据真值表中实际逻辑函数输出值对输出列值进行修改。然后单击"真值表转换成逻辑表达式"按钮，相应的逻辑表达式就出现在面板底部的逻辑表达式栏中。若要简化该表达式或直接由真值表得到简化表达式，单击"真值表转换成简化逻辑表达式"按钮即可。表达式中的"，"表示对其前面的变量取"非"。

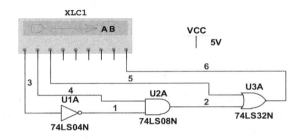
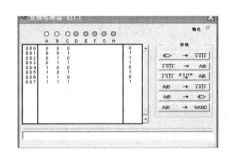

图 11.53  真值表导出逻辑表达式

由逻辑表达式导出真值表或电路的方法是：在面板底部的逻辑表达式文本框中直接写出逻辑表达式("与—或"式和"或—与"式均可，变量取非的符号用"，"表示)，然后单击"逻辑表达式转换成真值表"按钮，得到相应的真值表；单击"逻辑表达式转换成逻辑电路"按钮，得到相应的逻辑电路图；单击"逻辑表达式转换成与非门逻辑电路"按钮，可得到由与非门构成的电路。

由真值表导出逻辑表达式和由逻辑表达式导出逻电路的方法可见 11.5.2 小节。

## 11.3.7  电压表与电流表的使用

Multisim 10.0 提供有电压表和电流表，它们存放在指示元器件库中，可以多次选用。

单击显示元器件库弹出"选择元件"菜单，如图 11.54 所示。从菜单的左边框中可选择电压表或电流表。在菜单界面中间"元件"框中有水平方向和垂直方向两种引出端的电压表或电流表，可根据表的测试电路的连接位置进行选择，选定后单击"确定"按钮，电压表或电流表将随光标引入工作区中。再双击该图标就会弹出其设置对话框，如图 11.55 所示。设计者可根据测量需要进行内阻和 DC/AC 模式的有关设置。

电压表图标

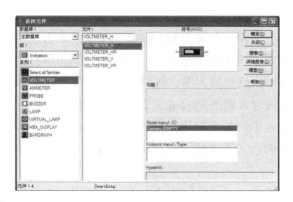

图 11.54　电压表和电流表的界面

图 11.55　电压表的设置对话框

### 11.3.8　测量探针

测量探针可以实时测量电路中节点电压、支路电流和频率,是一种实用的实时测量工具。在电路仿真过程中,单击仪器仪表库中测量探针图标,可以看到光标上粘附着一个测量探针,移动光标到需要测量的支路上,单击可放置探针,此时在探针的旁边随之出现电参数文本。一个仿真电路中根据测控量的需要可以放置多个测量探针。运行仿真电路可实时测量到探针所在支路上的电气参数,电气参数出现在电参数文本上,如图 11.56 所示。测量探针所指的方向为电参考方向。

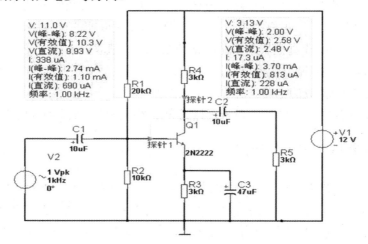

图 11.56　测量探针放置

探针测量有两种情况:在对电路进行静态(直流状态)仿真时探针测量的值是保持不变的定值,直到下一次仿真运行或清除数据为止,此时探针称为静态探针。在对电路进行动态仿真时探针测量的电压、电流值将随被测信号变化而变化,此时称探针为动态探针。

双击探针电参数文本,会弹出"探针属性"对话框,如图 11.57 所示。有 4 个选项卡,其中"显示"选项卡主要用于设置测量探针的显示特性(包括电参数文本颜色和大小等);"字体"选项卡主要用于电参数文本中的字体设置。

图 11.57　"探针属性"对话框

# 11.4　电路的仿真设计

利用 Multisim 10.0 对电子线路进行仿真,一般有以下 3 个过程:仿真文件的设置、仿真电路绘制、电路仿真分析及输出。

## 11.4.1　仿真文件的设置

### 1. 生成文件

运行 Multisim 10.0,进入软件主窗口。在主菜单栏的上方可以看到系统自动生成的"电路 1"仿真文件名,如图 11.58 所示。

"电路1"仿真文件名

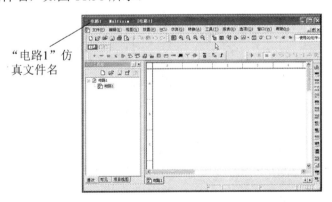

图 11.58　系统自动生成"电路 1"的文件

### 2. 仿真文件的基本设置

仿真文件有许多基本设置,在此仅介绍电路图纸的尺寸、标题栏的设置和元器件标准的选择。

1) 设置电路图纸的尺寸

电路图纸的尺寸就是仿真电路工作区的大小。右击电路仿真窗口,在弹出的快捷菜单中选择"属性"命令(也可以选择主菜单中的"选项"→Sheet Properties 命令),在弹出的"表单属性"对话框中选择"工作区"选项卡,如图 11.59 所示,从中设置电路图纸的尺寸。如设定"宽度"为 35cm、"高度"为 25cm、"方向"为"横向"。

2) 设置电路图纸标题栏

选择主菜单中的"放置"→Title Block 命令,在弹出的"打开"对话框中设置文件的路径(即 Multisim 10.0 的安装路径)C:\Program Files\National Instruments\Circuit Design Suit 10.0\Titleblocks,"打开"对话框如图 11.60 所示。从打开的文件中选择合适的图纸标题栏样式的文件,如"Default V9.tb7", 图纸标注样式粘附在光标上

图 11.59 设置电路图纸的尺寸

被引入工作界面的右下角(图纸标题栏一般都放于此),如图 11.61 所示。双击图纸标题栏,在弹出的图纸标题栏的"设计栏"中,设计者根据要求进行填写。

3) 选择元器件符号标准

选择"选项"菜单中的 Global Preferences 命令,在弹出的对话框中选择"零件"选项卡,在打开的对话框中选择"符号标准"栏,从中再选择元器件符号标准(ANSL-美国标准、DIN-欧洲标准),见图 11.61。

图 11.60 电路图纸标题栏类型文件

图 11.61 电路图纸标题栏

## 11.4.2 仿真电路绘制

创建仿真电路的基本步骤如下(具体操作在 11.2 节已介绍)。

### 1. 元器件的提取及调整

(1) 从元器件库中提取所需的元器件到电路设计工作区中。

(2) 根据电路原理图对提取的元器件进行必要的位置调整和参数设置。

### 2. 线路连接及参数设置

根据电原理图将放置在工作区上的元器件连接起来，绘成仿真电路。

根据参数测量要求，提取所需仪器连接到仿真电路中，打开仪器的操作界面进行设置和状态调整，便于测量和观测有关的电参数、波形等特性。

## 11.4.3  电路的仿真分析和输出

### 1. 电路的仿真分析

Multisim 10.0 软件提供许多仿真分析方法，设计人员可从软件主菜单的"仿真"→"分析"命令中进行选择，如静态、交流、瞬态、噪声、失真度、灵敏度、傅里叶变换、零极点、最坏状态等仿真。使用者必须根据对电路分析内容要求进行选择和仿真操作。

设计人员选择好分析内容后，打开 [O/I] 运行开关，对电路进行仿真。仿真结束关闭 [O/I] 运行开关。在不同的仿真分析中，都将提供大量的仿真分析数据和图表。

### 2. 仿真输出

1) 将仿真电路复制到 Word 文件上

按住鼠标左键在仿真电路图上拉出虚框，如图 11.62 所示，选择主菜单的"编辑"→"复制"命令后，打开 Word 文件，用其"粘贴"命令可将仿真电路图贴到该 Word 的文件中。也可以用下述的截图法将仿真电路图贴到该 Word 的文件中。

2) 把示波器上的波形输出到 Word 文件上

将图 11.62 中的电路仿真运行后，在示波器(适当调整操作面板参数)上可得到如图 11.63 所示的稳定的仿真波形。

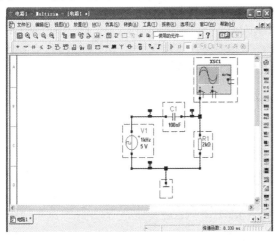

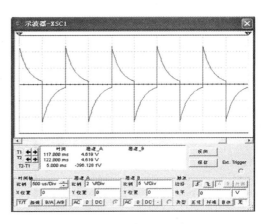

图 11.62  仿真电路图上拉出虚框          图 11.63  示波器上的波形

如果上述过程中的图 11.63 示波器上的波形已经便于分析，可作为输出使用，可用截图法把波形图复制到 Word 文件中，具体操作如下：单击系统设计工具栏(见图 11.16)中的"区域选择"图框，这时就会在波形图中出现一个虚框，如图 11.64 所示。适当调整虚框大小，覆盖要复制区域后，选择虚框的左上角的"复制"命令后，再复制到 Word 等文件中。

### 11.4.4  保存文件

保存文件有两种方法。

(1) 电路仿真结束后，执行菜单栏中的"文件"→"保存"命令，软件按(自动生成的)原文件名将进行保存。

(2) 选择主菜单栏中的"文件"→"另存为"命令，在打开的对话框中选定保存路径，重新选择文件名或修改文件名保存。

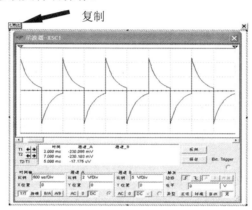

图 11.64　截图法复制波形图

# 11.5  电路仿真分析举例

由于设计人员要仿真的电路和仿真分析的内容都不同，对电路仿真分析时的操作过程和方法也就有所不同。设计者应根据专业知识，在仿真过程中结合仿真软件提示的步骤与设置要求进行操作。

### 11.5.1  例题一：单管放大器的直流工作点和交流分析

单管放大器电路如图 11.65 所示。操作步骤如下。

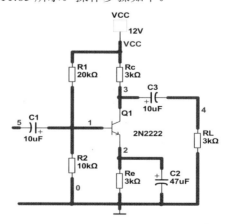

图 11.65　单管放大器电路

### 1. 仿真电路工作区的设置

根据 11.4.1 小节(仿真文件的设置)对工作区进行设置。本例题中选择的"符号标准"为"DIN"。

### 2. 在工作区建立单管放大器的仿真电路

(1) 根据单管放大器电原理路图，从元器件库中调出所用的元器件。
(2) 对调出元器件的参数、位置和方向进行相应的调整。
(3) 根据单管放大器电路进行连接，如图 11.66 所示。

### 3. 直流工作点仿真分析

下面介绍用两种方法进行直流仿真分析。

1) 利用仪表对直流工作点进行测量

从"指示器件库"中取出电流表和电压表，把它们设置为"DC"模式，连接到要测量直流工作点参数的支路中，如图 11.67 所示。打开面板上仿真开关[O/I]，从电流表和电压表中可得到单管放大器电路直流工作点电流和电压。

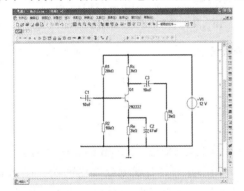 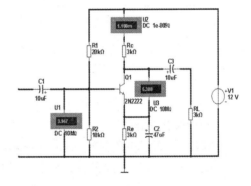

图 11.66    在工作区中建立仿真电路        图 11.67    利用仪表对直流工作点的测量

2) 用主菜单中的"仿真"→"分析"→"直流工作点分析"命令进行仿真分析

(1) 要对图 11.66 所示的仿真电路进行节点设置。

选择主菜单中的"选项"→Sheet Properties 命令，在打开的"表单属性"对话框中选中"电路"选项卡中"网络名字"选项组中的"全显示"单选按钮，可显示仿真电路中所有节点编号，如图 11.68 所示。

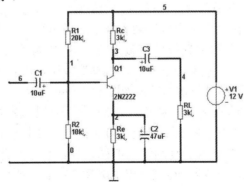

图 11.68    节点编号

(2) 选择放大器电路中直流工作点电压。

选择"仿真"→"分析"→"直流工作点分析"菜单命令，弹出如图 11.69(a)所示的"直流工作点分析"对话框。如果只求晶体管 3 个电极的电压，可从"电路变量"列表框中把"V(1)""V(2)"和"V(3)"分别添加到右边的"分析所选变量"列表框中。单击"仿真"按钮，就可得到如图 11.69(b)所示的晶体管 3 个电极的电压。

(a)"直流工作点分析"对话框　　　　　(b) 晶体管3个电极的电压

图 11.69　直流工作点分析

### 4. 交流分析

这里以单管放大器的输出电压波形、频谱和相谱分析为例。

1) 观测输出波形

在图 11.68 所示电路的输入端加入信号发生器，设置为 1kHz、5mVp 的正弦信号。

示波器的 A 和 B 路分别接到放大器的输入和输出端，用以观测放大器输入、输出波形，如图 11.70(a)所示。双击示波器图标，打开示波器的操作界面。打开仿真开关[O/I]对电路进行仿真，调整示波器操作界面上有关参数设置，得到放大器输入、输出稳定的波形后，用游标去测量放大器输入、输出波形上电压的瞬时值，图 11.70(b)所示为峰值。

2) 频谱和相谱分析

关闭仿真开关，把图 11.70(a)中的示波器删除后，选择主菜单中的"仿真"→"分析"→"交流分析"命令，在弹出的"交流小信号分析"对话框中选择"频率参数"选项卡，从中设定起始和终止频率(即扫描范围)，如图 11.71(a)所示。在"交流小信号分析"对话框中选择"输出"选项卡后，在"电路变量"列表框中选择信号输出变量，添加到右边的"分析所选变量"列表框中。本题中选择信号输出变量为 V(4)(节点电压)，如图 11.71(b)所示。完成上述输出变量设定后，单击下方的"仿真"按钮，进行放大电路频谱和相谱分析仿真。放大电路的频谱和相谱分析仿真结果如图 11.72 所示。

图 11.72 中实际是两张图表，即频谱和相谱。若要将图表复制到 Word 等其他文档中，必须分别复制。图 11.72 中左框边上有个红色游标，游标的位置指向就是当前要操作的图。具体复制过程是：先单击要复制输出的图，让红色游标指向该图，然后选择"编辑"→"复制"菜单命令后，转到 Word 文档中选择"粘贴"命令即可。

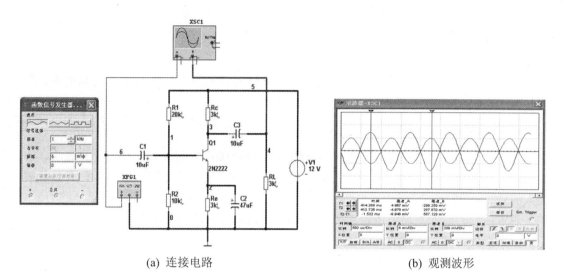

(a) 连接电路　　　　　　　　　　　　(b) 观测波形

**图 11.70　观测输出波形**

(a) "频率参数"选项卡　　　　　　　　　(b) "输出"选项卡

**图 11.71　频谱和相谱分析**

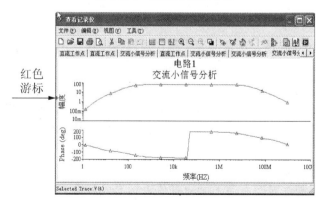

**图 11.72　频谱和相谱**

### 11.5.2 例题二：表决器电路仿真

表决器电路是一个简单的组合逻辑电路。通过对它的仿真，学习组合逻辑电路仿真过程和方法。

#### 1. 设计要求

设计一个 3 人表决电路，电路有 3 路输入、一路输出。每个输入代表一个表决，表决意见用高低电平表示，输出表示最终表决结果，表决结果亦用高低电平表示，并且代表多数人的意见。

规定：同意的输入端用逻辑 1 表示；不同意的输入端用逻辑 0 表示。

输出端用逻辑 1 表示通过表决；逻辑 0 表示不通过表决。

#### 2. 写出真值表

根据题目要求，写出真值表，见表 11.1。

表 11.1  真值表

| 输 入 A | 输 入 B | 输 入 C | 输 出 Y |
|---|---|---|---|
| 0 | 0 | 0 | 0 |
| 0 | 0 | 1 | 0 |
| 0 | 1 | 0 | 0 |
| 0 | 1 | 1 | 1 |
| 1 | 0 | 0 | 0 |
| 1 | 0 | 1 | 1 |
| 1 | 1 | 0 | 1 |
| 1 | 1 | 1 | 1 |

#### 3. 仿真方法

1) 提取"逻辑转换仪"

打开 Multisim 10.0 软件，从仪器库中把"逻辑转换仪"图标拖入电路工作区中，双击该图标，打开逻辑转换仪的操作界面，如图 11.73 所示。

2) 在逻辑转换仪上输入真值表

在逻辑转换仪的操作界面选中输入端变量 A、B、C 后，根据表 11.1 所示的真值表中输出变量值对逻辑转换仪操作界面上的真值表输出区中的输出值进行修改，如图 11.74(a) 所示。

3) 将真值表转换成逻辑表达式

单击逻辑转换仪操作界面右边上的"真值表转换成逻辑表达式"按钮，这时在逻辑表达式文本框中就会得到一般的逻辑表达式，如图 11.74(a)所示。若单击逻辑转换仪操作界面右边的"真值表转换成简化逻辑表达式"按钮，这时在逻辑表达式文本框中可得到简化的逻辑表达式，如图 11.74(b)所示。

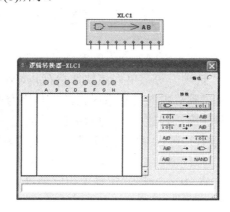

图 11.73  逻辑转换仪的工作界面

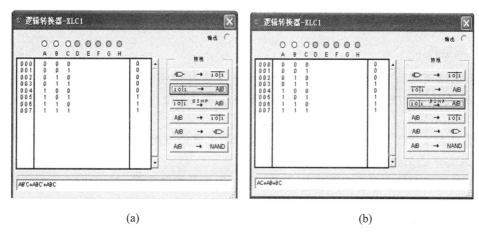

(a)                                    (b)

图 11.74  逻辑转换仪上真值表与表达式

4) 把逻辑表达式转换成逻辑电路

单击逻辑转换仪操作界面右边的"逻辑表达式转换成逻辑电路"按钮，则会在
Multisim 10.0 仿真工作区中生成相应的逻辑电路，如图 11.75(a)所示。若单击逻辑转换仪
操作界面右边的"逻辑表达式转换成与非门逻辑电路"按钮，在 Multisim 10.0 电路工作区
中生成相应的用与非门组成的逻辑电路，如图 11.75(b)所示。

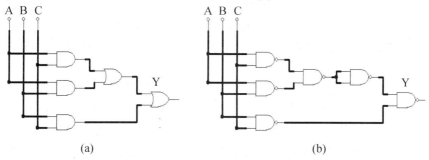

(a)                                    (b)

图 11.75  逻辑电路

# 小　　结

(1) Multisim 10.0 的主菜单栏中的 12 个菜单提供了软件中几乎所有的功能命令，其中"放置""仿真""报表""选项"等菜单为该软件特有并常用。

(2) Multisim 10.0 的系统工具栏中的仿真系统设计工具栏为仿真系统设计常用工具。

(3) Multisim 10.0 的元器件库，为建立仿真电路提供了丰富的元器件。

(4) Multisim 10.0 的仪器库共有 21 种虚拟仪器。这些仪器可用于各种电路的电压、电流、波形及其参数的测量。虚拟仪器的基本操作与现实仪器非常相似，但有区别。

(5) 对电子线路进行仿真有 3 个过程：仿真工作区的设置、仿真电路绘制、电路仿真分析及输出。

# 习　　题

### 1. 填空题

(1) 选用某元器件时，首先在元器件库栏中单击打开包含该元器件的_____，从出现的"元件选择"栏下_____框中选择元器件所属的类型后，再从_____框中选择该元器件。

(2) 单击工作区中某元器件，被单击(选中)的元器件四周会出现_____。要取消其选中状态，只需单击工作区的_____即可。

(3) 单击工作区中某元器件不松手，_____该元器件即可移动它。

(4) 连接元器件时可将_____移动到一个元器件的引脚上，光标变成有_____，单击后拖出引线指向要连接另一个元器件的引脚时，会再次出现_____，再单击则完成连线。

(5) 若使用数字万用表，可单击仪器库中的数字万用表_____，其图标随光标进入工作区。双击其图标可出现数字万用表的_____。单击该表界面上的_____按钮，可在弹出参数设置对话框中设置数字万用表的电流、电压表内阻、测量范围等参数。

(6) 绘制仿真电路前有以下操作过程。

① 从元器件库中提取所需的_____到工作区上。

② 对元器件的_____进行设置，对元器件的_____进行适当的调整。

(7) 要复制仿真电路图，可按住用鼠标左键在仿真电路图上_____然后在主菜单中选择_____命令，再打开 Word 的文件，用_____命令可将仿真电路图贴到 Word 的文件中。

(8) 用截图法把波形图复制到 Word 文件中具体操作是：单击系统设计工具栏中的_____图框后，在波形图中会出现一个_____，适当调整虚框大小，以覆盖要复制的波形图区域，这时单击虚框的左上角的_____按钮，即可复制到 Word 等文件中。

(9) 要选择元器件符号标准，选择"选择"菜单中的_____命令，在弹出的对话框中单击_____选项，从出现的界面_____中可选择元器件符号标准：

ANSI 为_____元器件符号。

DIN 为_____元器件符号。

## 2. 问答题

(1) 请写出组建图 11.76 所示仿真电路步骤和过程。

(2) 怎样将 Multisim 10.0 仿真电路及其仿真结果数据、图形复制到 Word 文件中。

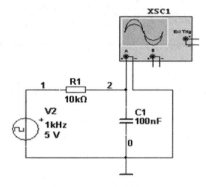

图 11.76　仿真电路

## 3. 仿真题

以下 Multisim 10.0 仿真题元器件均选择为 DIN 欧洲标准。

(1) 基尔霍夫定理验证。

① 实验电路如图 11.77 所示。

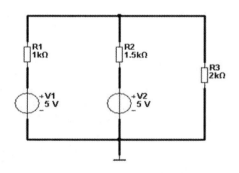

图 11.77　实验电路

② 从各元器库中取出图 11.77 所示电路所用的元器件到工作区后组建仿真电路。

③ 在图 11.77 所示电路中接入电流表和电压表(注意表的极性)，如图 11.78 所示。

④ 运行及测试。打开仿真开关，读取电路中电压表、电流表的数据，并填入表 11.2 中。

⑤ 数据验证。

选定电路中任一个节点，将测量数据代入基尔霍夫电流定律加以验证。

选定电路中任一个闭合回路，将测量数据代入基尔霍夫电压定律加以验证。

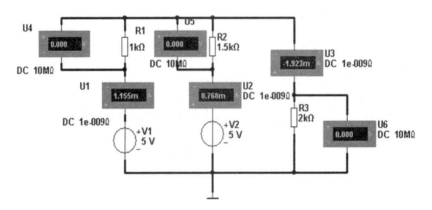

图 11.78　接入电流表和电压表的实验电路

表 11.2　数据记录表

| 被测量 | $l_{R_1}$/mA | $l_{R_2}$/mA | $l_{R_3}$/mA | $U_{R_1}$/V | $U_{R_2}$/V | $U_{R_3}$/V |
|--------|--------------|--------------|--------------|-------------|-------------|-------------|
| 计算值 | | | | | | |
| 测量值 | | | | | | |
| 相对误差 | | | | | | |

(2) 全波整流滤波电路仿真。

① 在 Multisim 10.0 仿真工作区中建立全波整流滤波仿真电路，并在 $R_L$ 上添加万用表和示波器，如图 11.79 所示。

② 仿真内容：开关 J1 分别在打开和闭合的情况下进行仿真，分别取出万用表的读数和示波器的波形及幅度大小，并与全波整流滤波电路理论值进行比较。

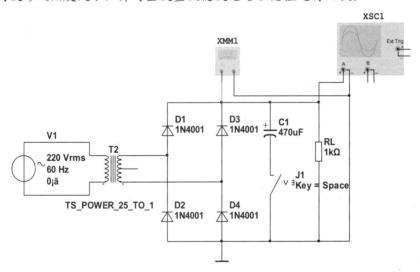

图 11.79　全波整流滤波电路

(3) 反相输入比例运算电路如图 11.80 所示。

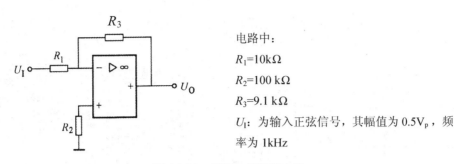

电路中：

$R_1=10\text{k}\Omega$

$R_2=100\ \text{k}\Omega$

$R_3=9.1\ \text{k}\Omega$

$U_I$：为输入正弦信号，其幅值为 0.5$V_p$，频率为 1kHz

**图 11.80　反相比例运算电路**

① 在仿真工作区中绘制反相输入比例运算电路，添加信号发生器和示波器。设置信号发生器输出 1kHz、0.5Vp 的正弦信号，如图 11.81 所示。

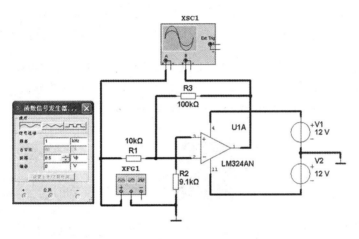

**图 11.81　反相输入比例运算仿真电路**

② 单击"仿真"按钮，用示波器观察输入输出波形。注意输入输出波形的相位关系，移动示波器的游标，记录输入输出波形的幅值，计算闭环电压放大倍数，并与理论值进行比较。

(4) 二极管稳幅 RC 桥式振荡器仿真。

① 在仿真工作区中绘制 RC 桥式振荡仿真电路，并在输出端添加示波器，如图 11.82 所示。

② 单击"仿真"按钮，观察示波器显示的输出波形，如果输出幅度太大或出错，可调节电位器 $R_5$，以获得最大不失真输出信号，记录正弦波的频率和幅值。

③ 要改变正弦波的振荡电路的振荡频率应调整哪些参数？请分别调整这些参数，观察输出波形变化情况，记录调整后正弦波的频率。

(5) 由 LM555 定时器构成的多谐振荡器仿真。

① 在 Multisim 10.0 仿真软件平台上绘制图 11.83 所示仿真电路。

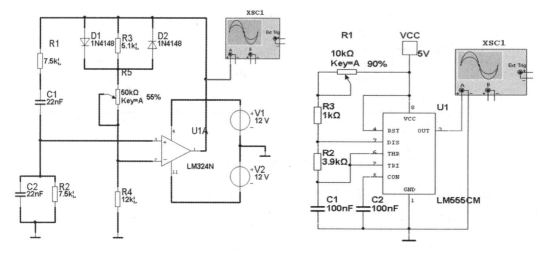

图 11.82　RC 桥式振荡电路　　　　　图 11.83　LM555 多谐振荡器

② 调整电位器 $R_1$ 的比例分别为 10%、50% 和 90% 下输出波形的周期和占空比。

(6) 六十进制计数器仿真电路如图 11.84 所示。在仿真工作区中按图 11.84 所示连接仿真电路后，适当调整 V1 信号频率大小，以便观察 0～59 的计数过程。

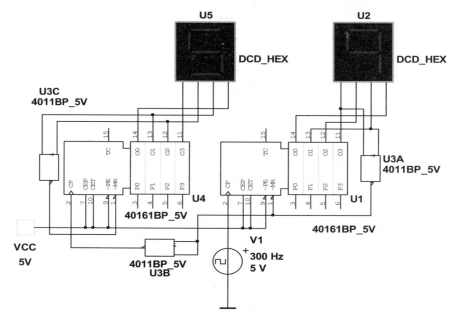

图 11.84　六十进制计数器仿真电路

# 附录 A  国产半导体器件的命名法

| 第一部分 | | 第二部分 | | 第三部分 | | | | 第四部分 | 第五部分 |
|---|---|---|---|---|---|---|---|---|---|
| 用数字表示器件的电极数目 | | 用汉语拼音字母表示器件的材料和极性 | | 用汉语拼音字母表示器件的类型 | | | | 用数字表示序号 | 用拼音表示规格号 |
| 符号 | 意义 | 符号 | 意义 | 符号 | 意义 | 符号 | 意义 | | |
| 2 | 二极管 | A | N型，锗材料 | P | 普通管 | D | 低频大功率管（$f_\alpha$<3MHz，$P_c$>1W） | 反映参数上的差别 | 反映承受反向击穿耐压的程度 |
| | | B | P型，锗材料 | V | 微波管 | | | | |
| | | C | N型，硅材料 | | | | | | |
| | | D | P型，锗材料 | | | | | | |
| 3 | 三极管 | A | PNP型，锗材料 | W | 稳压管 | A | 高频大功率管（$f_\alpha$>3MHz，$P_c$>1W） | | |
| | | B | NPN型，锗材料 | C | 参量管 | | | | |
| | | | | Z | 整流管 | T | 半导体闸流管（可控整流器） | | |
| | | C | PNP型，硅材料 | L | 整流堆 | | | | |
| | | | | S | 隧道管 | Y | 体效应器件 | | |
| | | D | NPN型，硅材料 | N | 阻尼管 | B | 雪崩管 | | |
| | | | | U | 光电器件 | J | 场效应管 | | |
| | | | | K | 开关管 | CS | 场效应器件 | | |
| | | | | | | FH | 复合管 | | |
| | | | | X | 低频小功率管（$f_\alpha$<3兆赫，$P_c$<1W） | BT | 半导体特殊器件 | | |
| | | | | | | PIN | PIN管 | | |
| | | E | 化合物材料 | G | 高频小功率管（$f_\alpha$>3MHz，$P_c$<1W） | JG | 激光器件 | | |

# 附录B  国产半导体集成电路型号的命名法

本标准适用于按半导体集成电路系列和品种的国家标准所生产的半导体集成电路(以下简称器件)。

(1) 型号的组成。器件的型号由 5 个部分组成,其 5 个部分的符号及意义如下。

| 第零部分 | | 第一部分 | | 第二部分 | 第三部分 | | 第四部分 | |
|---|---|---|---|---|---|---|---|---|
| 用字母表示器件符号国家标准 | | 用字母表示器件的类型 | | 用阿拉伯数字和字母表示器件的系列和品种代号 | 用字母表示器件的工作温度范围 | | 用字母表示器件的封装方式 | |
| 符号 | 意义 | 符号 | 意义 | | 符号 | 意义 | 符号 | 意义 |
| C | 中国制造 | T | TTL | | C | 0～70℃ | W | 陶瓷扁平 |
| | | H | HTL | | E | −40～85℃ | B | 塑料扁平 |
| | | | ECL | | R | −55～85℃ | F | 全密封扁平 |
| | | C | CMOS | | M | −55～125℃ | D | 陶瓷直插 |
| | | F | 线性放大器 | | | | P | 塑料直插 |
| | | D | 音响、电视电路 | | | | | |
| | | W | 稳压器 | | | | J | 黑陶瓷扁平 |
| | | J | 接口电路 | | | | K | 金属菱形 |
| | | B | 非线性电路 | | | | T | 金属圆形 |
| | | M | 存储器 | | | | | |
| | | μ | 微型电路 | | | | | |

(2) 示例。

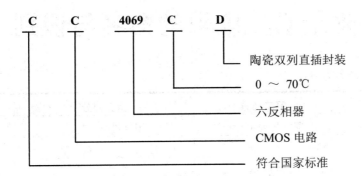

# 附录 C 电阻的命名与识别

## 1. 电阻的命名方法

| 第一部分 | | 第二部分 | | 第三部分 | | 第四部分 |
|---|---|---|---|---|---|---|
| 用字母表示主称 | | 用字母表示材料 | | 用字母表示特征 | | 用数字表示序号 |
| 符 号 | 意 义 | 符 号 | 意 义 | 符 号 | 意 义 | |
| | | T | 碳膜 | 1,2 | 普通 | |
| | | P | 硼膜 | 3 | 超高频 | |
| | | U | 硅膜 | 4 | 高阻 | |
| | | C | 沉积膜 | 5 | 高温 | |
| | | H | 合成膜 | 7 | 精密 | |
| | | I | 玻璃釉膜 | 8 | 电阻器——高压 | |
| | | J | 金属膜 | | 电位器——特殊函数 | |
| R | 电阻器 | Y | 氧化膜 | 9 | 特殊 | 包括额定功率、阻值允许误差及精密等级 |
| | | S | 有机实心 | G | 高功率 | |
| RP | 电位器 | N | 无机实心 | T | 可调 | |
| | | X | 线绕 | X | 小型 | |
| | | R | 热敏 | L | 测量用 | |
| | | G | 光敏 | W | 微调 | |
| | | M | 压敏 | D | 多圈 | |

## 2. 电阻标称值

| 允许误差 | 系列代号 | 标称阻值系列 |
|---|---|---|
| ±1%<br>±2% | E96<br>E48 | 1.00, 1.02, 1.05, 1.07, 1.10, 1.13, 1.15, 1.18, 1.21, 1.24, 1.27, 1.30, 1.33, 1.37, 1.40, 1.43, 1.47, 1.50, 1.54, 1.58, 1.62, 1.65, 1.69, 1.74, 1.78, 1.82, 1.87, 1.91, 1.96, 2.00, 2.05, 2.10, 2.15, 2.21, 2.26, 2.32, 2.37, 2.43, 2.49, 2.55, 2.61, 2.67, 2.74, 2.80, 2.87, 2.94, 3.01, 3.09, 3.16, 3.24, 3.32, 3.40, 3.48, 3.57, 3.65, 3.74, 3.83, 3.92, 4.02, 4.12, 4.22, 4.32, 4.42, 4.53, 4.64, 4.75, 4.87, 4.99, 5.11, 5.23, 5.36, 5.49, 5.62, 5.76, 5.90, 6.04, 6.19, 6.34, 6.49, 6.65, 6.81, 6.98, 7.15, 7.32, 7.50, 7.68, 7.87, 8.06, 8.25, 8.45, 8.66, 8.87, 9.09, 9.31, 9.53, 9.76 |
| ±5% | E24 | 1.0, 1.1, 1.2, 1.5, 1.6, 1.8, 2.0, 2.2, 2.4, 2.7, 3.0, 3.3, 3.6, 3.9, 4.3, 4.7, 5.1, 5.6, 6.2, 6.8, 7.5, 8.2, 9.1 |
| ±10% | E12 | 1.0, 1.2, 1.5, 1.8, 2.2, 2.7, 3.3, 3.9, 4.7, 5.6, 6.8, 8.2 |
| ±20% | E6 | 1.0, 1.5, 2.2, 3.3, 4.7, 6.8 |

### 3. 色环意义

| 色别 | 黑 | 棕 | 红 | 橙 | 黄 | 绿 | 蓝 | 紫 | 灰 | 白 | 金 | 银 | 白色 |
|---|---|---|---|---|---|---|---|---|---|---|---|---|---|
| 对应数值 | 0 | 1 | 2 | 3 | 4 | 5 | 6 | 7 | 8 | 9 | | | |
| 误差 | | ±1% | ±2% | | | ±.05% | ±.02% | ±.01% | | | ±5% | ±10% | ±20% |
| 英文代码 | | F | G | | | D | C | B | | | J | K | M |

### 4. 示例

(1) 普通电阻。

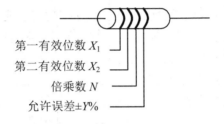

第一有效位数 $X_1$
第二有效位数 $X_2$
倍乘数 $N$
允许误差±$Y$%

阻值 $R = X_1X_2 \times 10^N \pm Y\%$

如　　　$X_1$　　　$X_2$　　　$N$　　　$Y$
　　　　红　　　紫　　　橙　　　金
　　　　2　　　7　　　3　　　±5%

$R = 27 \times 10^3 \Omega \pm 5\% = 27\text{k}\Omega \pm 5\%$

(2) 精密电阻。

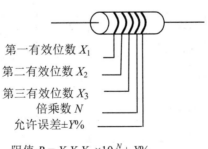

第一有效位数 $X_1$
第二有效位数 $X_2$
第三有效位数 $X_3$
倍乘数 $N$
允许误差±$Y$%

阻值 $R = X_1X_2X_3 \times 10^N \pm Y\%$

# 附录 D　电容器的命名

## 1.　电容器的分类

(1) 按结构分有固定电容器、半可变电容器、可变电容器。

(2) 按介质材料分有电解电容器、云母电容器、瓷介电容器、玻璃釉电容器、纸介电容器、有机薄膜电容器。

## 2.　电容器的型号和命名

| 第一部分 | | 第二部分 | | 第三部分 | | 第四部分 |
|---|---|---|---|---|---|---|
| 用字母表示主称 | | 用字母表示材料 | | 用字母表示特征 | | 用字母或数字表示序号 |
| 符号 | 意义 | 符号 | 意义 | 符号 | 意义 | |
| C | 电容器 | C | 瓷介 | T | 铁电 | |
| | | I | 玻璃釉 | W | 微调 | |
| | | O | 玻璃膜 | J | 金属化 | |
| | | Y | 云母 | X | 小型 | |
| | | V | 云母纸 | S | 独石 | |
| | | Z | 纸介 | D | 低压 | |
| | | J | 金属化纸 | M | 密封 | |
| | | B | 聚苯乙烯 | Y | 高压 | |
| | | F | 聚四氟乙烯 | C | 穿心式 | 包括品种、尺寸、代号、温度特性、直流工作电压、标称值、允许误差、标准代号 |
| | | L | 涤纶(聚酯) | | | |
| | | S | 聚碳酸酯 | | | |
| | | Q | 漆膜 | | | |
| | | H | 纸膜复合 | | | |
| | | D | 铝电介 | | | |
| | | A | 钽电介 | | | |
| | | G | 金属电介 | | | |
| | | N | 铌电介 | | | |
| | | T | 钛电介 | | | |
| | | M | 压敏 | | | |
| | | E | 其他材料电介 | | | |

## 3.　常见的电容器标称值

电容器标称值容量参考系列: 1、1.5、2.2、3.3、4.7、5.6、6.8、8.2。

4. **电容器标称容量的单位**

$$1F = 10^6\,\mu F; \qquad\qquad 1\mu F = 10^6 pF;$$

有时也用 $\qquad\qquad 1\mu F = 10^3\,nF \qquad (n = 10^{-9})$

5. **电容器标称容量的表示**

当 p 或 n 在中间时，其容量为小数，小数点后面是最后的数字。例如：

$$1p2 = 1.2pF; \qquad 2n2 = 2.2nF = 2200pF; \qquad 330nF = 0.33\mu F$$

也可用三位数字表示容量大小，单位为 pF，前两位表示有效数字，第三位数字表示乘以 10 的几次方。例如：

$$102 = 10 \times 10^2\,pF = 1nF; \qquad 223 = 22 \times 10^3 pF = 0.022\mu F$$

$$474 = 47 \times 10^4\,pF = 0.47\mu F; \qquad 106 = 10 \times 10^6 pF = 10\mu F$$

# 参 考 文 献

[1] 杨山. 电路基础理论[M]. 天津：天津大学出版社，2002.

[2] 江泽佳. 电路原理[M]. 北京：高等教育出版社，1992.

[3] 秦曾煌. 电工学简明教程[M]. 北京：高等教育出版社，2001.

[4] 童诗白. 模拟电子技术基础[M]. 北京：科学技术文献出版社，1988.

[5] 康华光. 电子技术基础[M]. 北京：高等教育出版社，1999.

[6] 阎石. 数字电子技术基础[M]. 北京：高等教育出版社，1996.

[7] 沈嗣昌. 数字系统设计基础[M]. 北京：航空工业出版社，1987.

[8] 王毓银. 脉冲与数字电路[M]. 北京：高等教育出版社，1992.

[9] 陈清山等. 最新世界 CMOS 集成电路及互换手册[M]. 长沙：中南工业大学出版社，1991.

[10] 陈清山等. 最新世界 TTL 集成电路及互换手册[M]. 长沙：中南工业大学出版社，1991.

[11] 王冠华. MULTISIM 10 电路设计及应用[M]. 北京：国防工业出版社，2008.

[12] 王廷才等. 电工电子技术 Multisim 10 仿真实验[M]. 北京：机械工业出版社，2011.